历史上
最有影响力的十类建筑

建筑式样范例

［英］西蒙·昂温（Simon Unwin）著

葛艳红 译

电子工业出版社·
Publishing House of Electronics Industry
北京·BEIJING

The Ten Most Influential Buildings in History: Architecture's Archetypes
978-1-138-89847-9
Simon Unwin
©2017 Simon Unwin
All Rights Reserved. Authorized translation from English language edition published by Routledge, an imprint of Taylor & Francis Group LLC. Publishing House of Electronics Industry is authorized to publish and distribute exclusively the Chinese (Simplified Characters) language edition. This edition is authorized for sale throughout Mainland of China. No part of the publication may be reproduced or distributed by any means, or stored in a database or retrieval system, without the prior written permission of the publisher. Copies of this book sold without a Taylor & Francis sticker on the cover are unauthorized and illegal.

版权所有，侵权必究。本书原版由Taylor & Francis Group出版集团旗下的Routledge出版公司出版，并经其授权翻译出版。中文简体翻译版授权由电子工业出版社独家出版，并限定在中国大陆地区销售。未经出版者许可，不得以任何方式复制或发行本书的任何部分。
本书封面贴有Taylor & Francis公司防伪标签，无标签者不得销售。

版权贸易合同登记号　图字：01-2018-3992

图书在版编目（CIP）数据

历史上最有影响力的十类建筑：建筑式样范例/（英）西蒙·昂温（Simon Unwin）著；葛艳红译. —北京：电子工业出版社，2021.2
书名原文：The Ten Most Influential Buildings in History: Architecture's Archetypes
ISBN 978-7-121-38869-9

Ⅰ.①历…　Ⅱ.①西…　②葛…　Ⅲ.①建筑史－世界　Ⅳ.①TU-091

中国版本图书馆CIP数据核字（2020）第051167号

书　　名：历史上最有影响力的十类建筑：建筑式样范例
作　　者：[英]西蒙·昂温（Simon Unwin）
责任编辑：郑志宁　　特约编辑：田学清
印　　刷：天津千鹤文化传播有限公司
装　　订：天津千鹤文化传播有限公司
出版发行：电子工业出版社
　　　　　北京市海淀区万寿路173信箱　　邮编：100036
开　　本：889×1194　1/16　　印张：23.5　　字数：391千字
版　　次：2021年2月第1版
印　　次：2021年2月第1次印刷
定　　价：98.00元

凡所购买电子工业出版社图书有缺损问题，请向购买书店调换。若书店售缺，请与本社发行部联系，联系及邮购电话：（010）88254888，88258888。
质量投诉请发邮件至zlts@phei.com.cn，盗版侵权举报请发邮件至dbqq@phei.com.cn。
本书咨询联系方式：（010）88254210，influence@phei.com.cn，微信号：yingxianglibook。

历史上最有影响力的十类建筑
建筑式样范例

即使当今最富创造力和革命性的建筑师也不能抛弃过去,特别是在离现在非常遥远的过去——那时建筑作为一种发明首次出现。虽然建筑师的个人见解和独创性主要依赖自己的想象力,但是他们的思想创意可能有意识或无意识地受到了历史上精神力量特别强大的建筑的激发。《历史上最有影响力的十类建筑:建筑式样范例》选出了十类建筑式样范例,几个世纪以来这些建筑一直是建筑师的灵感源泉。作者承袭了他在之前作品中使用的写作风格,通过独特的例子对每种建筑范例进行分析。每个范例都引出了多种多样的"调查研究",近现代的建筑师通过分析这些建筑范例,能够从这些早期建筑中获得灵感,这些范例具有永恒的意义。在这种方法的指导下的《历史上最有影响力的十类建筑:建筑式样范例》对当代建筑实践具有指导意义,它在人们了解古代建筑的过程中发挥着巨大的作用,而且提出了一些关于当代建筑与古代建筑的联系的独到见解。

几十年来,西蒙·昂温一直致力于教会学生从建筑师的角度思考问题。他是英国邓迪大学建筑学系的名誉教授,并在威尔士卡迪夫大学建筑学院任教。他曾在英国、澳大利亚生活过,到访过中国、以色列、印度、瑞典、土耳其、美国,并在欧洲的其他学校里授课或做巡回演讲。世界上许多高校的建筑类院系都曾使用过西蒙·昂温的作品,他的作品已经被翻译成阿拉伯语、波斯语、日语、葡萄牙语、俄语、汉语、西班牙语和韩语等多种语言。

献给

我的父亲和母亲

西蒙·昂温的作品：

《解析建筑》（*Analysing Architecture*）

《建筑笔记本：墙》（*An Architecture Notebook: Wall*）

《门》（*Doorway*）

《建筑学练习：像建筑师一样思考》（*Exercises in Architecture—Learning to Think as an Architect*）

《建筑学基础案例研究25则》（*Twenty-Five Buildings Every Architect Should Understand*）

电子书

《斯卡拉·布雷》（*Skara Brae*）

《入门笔记》（*The Entrance Notebook*）

《湖畔小墅》（*Villa Le Lac*）

《时间手册》（*The Time Notebook*）

西蒙·昂温的个人网站

simonunwin.com

（这个网站可以免费下载西蒙·昂温的一些个人笔记，作者在为编写这本书及其他作品收集材料做准备时，这些笔记都派上了用场。）

关于《解析建筑》的一些评论

"这是我读过的关于建筑最清晰易懂的介绍。"

——罗杰·斯通豪斯，教授，曼彻斯特建筑学院

"这本书最惊人的地方是每个短语、每句话、每个方案、每一部分以及每个视图所展现出来的体贴和实用考量，所有这一切都服务于最主要的品质特性，这本书可以帮助学生搞清建筑的复杂多变……西蒙·昂温在写作的时候融入了建筑师的敏感性，用一位建筑师的双手成功完成了绘图。"

——苏珊·赖斯，赖斯和埃瓦尔德建筑师事务所，《建筑科学评论》

"简单的就是最好的！我刚刚读完了这本书的前三章，就感到自己不得不提笔写下这段评论。对建筑领域的每个人来说，这本书是非常好的，也是必读作品。学生、教师以及实际从业者都能在这本书中找到灵感。"

——德普西斯，Amazon.com

"可以体会得到，作者在写这本书的时候很用心，没有使用晦涩难懂的语言，而是直截了当地介绍了许多建筑思想。我想这本书一定会在建筑师和学习建筑的学生的人群之外形成一个广大的市场。"

——巴里·拉塞尔，《环境的设计》

"这也许是最好的讲述建筑的书籍了。"

——安德鲁·海格特,建筑讲座,东伦敦大学,英国

"西蒙·昂温的《解析建筑》是必读书目,可以作为主要的教材……它使用从作者的笔记本中选出的精美图纸做插图,实现了作品易读性和探究深度之间的平衡。《解析建筑》是一本非常清晰地探究建筑基本原理的初级读物。无论是建筑界的新人还是经验丰富的建筑师,我都由衷地向他们推荐这本书。它不仅能给人带来愉悦的阅读体验,而且它本身就是一件美好的事物。"

——乔瓦尼·巴蒂斯塔·皮拉内西,Amazon.com

"你会忍不住向新生们推荐这本书:它介绍了许多有关建筑研究的中心问题。尤其是其中的范例分析,向读者传递了大量的信息。学生会发现这本书对理解与建筑息息相关的许多重要问题大有裨益。"

——罗琳·法雷利,《建筑设计》

关于《建筑学基础案例研究20则》的一些评论

"我在Kindle上读完了这本书,发现这是一次令人愉悦的阅读体验……尽管这20个建筑都出现在20世纪之后,但西蒙·昂温还是给读者介绍了广泛的建筑类型和策略选择。这些建筑不是按年代排列的,它们的出场顺序看起来是要用一种清晰明了的方式介绍反复出现的主题。书中甚至还介绍了一些很有名气但已经被拆除的建筑。这本书的章节内容简短易读。西蒙·昂温似乎尤为熟悉密斯·凡·德·罗,通过这本书我对巴塞罗那德国馆和密斯·凡·德·罗在建筑界的影响有了新的见解。西蒙·昂温还比较关注完美的几何形状和结构,他分析了其中的许多建筑,同时认可了不同类型建筑的成功。这本书对各种年龄阶段的人,尤其是学习建筑的学生非常有用。在这本书的启发下,我将留意寻找'另外20则建筑案例……'"

——C. 麦肯纳,Amazon.co.uk

"多好的一本书啊!这本书是我的圣诞节礼物,它带给我很多快乐。里面的线图清晰有趣,作者在每个建筑里穿行,解释了每处的设计选择,比如布置、形式、形状等。值得推荐。"

——麦克,Amazon.co.uk

"这本书系统地研究了基本的建筑风格。它结构合理、用词精妙、恰当……我愿意向任何一个学习建筑学的人推荐这本书。"

——旅居者,Amazon.com

"真是一次非常有趣的阅读体验……真正地扩大了我们在思考空间作用方式时的思想广度。"

——斯特莱德，Amazon.com

"这真的是本好书，即使您是一名建筑师，也肯定能在这本书里找到一些您曾经错过或遗忘的细节。简单明了，但不肤浅……"

——马泰奥，Amazon.com

《建筑学基础案例研究25则》是《建筑学基础案例研究20则》的修订和扩充版本，2015年出版。

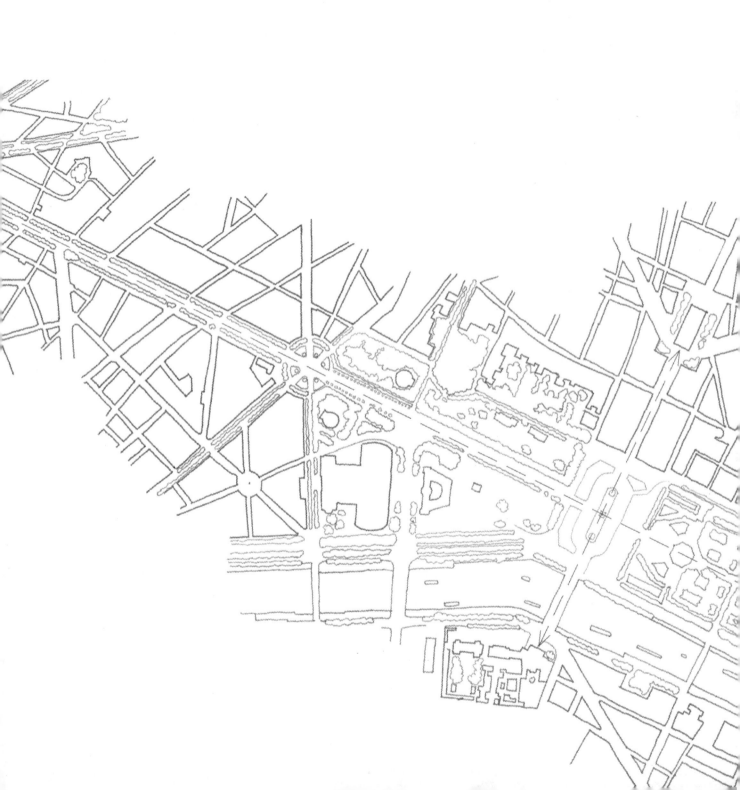

目录

简介 / 003
建筑的基本情节 / 004
具体章节和分析方法 / 005
建筑师与建筑范例 / 006

建筑的基本元素 / 009
建筑的基本元素 / 010
环境 / 011
标志物 / 012
地面上的固定区域 / 014
平台 / 016
坑洞 / 017
焦点 / 019
墙 / 021
墙面上的开口——门和窗户 / 023
柱子 / 024
屋顶 / 026
道路（和桥）/ 028
人 / 029

巨石建筑 / 033
巨石建筑 / 034
基本的巨石结构 / 037

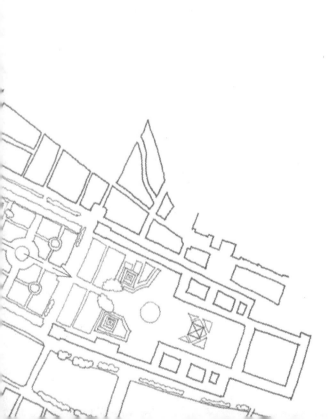

第1章　立石 / 039

立石 / 040

有了立石我们可以…… / 042

艺术中的立石 / 064

最后……立石的多种功能 / 067

第2章　石圈 / 069

石圈 / 070

孩童和圆圈 / 071

排除圈 / 074

包围圈 / 076

"部落包围圈" / 079

圆圈与时间 / 080

更多关系轴 / 081

石圈的发展和变化 / 084

理想的几何形状 / 088

巨石阵体现的建筑思想 / 096

大地艺术中的石圈 / 105

入口—轴线—焦点—永恒的结构 / 107

最后……石圈——建筑的严酷考验 / 109

第3章　石棚 / 113

石棚 / 114

建筑中的新维度 / 117

石棚的变体 / 117

结构与空间 / 121

几何结构——空间的和理想的 / 127

近现代的石棚 / 130

可以居住的顶石 / 137

阴沉的天空 / 139

最后……石棚，一种表达勇气的方式 / 141

第4章　多柱式建筑 / 143

多柱式建筑 / 144

调整多柱式建筑中的空间 / 150

多柱式清真寺 / 154

多柱式建筑办公室 / 156

多米诺理念 / 158

各种各样的近现代多柱式建筑 / 159

最后……多柱式建筑——是神秘森林还是感官框架 / 161

第5章　神庙 / 163

神庙 / 164

沙滩上的神庙 / 165

中央大厅 / 168

作为对象的神庙 / 171

神庙的正面性 / 173

对抗的体系结构 / 176

最后……那耳喀索斯神庙 / 185

第6章　剧院　/ 189

　　剧院　/ 190

　　启蒙　/ 193

　　演变发展　/ 195

　　希腊剧院的组成元素　/ 198

　　先驱　/ 204

　　关系　/ 205

　　罗马剧院　/ 208

　　假山　/ 210

　　将虚拟与现实剥离　/ 212

　　框架的创造　/ 215

　　希腊剧院的非正式等价物　/ 219

　　景观设计和表演艺术中的希腊剧院　/ 228

　　最后……剧院——虚拟空间的标志　/ 231

第7章　庭院　/ 235

　　庭院　/ 236

　　早期的庭院　/ 239

　　内部世界：公私两分法　/ 241

　　古代的希腊房屋　/ 242

　　古代罗马城市住宅　/ 246

　　伊斯兰房屋　/ 249

　　构建活动、表演、生活的框架　/ 251

　　天堂　/ 253

　　最后……庭院——典型的建筑结构　/ 261

第8章　迷宫　/ 265

　　迷宫　/ 266

　　古代的迷宫　/ 267

　　迷宫式入口　/ 270

　　让人快乐的迷宫　/ 270

　　最后……建筑——书法和编舞　/ 289

第9章　风土建筑　/ 293

　　风土建筑　/ 294

　　范例　/ 297

　　别致优美的风土建筑　/ 298

　　不规则形状的起因　/ 302

　　显示构造；气候回应　/ 306

　　地点的识别；空间的组织　/ 310

　　风土建筑的梦想　/ 321

　　最后……风土建筑——现实或者神话，范例或者梦想　/ 325

第10章　废墟　/ 329

　　废墟　/ 330

　　废墟的故事　/ 332

　　废墟价值理论　/ 334

　　令人迷恋的废墟　/ 336

　　风景如画的废墟　/ 338

　　打破几何结构　/ 341

破坏意义 / 344

  "悲伤"的建筑 / 347

  废墟与记忆 / 348

  最后……废墟的力量 / 351

结束语 / 355

致谢 / 359

历史上
最有影响力的十类建筑
建筑式样范例

"生命中最重要的任务：以新的面貌开始每一天，就好像每一天都是生命的第一天，而过去所有成果和被遗忘的教训都由自己收集和支配。"

——格奥尔格·齐美尔（George Simmel）（1923年）

简介

历史上最有影响力的十类建筑：建筑式样范例
The Ten Most Influential Buildings in History: Architecture's Archetypes

那些熟悉我以前作品的人——特别是熟悉《解析建筑》和《建筑学基础案例研究25则》的人，将会有这样的感觉，在分析20世纪和21世纪众多建筑师的各种建筑作品时，我常常会发现几百年前甚至几千年前的某个建筑物在那些建筑师身上产生的影响。例如，1950年密斯·凡·德·罗在设计范斯沃斯住宅时就受到了古希腊神庙的影响。1929年，当勒·柯布西耶在设计萨伏伊别墅时，他想到了关于帕特农神庙的创意理念，以及他几年前在庞贝古城（意大利那不勒斯附近的一座古城）参观过的古罗马城镇房屋——1911年他结束东方之旅后回程经过了这里，关于这段旅程，勒·柯布西耶著有《东方游记》（Journey to the East）。

在本书中，我从反方向观察古代建筑对当代建筑师的影响。每章都重点介绍了一种特定的建筑范例，阐述了它对当代建筑师的作品的影响方式。例如，神庙除了影响了密斯·凡·德·罗，还影响了许多其他建筑师（包括著名的勒·柯布西耶）。本书还介绍了一些体现在古罗马城镇房屋中以及更早的一些建筑中的"庭院"范例，它们在21世纪的今天仍然被设计师视为一种组织原则。

建筑的基本情节

本书指出了十类最有影响力的建筑的范例，它们产生的影响贯穿了整个人类建筑史。就此而言，建筑范例可以被看作类似于柏拉图的思想精华一般的存在。虽然它们可能以不同的外形杂乱地出现在世人面前，但是它们表达的内涵有时尽管不一定是理想的形态，但一定是一致的、连贯的且不受时间的影响。举例而言，庭院顾名思义是一个任何人都能使用也能理解的建筑理念。但是，只要我们稍微回忆一下我们可能见过的那么多庭院设计，就会认识到虽然"庭院"只是建筑范例的一种，但是它却有各种各样的表现形式。

有人可能把本书和克里斯托弗·布克的《七个基本情节：为什么我们讲故事》做比较。布克在他的书中指出，有史以来世界各地的文学故事都可以用七个基本情节归纳（如"杀魔除怪""由俭入奢""远航返航"等）。如果说用一个情节可以组成一个故事的架构，那么本书就以图例的形式阐明了建筑中最有影响力的基本情节问题。通过建筑师来讲故事，一遍又一遍地检验这些基本情节被重述的方式。这些故事并不是通过语言文字讲述的，而是通过运用建筑的元素的方式讲述的。

过去的建筑范例对当代建筑的方式的影响

不一定非要是直截了当的、被普遍认可的，也可能像布克对作者和故事所做的评论那样，处于不同环境、时间、地点的建筑师可能在彼此独立的情况下勾勒出相似的建筑形式。尽管如此，建筑范例依然保持了它作为原型的地位，尽管看上去它在不同的地方已经被重复发明了很多次，但这也许是因为该建筑范例满足了人们的共同的需求或审美方式吧！现代建筑作品与古老的建筑范例之间的影响和联系可能还处于一种未被认可的状态，因为有些建筑师存在这样一种倾向，他们相信且认为他们的设计自始至终大都是自己发明的。但其实通常可以发现他们的设计印记在许多年前、几个世纪前甚至上千年前的建筑中就已出现。

布克通过观察发现，我们生活中的故事无处不在，它们构成了我们理解中的世界的叙事方式，构成了世界运行与操作的方式。建筑产品几乎无处不在。正如我曾经在其他地方提出的论点，建筑编织和构成了我们理解世界的空间叙事手法（以非语言的形式来体现），以此展现我们人类不同的生活条件，讲述我们人类不同的生活主题。建筑师是一个身兼哲学家和小说家两种角色的人。他们使用的基本方式和布克的想法一致，用口头表达的形式讲故事，尽管这种形式非常少见。

具体章节和分析方法

本书的每个章节都讲述了特定的建筑范例对后世产生的影响。首先用古代的建筑实例确定这种范例，也许其中一些实例属于这种范例的分解或一般形式；然后再对这些范例进行分析，利用《解析建筑》（第四版，2014年）中列举的宽泛、有概括度的方法，找出它们的主要特征、元素、创作理念和策略。

本书中列出的每一种建筑范例都为后来的建筑师提供了一种强大的效仿模板，或者说为建筑师解决简短的挑战提供了一个可以利用的策略。分析过每种建筑范例及其起源后，我发现后来的建筑师善于利用这些范例的特征，并把其理念和策略运用到他们自己的作品中。在每个建筑范例中，建筑师的发现都足以写成一本书。我选择了一些我认为最有价值的建筑范例，且尽量全方位地、恰当地用最新的方式将其提出来，使其能包含更多内容，引导读者品味出比这本书内容更丰富的内涵。

这些建筑范例探究了不同年代下建筑的参考体系、影响和实例中体现的文化和运作手段。这种方法可以媲美其他有创造性的学科——比如文学、音乐和法律——认可这些因素在不同时期的创造性活动和个人成就中扮演的多重意义。有创造力的人会有意地或无意地从之前的实践者的行为中汲取创意和想法。"过去"能告知和激发现在的人对将来的想象。为了在之前的实践者的行为与当代建筑实践活动之间建立相关性，比如从古代遗迹中理解现代建筑所起的作用，即提供能在两者之间架起桥梁的观点和见解，本书也采用了这种方法。

除了这篇"简介"，本书还有另外两个介绍性章节。第一个介绍性章节回忆了建筑的基本元素——相当于《解析建筑》前面部分几页内容的扩展说明。这些元素能解释所有的建筑范例。第二个介绍性章节简短介绍了立石、石圈、石棚三类建筑范例，这三类建筑范例都属于巨石建筑的范畴。

建筑师与建筑范例

建筑师与建筑范例之间存在着一种错综复杂的关系，这种关系正是本书探究的话题。建筑师不能随意地创造建筑范例，建筑范例是建筑的一部分，但这并不是说建筑师就像一台大型机器上不用动脑思考的小齿轮那样。一百多年前，艺术评论家杰弗里·斯科特在《人文主义建筑艺术》（1914年）中抱怨，建筑历史学家对当今建筑师的倾向的评价是这种倾向就像历史运动和历史趋势这两出"大戏剧"中的棋子，这是他们自己的进化方式。例如，他认为当今建筑师在实践的时候淡化人类意志，更多地依附历史趋势和一些能支配一切的体系。他把这种倾向称为"生物谬论"。在探究当今建筑师从他们的前辈那里受到的影响时，我的观点和斯科特并不矛盾。一个有意去创新的思想远比构建一个盲目的进化过程复杂得多。这里，我们讨论的不是一个自然的进化过程，而是他们通过观察别人的作品，从中受到鼓舞启发，主动学习，从而形成创新思维和必要的观念、应对人们面临的挑战的过程。有时候，一些本身可以被看作建筑范例的事物就是在这个过程中显现出来的。然后，这种事物要么取得了权威地位，影响后来的建筑师在特定情境下的行为；要么产生了一种魅力，引导建筑师去解读、去扩展，甚至形成与他们之前掌握的基本理念相悖的观点。

每种建筑范例都像树的主干一样，有它们自己的根和树枝。后来在建筑范例的基础上发展起来的思想观念就是它的树枝。树根是指先例和原型，是部分被开发的或经过提炼的先驱者。建筑的基本元素就是强化建筑范例及其先驱者的基础。这些基本元素也有其理想形态，就是《解析建筑》中诠释的那样，但是也可以用具有代表性的原始案例来解释说明理想形态在建筑范例发展过程中的应有作用。前面提到的两个介绍性章节带我们回忆了这些内容，使用的案例比之前书中的案例更精确、描述范围更广。

我们从不同历史时期、不同地方、不同文化背景下一系列各不相同的建筑范例中总结出建筑范例的形式，然后有意识地考虑那些建筑范例，做出一些别出心裁的改变。我在观察过去的建筑时，不是以历史学家的身份去追寻历史的真相，而是把自己当成一个建筑师、一个教设计的教师，寻找能够产生和激发建筑创造力的观念和想法。本书谈论了建筑范例的结构，以及建筑范例对"永恒的现在"的建筑的影响。建筑范例扎根于我们的思想中，是设计的组成部分，是我们身为建筑师的灵感来源和支持方式。它们也随时准备接受建筑师的挑战。

本书旨在为那些立志成为建筑师的学生提供帮助，它探索了建筑的起源，不是通过历史学的视角，而是好像将我们置身于建筑起源现场一样，进行了切身探索。历史学家喜欢把事情变得看起来很遥远，同时还要还原当时的情况，对范例进行分门别类的整理、概括和简化——诚然，历史的精确性对于编写历史作品至关重要，尽管历史学家在此过程中经常遭受挫折，但是他们仍要理性客观地找寻过去发生的事情的真相并填补缺失的记载。他们说过去就像在说异域之邦，那里的人们有不同的行事方式。但是，在今时今日，在我们生活的世界上的某些角落，过去依然和我们同在，我们之中那些肩负设计未来的某一部分使命的人——他们就是建筑师——仍然在从中寻求做事的灵感和想法……他们并没有让过去成为凌驾于现在的严格权威。那些不从过去的错误中吸取教训的人可能重蹈覆辙。但是如果说历史确实是一种权威的存在，那么它不但能限制也能激励我们完成现在正在做的事。

建筑就是这样无所不在地塑造着我们的生活，使我们倾向于把它们当作自然的一部分，它们在无意识的情况下就能浸入我们的思想……然而事实显然不是这样的。日常生活中我们总是下意识地处理关于建筑的事务，不去考虑它们做了什么、对我们来说有什么意义，也不去思考影响建筑设计理念的思考过程和决定。无论我们研究的是生物还是历史、文学还是音乐，谈论这些学科的方式多种多样，最终使它们看起来与我们收到的东西、消耗的物品、经历过的事情等等没有什么不同。例如，它们独立于我们自己的力量、创造性、决策想象力，只作用于我们的直觉。如果从概念的角度理解建筑作品，思考我们如何以自己的方式适当地展现建筑的力量来影响别人，

历史上最有影响力的十类建筑：建筑式样范例
The Ten Most Influential Buildings in History: Architecture's Archetypes

我们就必须唤起一种所谓的"存在主义敬畏"的观念——这是对我们取得的成就的一种印象深刻的认识，是我们付出的聪明才智和辛勤汗水，是我们表现出来的能力。对于我们为我们的世界做出的贡献，对于我们头脑中生成的思想观点如何与我们所处的物质世界产生共鸣并改善不合理的地方的能力，我们一定会感到相当惊讶。在思考很久以前建造的巨石遗迹时，这种意识需求尤为热切，那时我们刚刚发现了建筑带给这个世界的一些力量。为了理解出现在本书分析中的一些人类历史上的典型建筑，我们需要唤醒自己内心深处对存在主义的敬畏。简单来说，这意味着我们要让自己意识到世界的神奇之处。正如威廉·布莱克所说的，"一沙一世界"（选自《布莱克诗集》，张炽恒译），世界上有许多强大的东西，因为它们就在我们周围并且是日常生活中一些微不足道的东西，所以我们就理所当然地认为它们是自然的一部分，而自然本身就是一种非常强大的存在。建筑作品即人工建造的环境和我们人类为自己的生产活动圈出的地方就属于这一类。本书中举例说明的每一种建筑范例都产生于人们的思维活动中，每一种都影响和决定着我们对周围世界的感受。

建筑是艺术之母。所有的艺术形式都有它们的结构和范例。例如，一顿饭的结构包括菜谱和菜肴以及上菜和吃菜的顺序。作为人类社交行为中的一件事，"用餐"就是一种范例。用餐的地方也是一种范例——人们围坐在餐桌周围——确定了用餐的地点，也为用餐这件事设定了一个框架。（详见介绍庭院这类建筑范例的章节。）

把本书和作者在此之前出版的著作放在一起，我们就会得到一种理解建筑的方式方法，这与每个人对建筑产品的体验密切相关。为了拉长建筑的即时性对我们生活的影响，本书中介绍的建筑范例揭示了当我们认为外观是建筑要考虑的主要问题时可能忽视的基础力量和基本可能性。本书讲述了建筑古老的基础，它们植根于我们期望掌控的努力中，使我们所在的世界变得有意义。本书还提到了拥有古典性质的观念和看法如何依旧支持着今天出现的建筑。本书把古老的过去带到了现在，以便我们找到那些跨越历史事件仍在影响建筑师们的典型观点，探索那些典型观点如何在今天仍旧保持着其与建筑的相关性。

关于引用建筑范例的位置的注释：

接下来我尝试着为范例中提到的所有建筑作品提供参考坐标。你可以通过"谷歌地图"的"搜索"功能查询这些坐标，它们可以带你找到范例中提到的那些建筑作品。

巨石阵,索尔兹伯里平原,英格兰

建筑的基本元素

历史上最有影响力的十类建筑：建筑式样范例
The Ten Most Influential Buildings in History: Architecture's Archetypes

建筑的基本元素

"房屋不应该成为密不透风的监狱，它需要通向外界的出口，用一种恰当的方式连接室内的空间和外面的世界。他们将房屋打开一个或几个开口是为了与外面的世界打交道。这项任务就靠房间里的门和窗户完成。两者都是室内与室外的连接部分。"

奥托·弗里德里克·博尔诺夫，
沙特尔沃斯——《人类空间》（1963年），
Hyphen出版社，伦敦，2011年。

所有的建筑，无论是什么时候建造的，无论结构多么复杂，都是由以下的基本元素组成的——墙、门、焦点、屋顶、地面上的固定区域等（见《解析建筑》，第四版，2014年）。这些基本元素可以通过许多不同的形式在建造中实现。你可以想象一下，样式繁多的门廊——从跨越城堡外的护城河的吊桥，到古希腊神庙中神圣区域的山门，或一间再寻常不过的房子中简单的矩形开口，它们虽然表现形式不同，但都是建筑不可分割的一个元素。建筑的基本元素是组成空间结构的工具——这是我们用来理解世界、按照我们的需求和欲望改善世界的行为的一部分，这是一种空间语言，并且是作为一段回忆且填充了本书大部分内容的建筑范例的分析基础。接下来的内容中列举了一些原始的建筑范例，阐释了后面章节中提到的十类建筑范例。

我曾尝试过用我能想到的或能找到的最纯净、最原始的建筑范例来解释每一种基本元素。如果你自己也能想到合适的建筑范例，对你也是大有裨益的。你也可以使用我找到的建筑范例，假设你就是一个穿越到千年以前的人，那时还没有当今烦琐复杂的生活，没有现在的这些技术设备。在那些一去不复返的时光里，一切都更简单、更华丽、更真实，而这并不是你在有意地对这个事实表达出一种浪漫的享受、一种渴望的反思。建筑的基本元素以及它们所组成的结构既古老又永远都活在当下，这一点才是更重要的。尽管已经存在了很久，但它们依然是空间设置的重要内容，而且将来也会一直延续下去。

除了《解析建筑》中解释说明的那些基本元素，在这里，我还增添了一个基本元素：人，并且意识到这是所有元素中最重要的。正如我在其他地方说过的那样，人和建筑师一样，都是建筑中的基本参与者、构成元素、话题——并且是至关重要的基本元素。每个人都参与其中，直接受到建筑的影响。在我们生活的世界里，我们每个人都是建筑师。我们可以通过建筑理解我们的世界，其力量的强大程度即使不超过也绝不会逊于口头语言。建筑产品可能在潜移默化中影响我们的生活，不需要经过人们的同意，同时，它们给我们所做的事情几乎都设定了空间框架。

环境

对所有地面建筑来说第一个也是必备元素就是环境，即当地的地形和建筑所处的位置。当人们或者与此有关的其他生物穿过、体验、居住在某个地方时，这里的地形就充满了无限的可能性。它能为人们提供安身的地方、摆放东西的地方、通行的地方，并具有其他用途。通常来说，这些都是建筑的基本功能。我们应该把位置选在哪里？为什么我们选择了这里而不是那里？当时的主要条件和地理位置会对我们的决定产生什么样的影响？所有的建筑选址都源自这种刻意的、明智的、不停寻找的思想与建筑所需环境之间的互动。

这个世界为我们提供了各种各样的我们可以与之建立联系的地方。有些地方可能是大片开阔的草原，我们可以了解的地方并不多。其他地方也有很多的可能性，比如山洞是所有房间类型的始祖。当我们选择了它作为使用场所时（如躲避、生活、储藏等），它就成了一个建筑作品。事实上，世界上还有更多微妙的地方等待我们去发现。

我们的周围充满了带有显著地形特点的地方。选择这样的地方作为天然的房间，那么它就是最原始的建筑作品，当然，你还可以点上一堆篝火，做上一顿美味的饭菜。

山上突出的峭壁也为我们提供了很多可以使用的地方。站在最高的地方，你可以看到最全最好的风景；当你身在一片开阔的空地时，你也许会觉得离天上的"神灵"更近了。你可以在这里竖起一面旗帜、修建一座堡垒或者打造一个祭坛。此外，也有由岩石围成的地方，这些地方分为阳面和阴面，有遮蔽处也有通风处，可能还有可以供你躲避的缝隙。你可以在这里休息，背靠在斜坡上，眺望远处的海面。

在接下来的分析中我们将会看到，环境对建筑的贡献颇大，环境可以转换为建筑的方式也有很多。建筑师需要承认并利用环境提供给我们的契机。

标志物

仅仅通过占有这种行为，我们就能确认一

个地盘。有时我们的占有会留下痕迹，例如脚印，或者在沙丘上躺过之后留下的后背轮廓，这些痕迹提醒着我们"到此一游"。所有的建筑都从占有这一行为开始，从根本上来说都是为了确认某个地方的归属。建筑产生的影响是为我们的存在设置了框架，其痕迹印证了我们的到来或离开。

除了坟墓，我们不能通过永久占有的行为把一个地方打上自己的烙印。为了生活，我们不得不搬来搬去。所以，要想宣誓自己对某个地方的所有权，我们需要用某种方式标记——一个硕大的直立的石头，或者一块毛巾，就像游客享受日光浴时那样。

标记，使其与我们之间建立某种联系，用来表明我们到过这里或者宣誓我们对这个地方的所有权。在古代，竖石纪念碑（立石）矗立在我们想让它矗立的地方，它孤独地立在那里，可能是一种所有权的标志，可能是一种身份的象征，也可能是路标，用来指出景观沿途的路线，以防我们迷路、走失，除此之外再无其他意义。

澳大利亚原住民把手的轮廓印在岩石表面，似乎用力挤压横亘在过去和现在之间的表层物就能让他们穿越时间的迷雾。我们从诗意的角度来解释这种行为：他们的目的可能是记载这片土地在某个有重要意义的精神领域的存在。

从远古时代起，我们就不停地在地上做

所有的标志物都是一种建筑设计，就此而言，它们的目的是认定一个地点，使人与地点之间产生依附关系。脚印和手印是人们通过建筑来干预世界的最基本的方式。

历史上最有影响力的十类建筑：建筑式样范例
The Ten Most Influential Buildings in History: Architecture's Archetypes

还有更多的传统建筑结构也使用标志物，许多建筑本身就是标志物。教堂的尖塔标志着里面有一个祭坛；清真寺的尖塔是一个坐标指向，使人们在很远的距离上就能看到这个地方；灯塔标志着周边危险或人们即将到达某个地点；无论是家里的壁炉还是工厂的熔炉，烟囱都表示那里有火；摩天大楼则标志着这个地方有大公司或大机构；桅杆使人们能在远处找到这艘船的具体位置；国旗是一个国家的象征。

标志物是一座建筑的基本元素。它向全世界展现了它的创作者的身份。标志物还告诉了我们物体的位置，以及我们和它们之间的关系。标志物有助于我们理解周围的世界。

地面上的固定区域

"清除野草和杂物，把这里变成固定的仪式场地。"

20世纪初，人类学家斯宾塞和吉伦在他们的作品中用这句话描绘了澳大利亚原住民准备仪式的场景。这个过程没有涉及建筑物，只需要清除杂物，使地面光洁以供使用。你可以想象一下，被抛弃的杂物围成一个圆圈，而这个圆圈就是人们需要的一个区域的界线。这样的地面清理工作在历史上任何时候都存在。

明确限定一个区域，把它与其他地方区别开来，这种行为使这个区域变成了一个特殊的地方，不同寻常的事情将在这里上演。一个划定的区域可以用来表演、举行仪式和典礼……从弹珠到马球，从网球到足球，许多体育运动和比赛都发生在院子、球场和其他地面上——这些由界线划定的区域构成了这些比赛需要的空间规则。

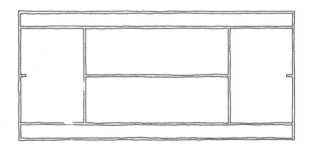

下页左上角的《魔法圈》展现的也是一个小的固定区域，这里有不寻常的事情，可以召唤魔法。所有的固定区域都有一种神奇的"魔力"，有时这种"魔力"是一个建筑作品——一个根据建筑师（女巫或男巫）的思想组建而成的特殊地域。

建筑的基本元素

约翰·威廉姆·沃特豪斯，《魔法圈》，1886年（细节）

标志物（第12页）通过占有行为来确定一个地方，反之一个固定区域则通过被占有行为来确定一个地方。当我们想要占有一个地方时，标志物会阻止我们去占有它所在的那个特定的地方，我们只能使用标志物周围的地方（标志物暗示的范围）。与之相比，固定区域有容纳的功能，它为我们划定了界线，防止别人侵占我们的地方。在地面上划定一个区域是组建家庭的第一步。

从最基本的层面来说，在地面上划定一个区域既是一种心理行为，也是一件需要身体力行的事。划定这一区域边缘的界线调节着你与周围世界的关系。尽管其本身不是一个真正的、可以防止他人侵入的屏障，但这个界线强调了存在感，声明这里已被人占有。在进入别人的圈子前你会踌躇，也许只有接到邀请后才能进入。建筑的强大力量之一就是它的边界。固定地域在圈定它的主人时或者被说成是主人的领土时也会将他人排除在外。如果这是一个举行仪式或典礼的地方，那么边界线则分隔出了表演场地和观众区域。

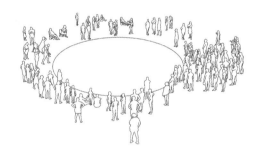

对一座住宅来说，它的入口把家人和陌生人分成了两个群体；对一个国家来说，国界区分了国民和非国民两个群体。建筑结构设定的空间规则也不只是对于比赛而言，它同样可以在社会和政治关系中发挥作用。

当你开始寻找地面上的一个固定区域时，你会发现它们无处不在——小道、草坪、花

015

历史上最有影响力的十类建筑：建筑式样范例
The Ten Most Influential Buildings in History: Architecture's Archetypes

园、停车场、建筑工地……固定区域是我们从空间上塑造世界的主要方式，其规模大小不一。有些是你暂时拥有的领地，其他大部分都属于别人，还有一些地方是大家共享的。这些地方有时是边缘地带的模糊地域，有时是存在争议的地域。地面上的固定区域是基本的建筑行为。

平台

即使是在未被开发的地方，人们也能发现占据高地的好处。那里能为我们欣赏周围的风景提供更好的视野，考虑到其海拔高度，它似乎还能为占有者带来一种优越感。高一点的地方也能让它的占有者——无论是人还是建筑，在观看者眼中变得更好。

在古希腊，特尔斐女巫就站在一处天然的岩石平台上（北纬38.482 016°，东经22.501 429°），向那些急于知道未来的人传达神秘的预言。直到几个世纪后，这里才被周围建造的其他的圣殿和庙宇取代。这个岩石平台就明确表达了它在地面上的区域不仅指女巫脚下这片比周围高的地方，而且还暗含着这样一个意义，即前来探知未来的人们要站在下面的平坦地面上拭目倾耳。这个平台促进了女巫和台下的人群之间的交流。作为一个地点，它的选择和用途使其成为一个不受其他任何事物干涉的建筑作品。

从最早的历史时期起，人类就已经建造出拥有各种功能的平台。人类学家斯宾塞和吉伦注意到，澳大利亚原住民建造的平台是部落中男性成员年轻时行割礼的"手术台"。

他们还用树枝搭建平台，作为在仪式中盛放他们的神圣之物的祭台。

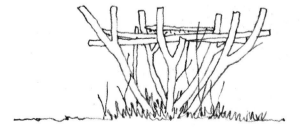

有些人甚至建造镂空的平台，并在下面缓慢燃起烟雾，以使自己免受飞虫的侵扰。

有些人可能会说平台总是能形成一个具有特殊氛围的地方，不必非要烟雾缭绕，一个高于、远离或者与地面及普通的日常生活分离的地方均可以成为一个具有特殊氛围的平台。就像地面上由一片固定区域组成的一个"魔法王国"，这里禁止出现一切常态事件，平台也有这样的效果，而且它的功能只会更多。

在古代，许多国家都把相对位置较高的地方当作圣地。有些人还专门为自己建造比周围高的建筑。大约两千年以前，在墨西哥的特奥蒂瓦坎（北纬19.698 526°，西经98.845 066°），美索美洲文明（即中部美洲文明）建造了巨大的平台，以使他们的庙宇远远高于周围的地形。这些平台为统治阶级和宗教人士创造了行驶特权的高地。他们还会设立一些平台，让不同寻常的事在这里发生——比如实施人祭，当然，这种行为在现在看来非常野蛮。

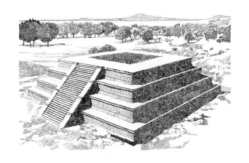

作为建筑的一个基本元素，平台拥有的许多力量都源自建造时提高了的这片固定区域的海拔，这使其高于周围的地形，具有更高的象征意义。平台象征着优越、前途、炫耀、区别……平台把一个地方与其他地方隔离开来，它不是用边界线来达到这个目的的，而是从空间上提高了一个地方的水平位置，把它升到更高海拔，它是一个具有相对较高象征意义的建筑元素。

坑洞

坑洞与平台相反。坑洞是地势较低的地方，一般象征有缺陷的地方。人们习惯把坑洞当作陷阱、牢笼或者盛放那些我们不希望在地面上自由散落的物质，如水、垃圾、排泄物等。平台是通过抬升高度而彰显其地位，坑洞则是用来容纳和隐藏物品。坑洞能填充、容纳那些需要掩埋的事物，如宝藏、尸体等。在有些情境下,坑洞充满了神秘,有一种超然的陌生感。

我们为什么挖掘坑洞?首先,是为了查看地表之下有什么东西。在做调查研究时,我们就使用"挖掘"这个词。考古学家挖掘坑洞是为了发现过去的历史,我们挖掘坑洞是为了寻找可以食用的植物根部和动物幼虫。坑洞是一个谜团,能带领我们进入未知的领域。

其次,我们把不同的东西埋在坑洞里:捉迷藏时在沙滩上挖个坑洞藏起我们的爸爸;在坟墓中埋葬先人;保存一些贵重物品;填埋我们弃如敝屣的垃圾。我们也用"掩藏"这个词来形容隐藏坏消息。

一些澳大利亚部落在埋葬逝去的族人时,会让他们直坐着,面朝全族的扎营地。坟墓旁边有一条浅浅的小坑,这是一个象征性的门,永不覆灭的灵魂可以通过这扇门再次找到承载它的躯体。

再次,我们可以在坑洞中储藏东西。在沙滩上,我们尝试挖出一个坑洞存水,但这些水最终会渗透流失;蛇窖可以把毒蛇聚拢在一个地方;粪坑用来存放排泄物;人们在地上挖出地牢,用来囚禁敌人;沙坑是孩子们的乐土。

苏格兰的许多城堡都有地牢,他们会把敌人扔在那里,让敌人自生自灭。重力问题是挖掘坑洞时必须考虑的重要问题之一。

最后,如果你在沙滩上挖一个沙坑,人们

建筑的基本元素

经过的时候一不留神就会掉进去，因此，坑洞也可能成为陷阱。

在1993年由北野武执导的电影《奏鸣曲》中，一个团伙在冲绳的沙滩上挖了一个沙坑用来困住他们的"朋友"。

坑洞也可以作为人们逃难、躲避和遮挡风雪的地方。2008年1月在邓迪（英国苏格兰东部港口城市）举办的一场讲座中，建筑师兼作家尤哈尼·帕拉斯马说他记得自己曾在拉普兰挖过一个雪坑。

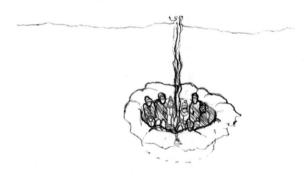

帕拉斯马和朋友们围坐在一堆篝火旁，又有雪坑帮他们遮挡风雪。他记得当时是这么想的，"我们就像在家里一样"，后来这个雪坑被填满之后，他又觉得很后悔，有一种怅然若失的感觉。

坑洞可以作为沉思和集中注意力的地方，因为它远离嘈杂的世界。北美洲西南地区的阿纳萨齐人在岩石上打洞，修建了基瓦会堂作为他们的上层人物集会的地方，在这里他们的讨论不会被打扰。

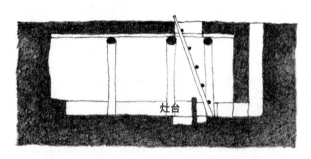

我们在潜意识中总是认为地面建筑应该和道路处在同一水平面上。但是，平台和坑洞为我们在寻找建筑用地时提供了不一样的可能性，一个向上、一个向下，通过改变建筑的水平位置来实现建筑形式的变化。

焦点

下页左上角的图以沙滩为背景，图片中的一群人围着一个固定区域站立。这幅图看起来有些奇怪，因为这是一片空地，人们所看之处十分空旷，但是，那里确实有东西——一个微小的让人刻意保持距离的东西。

历史上最有影响力的十类建筑：建筑式样范例
The Ten Most Influential Buildings in History: Architecture's Archetypes

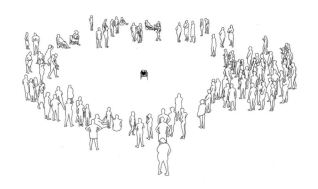

一群蜜蜂被一位女士搭在沙滩椅背上的羊毛衫散发出来的香水味吸引。蜂群就是上图那群人注意和关心的对象。这是个清晰又具体的例子，解释了建筑基本元素中的焦点——吸引人们注意力的东西。

"焦点"这个词衍生于拉丁语中的壁炉。无论是帕拉斯马挖的雪坑还是阿纳萨齐人的基瓦会堂，都有这样的焦点。通常情况下，壁炉就是建筑焦点。想象一下，在左中图的中心位置设计一个壁炉，这片自然空间就会发生根本性的改变：现在它有了一个焦点——一个能吸引我们注意力的焦点，一个我们可以围坐在旁边，天南海北畅所欲言的地方。

建筑焦点也可以是壁炉之外的东西，比如可能是一个人。一个人在这样的地方（右中图）表演，那么这个人就是此处的一个焦点。雕像和雕塑也能起到同样的作用。焦点把人们的目光吸引到自己身上，产生视点或占据一圈人的视线，使人们在某个固定的地点产生反应或共鸣。焦点会吸引我们的注意力，主导或磨灭我们对一个地方的普遍性特征的认识意识。

焦点也可以是地点本身。如果我们在这里建造一个祭坛、一个举行仪式或典礼的场所，就可以把这片相同的自然空间变成另外的模样（见下页左上图）。祭坛上的蜡烛营造出一个被光笼罩的小区域，这将会是焦点的所在地，我们会像飞蛾一样被光线吸引。

焦点的使用改变了这个世界。标志物和焦点之间存在细微的差别，但它们彼此不是互相排斥的两个概念。有时，某个区域上的标志物也是这里的焦点。然而，壁炉、表演者或祭坛诚然可以作为一个地方的焦点，却不能被看作

建筑的基本元素

标志物,但是灯塔和火苗散发出的烟幕信号却可以被视为标志物。焦点有着无限的潜力,它可以某种程度上改变人的性格品质,也可以改变一个地方的氛围,具有象征意义。标志物通常更加务实,也更加平凡。但是,关注二者词义上的区别,不如研究它们本身所代表的力量。标志物认定的是指明某个位置,如尖塔标志着祭坛,烟囱标志着壁炉或熔炉,墓碑标志着坟墓等,它也许还指明了方向或路径。而焦点自身更重要,它聚焦于自身的核心重要性,强调了一个可以发生某些行为的地方,如一场火、一个动作、一场仪式等,并能够引起人们的注意、崇拜或者关注,或者象征某个地方可以给人带来温暖。

墙

在筑墙时,跃入我们脑海的第一个想法可能是我们应该使用哪种材料——木材、石料、砖块等,建造行为仅仅是一个次要的因素。但在这个过程中的最基本的问题应该是:"为什么要筑墙?"

墙有许多功能。我们在设计一个建筑时,可能认为墙的主要功能体现在结构上,它们可以用来支撑屋顶。这种功能虽然确实很重要,但不是我们建造墙体的首要原因。墙的主要存在意义是规划空间布局。一堵墙,就像所有的建筑基本元素一样,是划定一个地域的范围的工具。墙可以遮风挡雨,可以形成闭合空间;墙能确定一个地域范围,在这个地域和其他地域之间形成一道隔离屏障;墙可以在"我的"地盘与"你的"地盘之间界定和强制形成边界线。墙隔开了内部与外部、温暖与寒冷、光明与黑暗。墙为我们划定了一个值得炫耀的平台。所有的建筑基本元素都有其功能,但是在这其中,墙是功能最强大的那个元素。不管是谁发明了墙这种构造,他都一定很有成就感。但是,每一面墙都有自己独特的改变世界的方式,所以每堵墙都可以称得上一个发明。

墙——无论它的建筑材料是木材、是裸石还是土坯,最初的功能都可能是防御屏障。自然界中就有墙——洞穴有墙,岬角周围的悬崖峭壁也是墙。在遭受恶劣的天气或敌人的攻击,需要避难的时候,墙可以把人们围起来,给予他们保护。但是每种墙都有自身的弱点:

洞穴的洞口暴露在风雪中；比完全与陆地分离的岛屿更宜居的岬角与陆地连接的部分也是掠夺者的侵入渠道。在洞穴的洞口或者在岬角与陆地连接的部分建一堵墙可以和自然形成的墙一起为我们提供更完整的保护。

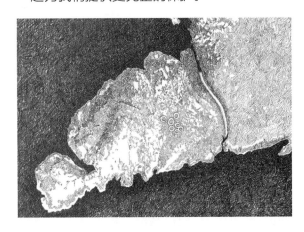

在圣戴维兹（南威尔士）北端的一个岬角内的小村庄里，有7个铁器时代的圆形房屋（在左中图中可以看到），围墙和沟渠替代了从海面上突出的悬崖峭壁，保护人们不会受到随意的入侵和攻击。围墙（现在已经荒废）把村庄与其他地方分开，划定了一个安全区域的界线，为居住在这里的人圈定了家园。对于外面的人来说，围墙是未知世界的象征，越过墙头可以看到另一边的景象——墙变得神秘，可能使墙内世界成为被别人探索的目标，代表着挑战。英国的岩石海岸有很多类似的海角堡垒，地球上的其他地方也有类似的围墙。

洞穴的内部也可以受到保护和界定。世界上就有一些穴居人。法国的卢瓦尔河谷已经被人类占用了几千年，在那里发现的穴居人的房子无疑起源于几千年前，人类的先辈们通过在洞穴入口筑墙而建成了早期的一种居所。

墙的心理防护功能丝毫不弱于其真正的人身保护功能。人们在沙滩上度假时会竖起防风屏障，即使是在风平浪静的天气里，也要为自己营造一个私密的空间。有个人用围墙在岩石中间建了一个家，如右下图所示。这面墙不仅定义了这片领土，而且区分了主人和外人，使家人感到轻松舒适。

建筑的基本元素

要实现空间分隔功能和标识位置，墙通常要和天然屏障共同发挥作用，或者多面墙连在一起形成封闭空间。

另见：西蒙·昂温——《建筑笔记本：墙》，Routledge出版社，伦敦，2000年。

墙面上的开口——门和窗户

当然，如果没有门，你不可能进入卢瓦尔河谷的穴居人的房子。如果没有窗户，房子里会非常暗，你也看不清楚里面的事物。门和窗户都是墙的必然附属物。这样的开口似乎只是墙面上的一处空白，实际上是一个强大的建筑元素，不是因为其呈现在外的造型，而是因为它影响着我们对空间和地点的感受。

我们可以把门当成墙的矫正物或对立面。墙在有些情境下给人的感觉是消极的、否定的——它切断了逃生的渠道，而门是积极的、肯定的——它使人们可以"穿墙而过"，从一个空间进入另一个空间。

门有很多平凡的、不起眼的功能，比如让你进入或走出房间。但是除此之外，门还有其他的力量：它强化了我们的空间体验；它建立的界线是一种挑战，能影响我们的情绪和情感；门还造就了一条轴线，能将我们与远一点的地方或焦点联系起来。

历史上最有影响力的十类建筑：建筑式样范例
The Ten Most Influential Buildings in History: Architecture's Archetypes

门构成了入口和出口，它还可以使一个场景变得像图画一般，在我们与其他地方之间起着连接作用。

窗户也能构成一道风景。窗户是室内外交易的地方。光线会透过窗户射入室内，这样屋子里的人就可以看到外面的风景。鉴于门和窗户再次凸显了墙的弱点，所以它们通常配有临时的、可移动的、大概也是透明的闭合构件——门、百叶窗……（尤其是）门的特性是动态的，所以可以作为一种个人表达方式：关着的时候、虚掩的时候、敞开的时候或者愤怒摔门的时候。

门和窗户拥有许多微妙的建筑力量。

另见：西蒙·昂温——《门》，Routledge出版社，阿宾顿，2007年。

柱子

一个单独的柱子可能是标志物或建筑的焦点，一旦它们连成一排或一群，就会被赋予更强大的力量。例如，它们用一种更长久的方式标记了一个固定区域的范围，这样人们从远处就能看到这个地方，这种视觉强度远胜过仅仅在地面上画几条线，比起坚固的围墙，它又显得不那么排外。

与墙相比，一排柱子——比如立石——更像一层面纱。像奥克尼大陆的布罗德盖石圈（下页左上图；北纬59.001 472°，西经3.229 654°），石柱围成的圈界定了一个地方——一个用途不明的可能用于某个仪式或某种季节性的庆祝活动的圆形区域，设定了这个地方的中心位置，而且不需要把这里与其他地方隔离开，起到了坚实的围墙的确定属地的作用，又能让人自由穿梭其中。同时，石柱能把一个地方的可视距离变远，这是在地面上画线做不到的。成群、成组的柱子的作用不同于孤立的柱子。石头——此处指石柱——还可以被看成对建造这个地方的人的一种永久性的替代。他们把石头垂直地立在地上，就像自己站立的样子。石圈成为人群的永久性标志，人们围在这里，观看里面的表演、仪式或打斗……

人也可以是柱子的一种形式，树木也可

建筑的基本元素

以被比喻成柱子，很多树则会形成森林，比如在英国发现的巨木阵（左中图与右中图；北纬51.189 366°，西经1.785 745°）——这样的地方不仅有自己独特的形状，而且线条蜿蜒曲折，令人感到神秘莫测。

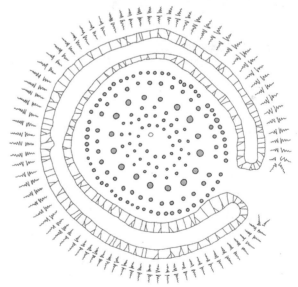

屋顶

当然,除了确定一个地方,柱子的另外一种力量就是它的结构功能,如支撑建筑的屋顶。而屋顶的首要功能是遮蔽,保护被屋顶遮蔽的地方免受雨淋,为其遮挡阳光。

威尔士的干草栅(北纬51.488 452°,西经3.275 563°)里的柱子看起来就像远古时期的立石。它的屋顶在保证通风的同时,还能遮挡住五月的细雨。

当然,屋顶的作用远不止这些。它可以成为标志物,甚至可以是一个社区的焦点,就像教堂上突出的屋顶。右上图所示是位于法国沙特尔市中心的一座大教堂(北纬48.447 803°,东经1.487 837°)。

屋顶还可以作为平台,可以作为举行仪式或进行表演的舞台,也可以作为战斗时的制高点。

屋顶还是享受其遮蔽功能的对象的身份象征。在古代,上层人士就选择用华盖来凸显他们的地位,从表面来看,华盖的作用是在太阳底下为他们遮蔽出一片阴凉,如热带气候国家埃及、土耳其或印度。实际上,华盖还把人们置于一个框架中,使其他人注意到华盖下的人的重要性。

建筑的基本元素

在伊斯坦布尔的托普卡帕宫,这里的苏丹有一顶竖靠在梯式平台边缘(北纬41.014 006°,东经28.984 263°)的小型华盖,华盖靠柱子支撑,站在这里可将整个城市、金角湾和博斯普鲁斯海峡尽收眼底。这里也是苏丹享用早餐的地方。这个镀金屋顶在太阳下闪闪发光,它为苏丹提供了阴凉,也使这个地方更加显眼。这个小型建筑物为他提供了一处遮蔽的场所,从这里可以俯瞰他统治下的王国的美好风景。这个镀金屋顶曾经塑造了他在臣民眼中的形象,现在又留下了这个已逝之人在后人眼中的形象……来到这里的游人纷纷用镜头记录下了这一美景。

道路（和桥）

通过建筑手段，我们不仅确定了固定的地方，比如我们固定居住或者其他物品固定存在的地方，而且确定了动态的地点。道路就是我们采用行走、驾车或骑行等交通方式出行的一条线，我们可以走出一条道路，可能这条道路只存在短暂的一段时间。但是，我们通过建筑手段却可以创造出人们可以长期使用的道路。

短暂存在的道路可能是沙滩上留下的一串脚印，或者是草地上被踩倒的青草。许多人的脚步都沿着这条线行走——他们行走的路线受现场地形特征的影响（河岸、树、溪流等），这样可能产生一条能存在几个世纪的道路，只需保持其耐磨性即可。然而，我们还会利用建筑手段创造道路——铺设石头、碎石、木材人行道等，创造出耐磨性高、始终如一的道路，这样的道路也令人感到更加舒适。这些道路是地面上的一段固定的、长长的、薄薄的一层建筑产品，是一个能帮助人从一个地方移动到另一个地方的途径。

所有建筑都包含时间这种变量元素，只是其方式各有不同：昼夜和季节变换的时间，年龄和破坏程度经历的时间，我们自己的各种运动和探索需要的时间……道路毫不掩饰地呈现了建筑的这种时间历程。在展望未来的道路上，我们可以看到自己的各种活动路线。一条道路象征着期望、进取、抱负，还有目标。

人工建造的道路有助于促进人们的运动，但这样做的结果是它们也影响着人们的活动方向，使人们朝着这个方向或与其相反的方向行进。道路可以引导人们朝着一个特定的方向前进，防止人们迷失在不应该去的地方，道路还可以精心安排人们看到的每一道风景、体验到的每一份感受……

道路和建筑的其他基本元素一样，也可以有混合的形态。例如，楼梯就是一个个连在一起的小平台，像道路一样带着人们从一个水平高度登上另外一个水平高度。

桥梁是一个平台，支撑着也代表着这是一条供人跨过障碍（如峡谷或河流）的道路。用建筑手段在障碍两侧都筑好了道路，使得两侧的行人都可以享受到便利。然后，这座桥梁就成了这些道路中一个特别、特殊的存在，一个可以供人们驻足反思的地方，一个转折过渡连接了两个本不相干的区域的地方，这时它也是一个焦点。

人

达·芬奇的作品《维特鲁威人》（下页左上图）不仅展现了完美的人体结构中的几何思想，而且展现了人类把自己的几何思想折射进周围世界的方式。我们静止站立的时候在这样做，我们独立行走的时候在这样做，我们旋转飞舞的时候也在这样做。

建筑使我们生活着的空间有了结构框架，有了组织顺序，有了意义。我们本身也是其中必不可少的组成部分。我们设计了建筑，然后居住在里面。无论是在沙滩上留下足迹的人，是把身体嵌在沙子里显出的轮廓，或者传达神

历史上最有影响力的十类建筑：建筑式样范例
The Ten Most Influential Buildings in History: Architecture's Archetypes

谕的女巫特尔斐站在她的岩石平台上俯视下面的听众，还是苏丹在鎏金的华盖下享用美味的早餐（如今游客在这里拍照留念）……人是所有的建筑结构中都必须有的基本因素。

前面的部分已经对建筑的基本元素进行了详细的说明，我们可以使用这些基本元素去标记地方，主要是标记供我们居住、活动、占有和供奉神明的地方。建筑就是一种框架，制约着我们的行动、我们的人际关系以及我们的身份等。如果没有人——使用者（居住者，母亲、父亲、孩子，演员、舞者、观众、玩家、旁观者，工人、管理人员、顾客、卖家、客服人员，患者、医生，礼拜者、牧师、被崇拜的"神"，统治者、政治家、臣民，知情人、守门人、局外人，朋友、敌人，农民、教师、学生等，甚至还有人的尸体、精神、记忆）或者建筑师（或者反建筑师——摧毁建筑的人），那么也就不存在建筑了。

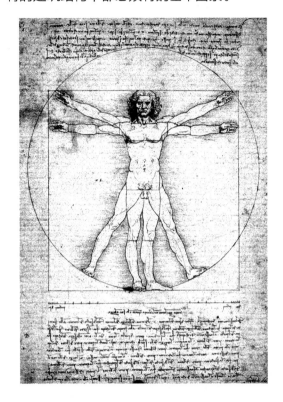

《未知领域》，萧伯纳·叶娅辛编舞，兰伯特演绎，沙德勒威尔斯剧场，2014年11月

因此，我们面临着诸多挑战：为了保护世界或者为了生活得更舒服、更有意义而对世界和生活进行改造，以及为了达到以上目的而采取的方式方法，如对一系列建筑的基本元素的运用。

我们所有人身在建筑中的行为就是将建筑引入这个世界的一种方式。你就是第一所房子、第一座庙宇、第一个棺木的来源。你与周围世界之间存在缤纷多彩的关系——你与重力之间的垂直关系，与地平线之间的水平关系，你的东南西北及上下六个方向感，你自己作为一个移动的中心——本身就在创造建筑。建筑的基本元素就是你在改造世界之初使用的、你的思想可以掌控的工具和方法，你可以以此来了解（或者赋予）那些能够说明自己在世界之中的位置的元素的意义——土地、空间、光线、时间、人类以及其他生物、天气、"神明"等。它们还是你用来展示自己和他人的媒介，通过它们可以展示你的力量、你的英勇。

人类的思维可以利用这些建筑的基本元素赋予这个世界多种多样的意义：从安全感来说，在遇到暴风雨或敌人时建筑可以寻求保护；从个人来说，建筑可以维护自己的空间所有权和把别人拒之门外；从气度上来说，人们希望通过建筑使所有人的世界变得更美好、更有序（更务实、更有效、更舒适、更有美学魅力……），或者人们傲慢地以为可以忽略这个世界的物理性和社会性运转法则，通过建筑来展示自己的力量……

你能够"说出"许许多多使用了建筑的基本元素的事情。字词可以用来表达哲学和文学，如果没有字词，也可以用建筑的基本元素来表达。例如，你可以直截了当地提出要求或发出邀请："别进来""进来吧""看着我""别看我"……这些意思都可以用非语言的建筑元素表达出来，如墙、门、窗户、屋顶等。例如，当你在那里建了一堵墙时，不用说也知道，你就是为了让别人"别进来"。

建筑元素也是组织复杂的社会机构、制定宗教原则、提出哲学和辩论观点的方式之一。想一想，修道院是以什么样的方式为生活在里面的修道士们设置日常规定的。想一想，法庭是如何利用空间布局区分每场庭审中的"参与者"身份的，如被告、目击者、律师、记者，法官等，法庭里的每个人都有属于自己的席位。想一想，一个城市（纽约、伦敦、德里、东京、伊斯坦布尔等）的外观和布局是如何对其居民进行规范且为社会事业做出贡献的。小说中好像常有这样的情节。

本书后面的章节中谈论的所有建筑范例都可以看作由"你"所建，它们都是由建筑的基本元素组合而成的。它们掌握着你和空间之间的关系。事实上，它们是你为了试图了解自己所处的世界而做的各种尝试的缩影。

巨石建筑

历史上最有影响力的十类建筑：建筑式样范例
The Ten Most Influential Buildings in History: Architecture's Archetypes

巨石建筑

> "这里有一个石圈——吉甲——标志着这个地方是避难的圣所，在这里拦路劫匪——年轻的以利法不敢叨扰他。在吉甲的中央直立着一块特殊的石头，它黑如煤炭，状如锥体，显然是从天而落，拥有神圣的力量。它的外形像生殖器官，因此雅各睁开眼睛，抬起手虔诚地行礼之后，感到一股巨大的力量涌入体内。"
>
> 托马斯·曼，洛-波特译——
> 《约瑟夫和他的兄弟们》（1933年），
> Penguin出版社，伦敦，1999年。

本书的**前三个**建筑范例，即前三章讨论的主题都不是单个的特殊作品，而是远古时期的建筑方式。古老的巨石建筑出现在我们认为能构成建筑史的伟大建筑产生之前。然而，那个时期却是许多基本建筑思想、策略、理念、顺序结构等被酝酿或发现的时期，也是我们开始用建筑去理解我们生活的世界空间的时期。

现存最古老的建筑结构由大石头——巨石——土丘组成。数千年前，建筑结构被建造时，建造者们就已经有了采用这些巨石结构建造的惯例。证据和常识都证实这些巨石被更广泛地应用在以非永恒材料——木材、茅草、泥土等建造的建筑物上，现在这些非永恒材料大多损毁，留下的不过是一些关于柱坑、陶瓷、骨头和焚烧过的小块地表等的神秘证明。

几个世纪以来，巨石文化都因其建造方式和功能吸引着大量的人去探究。尽管这种探究惊奇事件的行为无可厚非，但是因为这些古老的建筑作品中可能有许多永远无法被人探知的东西，所以这种探究不可避免地在很长一段时间内都没有得到结果。人们通常把这些巨石建筑理解

巨石建筑

为这里承载着与生命的临界点或某种过渡线相关的宗教仪式——出生、结婚，甚至死亡，或者分隔四季轮回的仪式和庆典。圆形石结构、石棚、石圈、竖石纪念碑……它们的名称本身就很奇怪，都被认为是与宗教有关的、精神上的神秘存在。这些作品给现在的我们留下了深刻的印象，它们充满了强大的力量，散发着浪漫的气息，激荡着人类早期努力了解和塑造人类身处的世界时所发出的响亮动人的声响。作为建筑作品，它们依然矗立着，且到现在这份坚持仍不逊于以往——建筑是人类的智力结构在地点识别上的再现。[此处的"建筑"定义见《解析建筑》（第四版，2014年）。]

前三章主要围绕古代巨石结构中的特定类型做出阐述，第37~38页用配图形式介绍了基本的巨石结构。这些巨石结构是基础，前面提

历史上最有影响力的十类建筑：建筑式样范例
The Ten Most Influential Buildings in History: Architecture's Archetypes

到的关于建造和使用建筑的探究则投射其上，但是巨石结构本身并不是需要探寻的事情。建筑不可能把所有的微妙细节都完整保存，那些建造时使用了非永恒材料的构件或许已经腐烂了，但是里面暗含的展示这些古建筑信息的建筑思想却保存得如几个世纪甚至几千年以前一样生动形象。

这些结构透露的建筑思想对那时的人的影响当然不同于其对现在的我们产生的影响，过去的影响可能更强烈（过去的人很多都不知道古希腊神庙、中世纪大教堂、当代摩天大楼、街上的霓虹灯、时钟……）。现如今这些永恒的，曾几何时也是新事物的思想的力量也影响了后世的建筑师。人们会发现一些有趣的现象，支撑了建筑几千年的那些基本组合和空间组织思想很早就产生了，早在我们用很大、很重的石块搏斗时它们就已经存在。那时，人们还在把实际的地方当作试验建筑思想的练习场和实验室。那时，建筑语言连同文字语言都还未得到充分开发。

假若可使用的主要材料只有散落在冰河世纪形成的冰川上的大圆石，那么我们能建造出什么样的建筑呢？这是一幅砂岩绘成的画，横亘在马尔堡草丘陵地。它们就是史前时期建筑师建造巨石阵时能够获得的主要建筑材料。

本书前三章挖掘了与第37~38页阐述的基本的巨石结构相关的建筑思想：第一个是立石，第二个是石圈，第三个是石棚——墓石牌坊和石穴。这些章节囊括了每种建筑范例拥有的、确认一个地方身份的力量，以及那些建筑思想在历史长河中的演变和产生的影响。我们将选择在合适的时候阐释祭坛石板和石群（主要作为焦点和道路）拥有的力量和扮演的角色，并将其与其他建筑元素放在一起讨论。将基本的巨石结构组合在一起，就可以打造出各种令人惊叹的建筑作品。

基本的巨石结构

这里，有一些我们可以在地面上用大石块建造的基本的巨石结构。在史前时期，我们可能尝试用一片片的木材搭建这样的结构，也许要经历很多年，尝试很多次，需要召集和组织许多人来共同努力，才能最终用沉重的巨石将其搭建起来，使其变成永久的存在。

所有的组合结构都与人类确认某个地方的身份的需求有关，然后其自身又成为一种建筑。我们每个人在沙滩上闲逛时都可能去尝试用小石块摆弄这些组合结构，感受它们奇特的力量。这些仅仅是基本的组合，每个人都可以对其进行修改和重新排列。接下来我们将探寻它们的变化形式和存在的可能性。

所有的建筑都蕴含着建筑思想，当我们为这种思想创造出具体的建筑形式时，它们就会产生一定的影响。在过去遥远的某个时刻，某人在某个地方就以下面的这些建筑结构说明了这些建筑思想。建筑师——也许是在建造之前、之间或之后的任意阶段——对这些结构的用途有自己的见解，尤其是它们与地形（环境）的关系、对地形（环境）的影响，还有它们囊括、规范事情和活动（内容）的能力。它们用这样或那样的方式确定一个地方的身份，以此在人与周围的世界之间斡旋。他们都有改变世界的力量，把世界变成人们想要的模样。

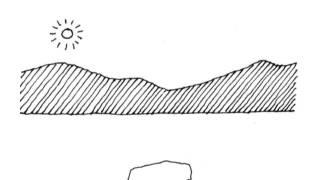

石坛——顶部平滑的大圆石可以作为某些实践活动的桌子，或者作为表演仪式中的祭坛。我们可能就地取材，或者把大圆石推拉到一个更合适、更吉利的地方，在那里它将成为焦点，成为人类活动或注意力的中心。

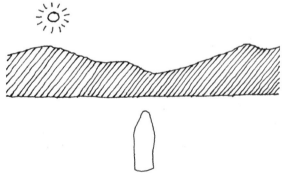

立石——在努力将大圆石直立起来的时候，人们的动作可能很粗鲁，为了保证稳定和安全，人们会用土把立石埋起来。我们这么做可能只是想获得一种成就感，展示自己的力量；或者标记一个特别的地方；或者将其当作一个纪念物。

历史上最有影响力的十类建筑：建筑式样范例
The Ten Most Influential Buildings in History: Architecture's Archetypes

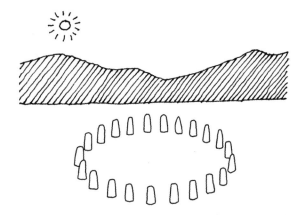

石圈——圆圈定义了地面上的一个区域，将其与别的地方区分、隔离开。如果这样排列石头，我们会发现自己做了一些特别的事情：我们用隔离的方式，制造了一个内部区域和通常认为的外部环境，我们固定了一个中心，看到它就知道自己身处何方。

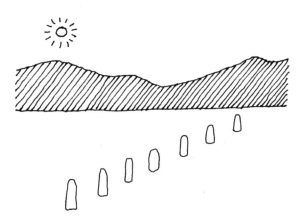

石群——石群行排意味着运动——沿着道路的方向排列，作为一道隔离带但是它又不是密不透风的。如果这样排列石头，我们就可以标记出一条从"这里"到"那里"的路，或者我们可以把它们当成一个地域界线。

石棚——建造一个石棚——把沉重的顶石放在立石上——需要庞大的人力和组织规模，因此，石棚也代表着我们的成就和英勇不凡。作为一个有腿的"桌子"，石棚既是一个建筑，也是一个平台。

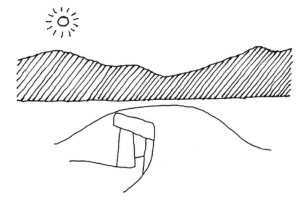

石穴——如果我们用一堆土把石棚盖起来，就形成了一个遮蔽东西的地方——避难所、地宫、坟墓……人造洞穴——一个可以对抗天灾的庇护所，一份可以压制灵魂的力量。

埃夫伯里,英格兰

第 1 章

立石

立石

> "一个大城市要是没有方尖碑,那会很可笑。很久之前,罗马就有这样的建筑,还有君士坦丁堡。巴黎、伦敦也有。如果纽约没有,他们会轻蔑地用手指着我们,好像在说没有方尖碑我们永远不可能实现道德上的伟大。"
>
> 《纽约先驱报》(1881年1月),摘自乔纳森·亚当斯——《立柱》,年度版,伦敦,1998年

请看上页图片中的地平线。所有的建筑都源于天际线映出的那个生物剪影——人类……是你和我。立石是我们依照自己的想法,根据自己的意愿、主张,付诸自己的努力,对世界的构造所做的第一个最重要的也是最长久的重新布局。只从观念上讲,不去考虑其中包含的物质挑战也许很简单,但是把一块沉重的石头拖拽到某个特定的地方,且将其竖立在地面上却并不简单,这就是一种原始的建筑行为。这种行为建立在典型的非天然的想法上:石头不会自己站起来。立石是一种结果,是人类想一些、做一些属于自己的事情的结果。人类不是被动地接受事物本来的样子,而是主动地变更和修改它。人们这么做也许有实际的原因,但也可能仅仅是一种对人类改变世界的能力的声明。立石就是我们的代表,它像我们的替身一样立在那里,站在我们的位置上。立石典型的非天然的性质意味着它是典型的人类产物。

建筑确定和表现了一个地方的特征,我们坐在下面乘凉的大树、我们藏在里面遮风避雨

的洞穴、我们躺在上面休憩的草丘，都是基本的建筑作品（我们发现它们能满足我们的需求，然后将其改造成为我们想要的样子）。我们把石头立起来的动机也是确定一个地方；但是，除了确定一个地方和实践我们的思想，这种行为还包含从外形上改变世界的构造。这可不是件小事。

直立的庞然大物所在的地方成了建筑的起源之地。它体现了人类改变世界的思想力量，也影响着自此以后出现的其他建筑。

在建筑院系中流传着一个颇受欢迎的练习活动，即让刚入学的新生在荒凉的野外打造一片新的天地——沙漠、沼泽或者沙滩。这是一项再现了所有建筑萌芽状态的实习锻炼活动。它重现了我们在几千年前做的事情。所有建筑都是从确定一个地方的基本欲望（需求、冲动等）发展起来的。

在这些活动中，学生要做的是找出一个大块的浮木——也许是遥远的地方被风暴连根拔起的树干，然后将其头朝下地栽进沙子里。这个想法很简单，但是影响很深远，其效果等同于竖起一块石头。

它产生的第一种影响更多体现在心理上而非功能上。世界的变化起源于一些非天然物质的出现。改变世界使你产生了一种成就感，甚至还使你产生了一丝丝的愧疚。你心存敬畏，你心存挑战，就其本身而言，也许这就有足够的理由让你采取行动了。

第二种影响与第一种影响有关联，直立的树干或石头比较引人注目，即使隔着很远的距离，人们也能看到。它使一个地方成为焦点，引起普遍的关注，正因为如此，周围的其他一切事物才有了意义。

第三种影响是，树干或石头是某个特殊地方的标志，是参照物，是基点，是世界之轴——代表了一位永久稳定、值得信赖的朋友，你在漫无目的地闲逛之后还可以回到这里。它标记着你的位置，甚至在你离开后还依然能作为你曾出现过的标志。

所有的建筑元素都是一种工具。下面的内容将告诉我们，在立石的帮助下我们可以做什么。

有了立石我们可以……

（1）在地面上**确定一个中心或参照物**（比如前面两幅图片）。立石可能是一场仪式的焦点（第45页），或者代表一个地区的中心（可感知的、可预估的、可感觉到的……），或者代表一个世界绕之旋转（正如其投下的旋转影子围绕着它旋转的那样）的轴（世界之轴）。立石可以产生一种兼有向心力和离心力力量的心理力量——它吸引着我们，但同时也可能将我们或陌生人置于绝境。

（2）作为提示物或纪念品**标记某个位置**（如右下图）。立石所在之处也许是一位重要人物的埋身之地，以供人们纪念这位重要人物，或者是一个重大事件的发生地——例如某场战役，提示人们这里曾经发生过一场战争。

（3）**对焦，**就像来复枪上的准星。立石可以通过不同的方式完成这件事：它可以在地平线上标记出一年中某个特定的日期太阳升起的位置（例如冬至）；或者起到支点的作用，使一些隔着遥远距离的事物排成一排（人就站在旁边），那这些事物也许就是某个庄严的山巅。无论是哪种情况，立石都起到了对焦的效果，使某个位置——人们（你或我）站着的地方，与其他遥远但重要的事物（太阳、庄严的山巅等）之间建立起联系。

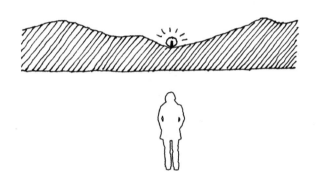

（4）**一个指示方向的点。** 因其外形或者其表面的一些标记，立石可以成为一种路标——也许是绵延数英里的一个排列——指明了到某个特定的重要地方的路线，例如一个部落的权力中心、一段朝圣之路的终点、一个港口……或者一个家。

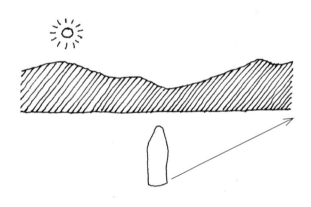

(5) **确定一片领地的边界**(第47页)。与道路相比,立石可以告诉我们,在某个特定的人或部落的控制下,道路从某个点(立石)开始即将进入他们的领地。它使我们完全不需要去设疆划界,立石本身就已是边界。我们能看到的当代例证就是位于北爱尔兰的山墙,那是隔开天主教徒和新教徒区域的分界线。在那里,尽管房子的其他部分都被破坏殆尽,但山墙还是完好地挺立着,既能起到界石的作用,也是一个纪念物。

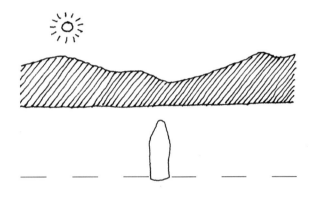

(6) **作为某个人存在或存在过的象征性表现**(领域)。立石是某位酋长或政治领袖永久的、弹性的、不变的化身——或者是一种思想(心灵的、文化的、政治的……)。具象状态即由此而生,从建筑层面说,立石可以划定服务于某个人、某个意识形态(第47页)的区域。

立石可以同时实现不止一种上述作用。怎么去理解它的意义要视环境条件而定。古代遗存下来的立石所处的环境发生了变化,我们对它的理解也就变得不确定了,但是立石拥有的、不受时间影响的建筑力量从未改变。

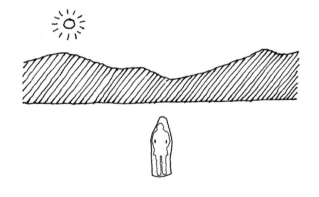

沙滩上的一场原始仪式

我对人们在沙滩上创造各种场景的活动很感兴趣。那里，人与土地之间的关系简单而原始，看起来永远不会有变化。在沙滩上创建各种场景时，我们使用的是作为所有建筑体系基础的最基本的空间语言。我们为自己争取空间——也许只是用一张纸巾就可以宣示占有权——并且在这个地方确定一个中心点、一个参照物，甚至在海边为自己建一个家。面朝地平线或太阳，我们或许会在沙滩上绕着属于自己的地方画圈，或者倚靠着悬崖或岩石，又或者搭建一个防风物做屏障，用来阻断别人的视线，同时为我们挡风。有时我们还会用遮阳伞来遮挡阳光，或者把简易的帐篷、洞穴当作避难所。这些都是基本的建筑产品，包含了不止一种前面列举的建筑的基本元素。

我们在沙滩上创造的场景涉及我们处理我们人类与空间、与周围世界关系的主要方式。就在过去的某一天，我遇到了一件新奇的事。三个男孩（十岁左右）把一根长长的木杆竖直栽在沙子里。然后，他们在周围挖了浅沟，垒起小沙坡，就这样沿着逆时针方向圈出一个一个的圆圈，最后组合成头部的形状。从左下角的图中可以看出他们是怎么做的。在这个头部圆圈内是一个小土堆，旁边还有一个更小的土堆，木杆被插在这个土堆的最高处。把头部与木杆周围的圆圈连在一起的脖颈，或者说脐带，被分成了两条平行的道路。就在我观察他们的这点儿时间里，男孩们沿着这些道路从头部走到圆圈，或者独自一人，或者排成一队。到达目的地以后，他们会沿着顺时针的方向在木杆的周围转圈，用他们的右手握着木杆。这显然就是一种具象的布局，就像沙子上的一幅画或一个雕塑。如果没有男孩或者没有他们的行为，这幅画就是不完整的。这是一场某种仪式的布局，是人们与世界互动的工具。虽然其意义还远不明朗，但我感觉自己正在目睹某种原始的东西：某种弗洛伊德或荣格认为的一种心理上根深蒂固的东西，也许是青春期正在觉醒的性欲，或者是某种其他人可能认为神秘得不能再神秘的东西，或者是一种与看不见的力量交流的方式。

　　我没有去过问这些男孩在沙滩上的所作所为，况且我觉得他们也不会明白自己行为的意义。在他们看来，自己只是在沙滩上用一根木杆和一些线条做游戏。有时候他们会停下来，困惑地站成一圈，看起来好像受到了他们创造出的这个事物的影响。

　　假设这些男孩没有学习过与世界各地文化中出现的和宗教仪式场所相关的知识，假设他们根本不了解围着寺庙、祭台或其他具有神圣意义的焦点做顺时针运动这种常见的宗教行为意味着什么。（在罗马尼亚，洗礼时神父会抱着孩子顺时针转三圈；在英国，人们认为在教堂周围逆时针行走会带来不幸；另外还有其他类似的习俗。）那么，一般来讲，顺时针运动被认为顺从了太阳的运行轨道，顺从了太阳在天空中东升西落的规律（我不知道南半球是否会有逆时针行进的传统）。

　　也许这些男孩从没读过关于"轴心"的人类学解读或非洲、大洋洲某个部落如何使用符号的文章，也不熟悉弗洛伊德对这些符号的解释和荣格对集体无意识的理解。他们只是根据自己无意识想象中的某些刺激信号创造出了这个带有仪式感的布局。

　　推测孩子们的仪式有什么宗教意义、人类学意义或心理学意义并不是我讲这个故事的目的。作为一位建筑分析师，能够看到这样简单的建筑元素拥有的力量我就已经满足了。这样的力量不用我们推测，我们可以通过观察和体验去了解，它们是真实存在的。

　　显然男孩们很自豪，惊异于自己的能力，他们竟然可以通过把一根长长的木杆直立在沙子中来完成某种完全非自然的事情——一种如果没有他们的干预、想法和行为就根本不会存在的事情。还有一点令我印象深刻，那就是他们知道用仪式的形式来表达内心的想法。他们用自己的行为创造了一种组合场景，一切都下意识地形成，令人联想起它的意义，引发无尽的猜想。

　　我感觉自己看到了某种原始的东西，这种感觉的产生根源于男孩们在沙滩上的干预与古代的仪式场所的相似之处，也根源于几乎所有史前出现的巨石纪念碑都会引起的让人念念不忘的谜团。

"过去的永不会消逝，它甚至并没有过去。"——威廉·福克纳

沿着苏格兰西部斯凯岛崎岖的西海岸向北步行几英里（1英里约合1.6千米），我看到了一辆停在路上的车。距此几十码（1码约合0.9米）外有一辆破旧的大篷车，车后面是一张比车更破的长椅，一个赤膊的大胡子男士正在沐浴着阳光。我停在离车不远的地方。视线越过大篷车，我可以看到更远的地方有一辆车停得离路很近。

那辆停在路上的车挡住了我的去路。我本可以轻松地绕过去，但这显然是一种占地的行为——一个界标。界标有时看起来不只是一种行政手段——标志着行政区域、领土等之间的法律界限，也可能是一直以来约定俗成的区域的界限。这里的界标还是一种工具，防止某个区域被外人入侵。它从心理上而非形体上阻止了外人的进入。如果我继续往前走，可能扰乱

这个孤独的人的私密空间，可能迫使他接受一个他不想要的与他人的交汇，不管这场交汇的时间有多短。

这场受到前方停放的车辆影响的交汇很微妙，而更远处停着的那辆车对我产生的微妙影响却有些许不同。那辆停在路外的车标志着一个边界，但确实没挡到我前进的路。也许那个人知道从那个方向走来的人可能正在回家的路

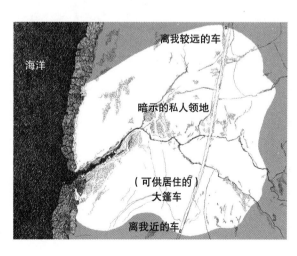

上，他觉得自己不能阻碍别人通过——不想给别人带来太多不便——又不情愿忍受别人侵入自己空间的行为。无论在什么情况下，阻碍大多数的行人走这条路的行为也会使从对面走过来的人数减少。

我们都需要拥有属于自己的个人空间，这就是我们为自己创造所有建筑的思想根源。通过停车占地的方式，这个人维护了也极大地填充了自己的私人空间，划定了他的私人领地。尽管他没有在自己的领地周围画下界线，那也没关系。两辆车的战略位置、它们与大篷车之间的距离经过了谨慎的或者也可能只是凭直觉的判断，把两辆车停在路上或离路很近的地方，已经足够阻挡外来者还有像我这样不愿打扰他的独处的相当有礼貌的人。

我们也可以想象同样的事情发生在古代，并且延续了下来。上页右中图把那个男人的大篷车换成了铁器时代的房屋，把周围的车辆换成了立石，虽然这样的布局在时间上可能比铁器时代更早。其构造可能有些区别，但作为建筑却和斯凯岛上隐士的住所相同，它占据、标记一个地方的力量和他保护这个地方不受外界侵扰的力量旗鼓相当。在史前时期，这些立于边界上的石头也许能够标记更广阔的地域。立石的质量关乎将其直立起来需要的努力程度，也表明了土地所有者的强健体魄和社会地位，更强化了它的威慑作用。

在我经过那里的几个月后，这位男士的大篷车被一场剧烈的沿海风暴摧毁，他也因此而殒命。如果他是用一个立石来标记范围而不是一辆车，那个立石极可能还留在那里。不过那个时候它已经失去了界标的作用，更多是作为一个于它、于那位男士的存在、于那位男士的领地而言的纪念物而存在。每一个立石都有它的主人。

米开朗琪罗在其创作的著名雕塑作品《垂死的奴隶》（左上图）中表现了人类的形体被禁锢在大理石块中的艺术形态。奥古斯特·罗丹用青铜塑造了一个粗制而且原始的巴尔扎克像（右上图）。但这些雕塑都不能称为建筑，它们本身不能标记一个地方。但如果作为立石，雕塑就能够象征性地标记一个地方：一个拥有独特文化的地方，比如复活节岛（下图）。

历史上最有影响力的十类建筑：建筑式样范例
The Ten Most Influential Buildings in History: Architecture's Archetypes

如果你多加留意，你就会发现立石无处不在。尖塔是标记教堂内的祭坛的立石。右上图的纳尔逊纪念碑不只是为了纪念19世纪早期特拉法尔加海战的胜利，同时它也是立石，标记着一个特殊的地方——特拉法尔加广场以及人们心理上认同的伦敦市中心。因为从很远的地方就能看到，所以纳尔逊纪念碑就像一个基点，能够帮你确定你所处的位置以及如何到达目的地。许多城市都有类似的东西：埃菲尔铁塔就是巴黎的立石，柏林电视塔就是柏林的立石。

立石都有一定的象征意义，以增强它们作为建筑的力量。它们像广告一样代表着某种含义，如在一个特别的宗教团体里，尖塔代表着教堂，拜楼代表着清真寺；从一座城市的角度考虑，埃菲尔铁塔是巴黎的广告名片。立石也可以为一个特殊的历史事件或历史人物代言，如纳尔逊纪念碑代表着特拉法尔加海战及其后以这场战役命名的特拉法尔加广场甚至这座广场所在的伦敦市；立石还可以代表一个特别的商业或公共组织，似乎所有公司都喜欢用自己的塔楼给公司做广告。立石在当今建筑领域的地位同数千年前一样重要。把石头直立起来通常需要极大的力量，这种力量随着可实现的科技力量的提高而不断增长。当代的立石也能展示出人类超凡的技术。我们的城市如伦敦、纽约、吉隆坡、圣保罗、上海、悉尼等实际上也挤满了各种塔状的立石，每座立石都力图在高度或设计的精巧度上超越它们的友邻，希望成为最好。

纽约华尔街上遍布的每个高楼都代表着里面容纳着的商业组织。作为一个群体，它们又象征着美利坚合众国的金融和商业实力。自由女神像也是立石，它是一个象征性的界标。相比斯凯岛上的大篷车居民对私密空间的向往（第47页）而言，自由女神像高举着"金色大门旁的灯盏"，标志着人们已经经海路从海外踏进了美国的领土。

立石就像扎在地图上的大头针，可以埋在地上为某个地方做标记。如果市场中建造的十字形建筑物是立石，那它就能成为小镇或村庄的中心，人们都可以以其为基点丈量其他地方到这里的距离。例如，在英国的雷普顿（下页左中图；北纬52.839 795°，西经1.550 556°），十字形的立石可以标记道路交汇处、十字路口、车辆和行人停下来的地方或其他的停滞的点。如果我们把道路比喻成一个句子，立石就像道路上的句号或逗号。作为一个固定的、静止的中心，村子里的十字路口强调了这个地方的成立历史和身份。如果为了缓解交通压力等原因而移除它，就会损伤这个地方的人的心理和中心认同感。可以说，立石就是一个基点，通过参照它我们可以知道自己在哪里。

历史上最有影响力的十类建筑：建筑式样范例
The Ten Most Influential Buildings in History: Architecture's Archetypes

村子里的十字路口

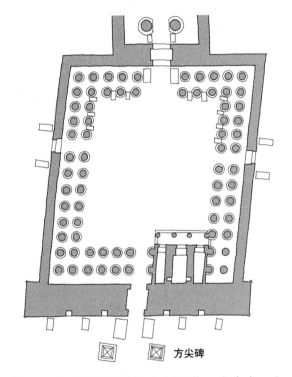

方尖碑

古埃及人会把立石打造成方尖碑的形状，他们把广场上的圆柱形石头削成顶端尖尖的锥形，然后在碑身上雕刻象形文字做装饰。从建筑方面来说，卢克斯特神庙（右上图及右中图；北纬25.700 332°，东经32.639 786°）的方尖碑并不是像地图上的大头针那样用来标记一个地方，而是像哨兵一样使入口处更加显眼。这些立石标记的是入口而非一个中心。入口两侧的方尖碑和法老拉美西斯二世雕像共同守护着这座巨塔神庙的进口，延续和强调了入口过渡处的力量。以象形文字刻下的碑文赞扬了拉美西斯二世的壮举，显示了这座神庙的归属。方尖碑有属于自己的特定的位置。

自古罗马时代以后，埃及就失去了很多古

052

代留下来的方尖碑，它们被移走去装饰欧洲的各个城市。卢克斯特神庙入口处右侧的方尖碑在19世纪时被转移到了巴黎，在巴黎，它的建筑角色发生了变化，它成了巴黎协和广场（北纬48.865 495°，东经2.321 142°）的中心，在位于以香榭丽舍大道为轴线的凯旋门和卢浮宫金字塔之间，以及与前两座建筑所处轴线垂直的、隔河相望的马德莱娜教堂和波旁宫之间起着道路标志物和焦点的作用（下页上图）。

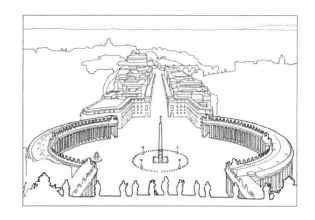

人们一般认为罗马拥有最多的从埃及移过去的方尖碑。其中有一个方尖碑最初从赫里奥波里斯被转移到了亚历山大，然后在公元1世纪时又被罗马皇帝奥古斯都和卡里古拉运到了罗马，如今就矗立在梵蒂冈圣彼得大教堂的广场上（右上图；北纬41.902 246°，东经12.457 356°）。从建筑层面来看，这个立石的功能和巴黎协和广场上的那个一样，在从台伯河到教堂的路上发挥着路标的作用。其实它更重要的作用是充当着一个固定的、静止的中心点，就像雷普顿村庄里的十字路口。因为在顶上加了十字架，所以它已经失去了在埃及时的原始意味。梵蒂冈的方尖碑发挥着指时针即日晷的作用，它揭示了立石与时间之间的持久关系——太阳日复一日、年复一年的运行轨迹，镶嵌在广场人行道上的圆盘标记了每天中午方尖碑的影子在特定的星座轨迹之间的落点。

如今，立石主要和祭祀、宗教联系在一起。现在最常见的立石就是墓碑。不管你是什么国籍、有什么样的宗教信仰，将来，你的墓前可能都会有个立石，上面可能刻着你的名字和生卒年月，还可能有一小段墓志铭记载着你生平的一些事。它的形状有时还能透露出你的宗教信仰，能够表明你是犹太人、佛教徒，还是穆斯林等。

历史上最有影响力的十类建筑：建筑式样范例
The Ten Most Influential Buildings in History: Architecture's Archetypes

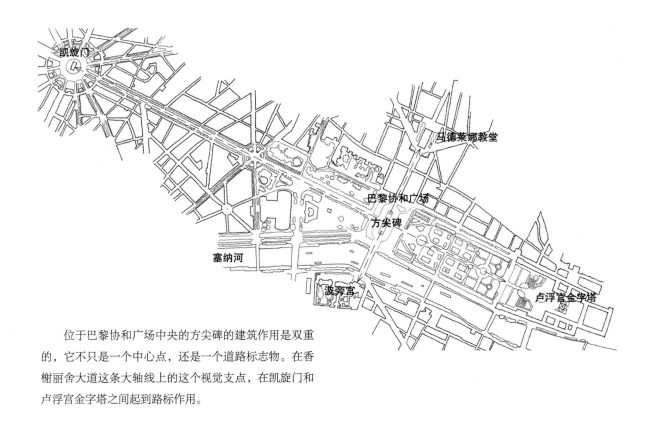

位于巴黎协和广场中央的方尖碑的建筑作用是双重的，它不只是一个中心点，还是一个道路标志物。在香榭丽舍大道这条大轴线上的这个视觉支点，在凯旋门和卢浮宫金字塔之间起到路标作用。

  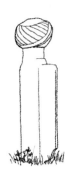 

当代建筑师在提到立石和利用它永不磨灭的建筑力量时，通常把它和这种或那种宗教关联在一起。

第1章 立石

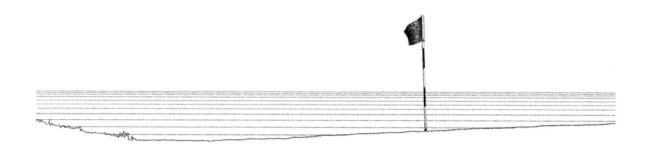

沃克森尼斯卡教堂，伊马特拉市，芬兰

沃克森尼斯卡教堂（右图；北纬61.236 589°，东经28.855 807°）是阿尔瓦·阿尔托设计的一座路德宗的基督教堂，建于1958年。教堂塔楼继承了基督教使用塔和尖顶的传统，无论从什么方向，这个立石都可以在远距离上被肉眼看到，通过教堂的钟声把仪式的开始时间传递到周边的人们的耳朵里。沃克森尼斯卡教堂的塔楼就像高尔夫草坪场地上十字形状的旗子一样标志着一段旅程或者一段朝圣之路的巅峰。立石位于教堂每天都开放的两个门口之间，另外一个正门在教堂的最西边，引导着人们直接走上沿着祭坛的轴线铺展开的路——作为教堂焦点和这个地方的心脏地位的塔楼就在那里。

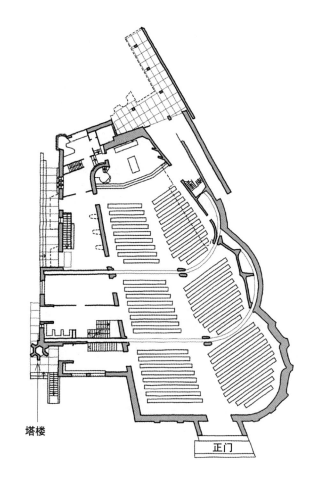

关于沃克森尼斯卡教堂可参考：

理查德·威斯顿——《阿尔瓦·阿尔托》，Phaidon出版社，伦敦，1995年。

历史上最有影响力的十类建筑：建筑式样范例
The Ten Most Influential Buildings in History: Architecture's Archetypes

圣布里奇教堂，东基尔布莱德，苏格兰

圣布里奇教堂（北纬55.762 917°，西经4.168 327°）由苏格兰吉莱斯皮·基德和科亚建筑事务所的项目工程师安迪·麦克米伦和伊西·梅茨斯坦设计，建于1963年。在建造过程中，有人向教堂提供了一个高150英尺（1英尺约合0.3米）的塔楼的设计方案，它外形简单，就像砖砌的、在中间裂成两瓣的立石（下页左上图）。这个塔楼满足了通过视觉感受和声音传播的方式显示教堂存在的传统功能，同时它也在空间结构上发挥着作用，这是立石从史前时期就有的功能。梅茨斯坦在授课过程中给了学生这样的建议：用一个建筑元素完成两件事情很好，完成三件事情就技高一筹。圣布里奇教堂就同时完成了至少三件事。

圣布里奇教堂的构成会让人想起中世纪意大利的城市教会，其中最著名的就是位于威尼斯的圣马可大教堂（左下图；北纬45.433 996°，东经12.339 189°），塔楼表明了教堂的位置，也是大运河的起点。它立在那里就像一个看门人或者一个界标，敞开怀抱迎接来做礼拜的人、游客或崇拜者，欢迎他们通过教堂入口进入广场。同样的场景也发生在圣布里奇教堂，作为界标，塔楼在教堂前构成一个通往广场的入口（下页左下图）。（1983年，因为砖砌结构风化的原因，塔楼被拆除，现在，这个建筑作品已经不完整了……就像贝多芬的《第五交响曲》少了一个四分音符。）

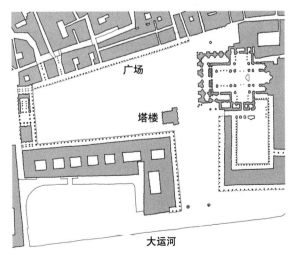

关于圣布里奇教堂请参考：

杜格尔德·卡梅隆——"特刊：吉莱斯皮·基德和科亚建筑事务所"，《苹果日报》（Mac Journal），格拉斯哥，1994年。

约翰尼·罗杰，编辑——《吉莱斯皮·基德和科亚：1956—1987年间的建筑》，苏格兰皇家协会，爱丁堡，2007年。

第1章 立石

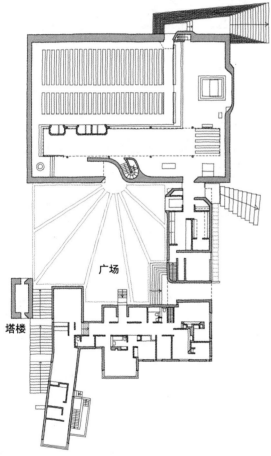

森林公墓，斯德哥尔摩，瑞典

斯德哥尔摩森林公墓（北纬59.276 478°，东经18.099 828°）的景观和建筑由西格德·劳伦兹和艾瑞克·古纳尔·阿斯普隆德在1915年和1940年间设计完成。从这个公墓的照片上我们可以看到一个由巨大的花岗岩制成的十字架，它背靠着南方的明亮天空，竖立在那里（下页左上图）。被雕刻成十字架形状的立石，矗立在面积广阔的墓地中央，巍峨庄严。它所在的位置也是墓地的轴线，是太阳在天空中移动的轴线，也是四周地形展开的轴线。

森林公墓十字架的建筑力量简单而原始。从第59页展示的平面图来看，它仅仅像一个句子中的一个标点，也许只是个句号，可能显得无关紧要。但是从这里的空间结构来说，它的作用远胜于一个句子中的句号。它的重要性突显在不同的地方，这是能同时完成多于梅茨斯坦寻求的三件事情（见上页）的一种建筑元素。这个十字架阐释了立石的功能，而立石的古往今来的功能也基本上没有什么差别。

第一，这个十字架是这个地方的标志，就像你在纸质地图或谷歌地图上按下的一个大头针，用来标记某个特别的地方。

057

历史上最有影响力的十类建筑：建筑式样范例
The Ten Most Influential Buildings in History: Architecture's Archetypes

第二，从外面的路上看去，这个十字架标志着这里是基督教堂。类似地，新月和星星是穆斯林的标志，大卫星是犹太教的标志……联拱形状表示你看到了麦当劳，圆里有三叉戟是梅赛德斯的标志等。很多情况下，交叉形状充当着商标的作用。

第三点功能和第一点功能有关系，这个十字架建立了一个固定的参照点，一个固定的、静点的中心，参照这个地方（当你身处此地时）你就知道自己在哪里了。

第四，正如上面提到的，十字架还起到了中心轴的作用，墓地、世界还有整个宇宙都围绕着它转动。左上图以一张照片为临摹蓝本，

该照片拍摄于上午十点左右。我沿着十字架之路向火葬场走去，太阳就在我的左边升起。斑驳的树影落在小路上，若隐若现的样子好像左边墓地围墙上的幽灵。到了中午，十字架投下的影子就与我走的路平行了。再晚些时候，日落来临，光线微弱，十字架投下的影子就像穿过走道的一条线了。

第五，十字架就像一位热情的主人，站在那里等待和迎接哀悼者和游客。

第六，无论是在一天中的什么时候，十字架本身都充当着界标或通往火葬场的路上的一个停靠站的角色。如果将它和左边墓地围墙的一角联系起来，将会在这个地方形成一个结构松散但明确的通道——入口，人们穿过这里可以走上通向火葬场的路。无论落日时分投下的影子是否穿过这条走道，十字架都建立了一个以火葬场为中心的圆圈，或者更确切地说是以代表重生的雕像为中心的圆圈，雕像位于火葬场的大门廊中间（下图和下页右图）。

同样，森林公墓里的十字架还是身份的象

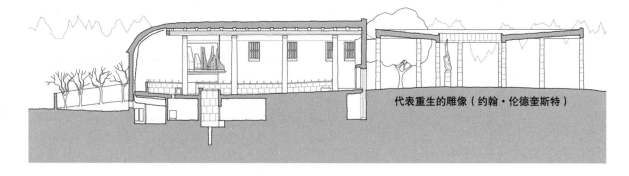

代表重生的雕像（约翰·伦德奎斯特）

第1章 立石

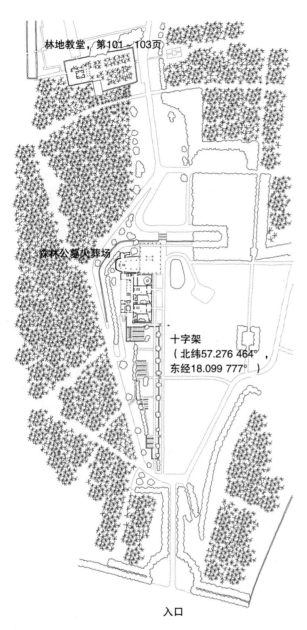

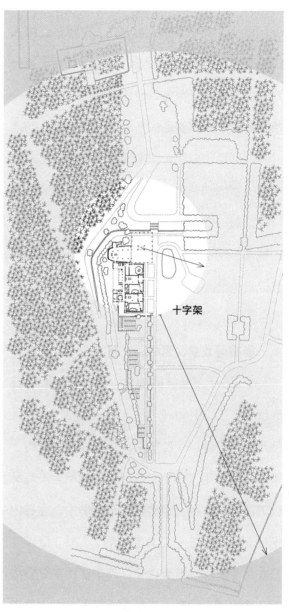

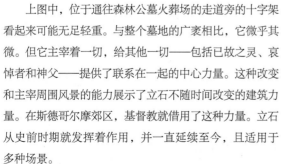

入口

上图中，位于通往森林公墓火葬场的走道旁的十字架看起来可能无足轻重。与整个墓地的广袤相比，它微乎其微。但它主宰着一切，给其他一切——包括已故之灵、哀悼者和神父——提供了联系在一起的中心力量。这种改变和主宰周围风景的能力展示了立石不随时间改变的建筑力量。在斯德哥尔摩郊区，基督教就借用了这种力量。立石从史前时期就发挥着作用，并一直延续至今，且适用于多种场景。

森林公墓中的十字架位于人们心理上的中心位置，周围环绕着整个墓地乃至人们心理上的整个世界。它还代表着以火葬场为中心圈出的圆形地界的入口，更确切地说，这个坐落在走道上的雕像意味着重生。

了解森林公墓请参考：

彼得·布伦德尔·琼斯——《古纳尔·阿斯普隆德》，Phaidon出版社，伦敦，2006年。

卡罗琳·康斯坦特——《森林墓地：通向一片精神之土》，Byggförlaget出版社，斯德哥尔摩，1994年。

征，它是这个不停旋转的世界、太阳轨迹和入口走道中心的轴线。也许，这个建筑元素第一眼看上去简单、直白。但建筑师可以找到某个单一的、能同时实现很多目的的建筑元素的情况并不常见。更让人印象深刻的是它所呈现的所有的事情都有象征意义，且适合这个地方的身份，即一个已逝之人安息的地方，一个悼念的地方。我不知道应该把这个充满诗歌艺术的建筑归功给谁——阿斯普伦德还是列维伦茨。

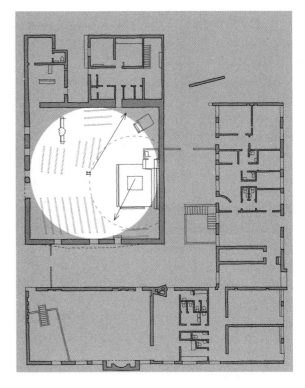

圣彼得教堂，克利潘，瑞典

1966年，圣彼得教堂（下页左上图；北纬56.133 220°，东经13.141 972°）投入使用。在设计这个位于瑞典克利潘的教堂时，莱弗伦兹使用了一个立石，其功能相当于森林公墓里的十字架。但是在这个范例中，立石由钢铁制成，被安置在教堂里面。这个T形架立石支撑着上面的巨大柱子，而这些柱子又支撑着砖砌的拱形屋顶（下页左上图）。然而由于结构设计的原因，它看起来像独自立在那里。它可能象征着苦难刑罚，也可能代表着一些其他的解释——宇宙树即世界之树，传说中为了得到神秘文字"鲁尼"的奥秘，了解生命的意义，奥丁就把自己吊在了这棵树上。

从建筑角度来看，这个钢铁材质的立石与森林公墓里走道旁的十字架的功能相似。这个T形架标志着一个稳定的中心，教堂里的其他地方都围绕着这个支点。它所处的位置并不是这个空间的物理中心，而是处于祭坛后面、中心靠后的地方，这样人们就可以站在教堂正中心的位置（右上图）。T形架就在做礼拜的人中间热情地招呼着他们，用它的伞翼为人们提供庇护，站在通往祭坛的路旁守护着一切。它的存在意味着这里是教堂中心部位的一个节点，举行婚礼的新人或悼念逝者的灵柩要到达祭坛都必须穿过这里。T形架标志着以祭坛为中心的圆形区域的界线。

虽然克利潘的圣彼得教堂名义上是一座

基督教教堂，但它非常原始，能引起人们追忆古代发生在神圣地方和神秘遗迹中的集体崇拜。也许这个立石即T形架比森林公墓里的十字架拥有的力量更强大，它用一种无处不在的、良好的、类似家庭的氛围穿透了这个房间，但是却不会挑战超自然力量。

关于圣彼得教堂请参考：

彼得·布伦德尔·琼斯——"西格蒙德·莱弗伦兹：克利潘圣彼得教堂1963—1966"，选自《建筑研究季刊》，6（02），2002年6月。

西蒙·昂温——《每位建筑师都必须了解的25个建筑》，Routledge出版社，阿宾顿，2015年。

威尔弗雷德·王，编辑——《圣彼得教堂》，得克萨斯大学奥斯汀分校，2009年。

历史上最有影响力的十类建筑：建筑式样范例
The Ten Most Influential Buildings in History: Architecture's Archetypes

Sancaklar清真寺，伊斯坦布尔附近，土耳其

立石能够同时发挥多种功能。在宗教建筑中，立石被用来区分朝拜的地方和普通的建筑，并且让人们远远地就能看见这些地方。在钟声、尖塔还有宣礼员的召唤下，拜楼（上页左下图）成了约定朝拜时间的高地。尖塔和拜楼的高度提醒敬拜者，要在他们信仰的宗教权威面前保持谦卑。这种垂直元素的高度使人们的视线投向天空、阳光和天堂。如果一个史前时期出现的立石是用来彰显某个特定酋长的威严和他/她的部落的力量，那么它的历史发展产物——尖塔或拜楼——被直立在地上则是为了提醒人们天地万物至高无上的力量。

在切克梅杰（伊斯坦布尔城西的一个郊区）的Sancaklar清真寺（2012年，上页右下图；北纬41.089 058°，东经28.601 607°）可以俯瞰切克梅杰湖的地方，建筑师埃姆雷·阿罗拉特修建了一个洞穴状的祷告厅，隐藏在朝北的斜坡下（下图）。前来祈祷的教徒只有穿过简易的石墙来到唯一的拜楼才能看到祷告厅。这个长方体的拜楼拥有立石这种建筑元素的力量。就建筑方面而言，它能做到上一段中提到的所有事情：它是这个地方的标志，它是召唤祈祷者的平台，它的规模把人类衬托得更加渺小，它的高度让人仰望，它代表权威，它使人谦卑。再看它简单朴实的外观，拜楼向我们展示的建筑力量主要通过建筑基本元素在周围景观中的布局来显现。就这样，阿罗拉特在人们心中唤起了一种原始的记忆，尽管那时的建筑还只是结构元素，不需要使用装饰点缀，但是也早已经有了强大的力量。

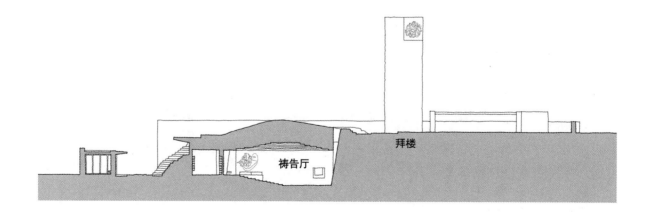

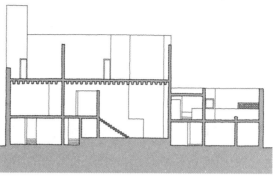

剖面图

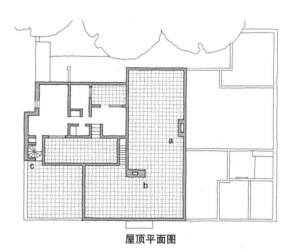

屋顶平面图

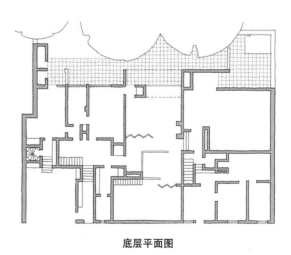

底层平面图

巴拉干宅，墨西哥城

1947年，建筑师路易斯·巴拉干为自己建造了这个住宅（北纬19.411 129°，西经99.192 384°）。它充满了微妙、诗意和神秘莫测的建筑思想。其中一点体现在屋顶平台的设计上，平台四面的墙很高，站在这里除了天空看不到周围的风景。墙上涂满了不同的颜色——粉色、紫色、橙色，所有的颜色都强调了天空的蓝色。太阳在移动，围墙投下的阴影也在跟着移动。

屋顶平台虽是依照巴拉干的想象和意愿而建的人造物，在人们眼中却处在苍穹之下。站在这个充满超现实主义色彩的平台上，你可以看到三个立石建筑（右中的屋顶平面图中的a、b、c三处）。其中两处是烟囱（图中a处和图中b处），第三个高塔有一个从下面的地面蜿蜒而上的狭窄楼梯，但是不能通往住宅区所在的中间层。上页左上图中可以看到立石b和c。

为了使楼梯能通往屋顶，高塔（立石c）远高于正常高度。同时，它的位置远离屋顶平台的主要区域，让位给一个较低围墙的小阳台，从这里可以看到四周的风景。看起来，巴拉干想把这个高塔做成整个住宅的标志，或者更好地展示"权威"，就像第62页提到的清真寺里的拜楼那样。它的高度把人们的注意力吸引到了天空。内部蜿蜒盘旋的楼梯好像可以直通天堂，或者至少可以到达像天堂一样至高无上的地方。这个高塔与屋顶平台的主要区域是分离的，人们无法从屋顶平台直接进入这个高塔，只有从平台回到地面，然后再爬上楼梯才能进入这个高塔。

巴拉干住宅被其主人灌入了与他的信仰有关的柔和、微妙的象征主义手法。狭窄的楼梯或许象征着"雅各布的天梯"，即通往天堂的梯子。屋顶的三个立石也许象征着三位一体，在巴拉干思考关于天堂的问题时陪伴着冥思中的他。

艺术中的立石

立石有很多诗意的维度。在关于人们根据自己的想法和意愿改造自然景观的人类干预活动的起源方面，人们常用立石来表达我们在这个世界上的地位。安东尼·戈姆雷用铜铁浇铸的自我人体塑像使立石回归到了人类形态。这些塑像和史前历史一样神秘高深，被广阔遥远的天空下绵延不绝、一望无际的土地或海洋所容纳。

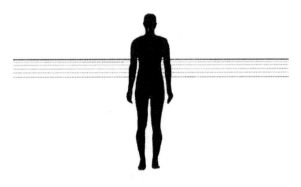

1997年，安东尼·戈姆雷构思了作品《另一个地方》（右上图），现在这个作品永远留在了利物浦北面的克洛斯海滩上（北纬53.473 534°，西经3.041 403°），塑像凝视着海面，就像作品标题暗示的那样，它正在寻找遗失已久或在生前或死后从未见过的乐土。但就像卡斯帕·大卫·弗里德里希的油画《海边修士》（1808—1810年，下页左下图）那样，这个作品看起来也在评论人类的生活条件和困境。弗里德里希笔下的修士会让人想起年代久远的庞然大物，它站在岩石架子上，旁边是波涛汹涌的海面，头顶是变幻莫测的天空。这幅画作以浪漫主义的方式告诉人们，即使立石可能被认为是人类改造世界原本面貌的能力的一种表达，但最终不过是一种苦涩的表现，是对我们所在的这个世界的徒劳反抗。

安妮施·卡普尔的一个未命名的雕塑作品（1992年，右下图）提到了同样的观点——坚硬的岩石可能是灵魂的栖身地，它们可能是神明，可能是已逝之人。经过雕刻的岩石内部包裹着厚厚的黑色颜料，阻绝光线进入。结果就是，当你窥探岩石内部的时候，你发现自己看到的是无尽的黑暗，就像看到了死亡本身。孔口的门洞形状看起来像古埃及人在用作坟墓的金字塔底部所造的虚假入口，供埋葬于此的法老来来去去，从附近的祭坛上享受祭品。

大约两千年前建造了或更准确地说发掘了佩特拉古城即如今的约旦城的纳巴泰人相信他们的神明——巨灵——居住在石块里（左上图）。在不破坏其固体材质的前提下，岩石内部是一个永远无法到达的地方，岩石的内部看起来是神明合适的居住地和藏身之所。有些人依然把史前立石看作神明的栖身之地，无论这些立石在哪里，它们都好像充满了精神能量。

历史上最有影响力的十类建筑：建筑式样范例
The Ten Most Influential Buildings in History: Architecture's Archetypes

《2001：太空漫游》中的独块巨石

斯坦利·库布里克在《2001：太空漫游》中暗示了立石对后来一代又一代的建筑师产生的最深远的影响。在这个1968年上映的电影中，一群精明的类人猿被出现的神秘巨石迷惑了，这个立石呈完美的长方体形状，一直发出嗡嗡的声响。这块巨石被故意装扮得神秘莫测，似乎代表着某些发明的诞生，好像在指向大多数电影中担任主角的结构复杂的宇宙飞船。从科技和建筑层面来说，立石代表了能够改变世界的想法。

库布里克没有用巨石来标记某个地方，因此也没有把它当成建筑物。不过，它代表的思想却是所有建筑必不可少的要素。

2015年4月，当时我正在修改和润色这个章节，美国墨菲西斯建筑事务所打造了一个新酒店——7123酒店，这个酒店选址在瑞士的瓦尔斯，邻近彼得·卒姆托设计的瓦尔斯温泉浴场。这个直耸云霄的立石高381米，为了反射周围美丽的风景并呈现出透明的外观，整个建筑外表都覆盖着镜面玻璃。即便如此，这个设计还是同数千年以前出现的立石一样，证明了人类最简单的思想的力量——人类冷漠的本质中出现的英雄主义。（在我修改后的版本中，上面的图片引用了米兰皮瑞里大厦的图像，吉奥·庞蒂设计，建成于1958年。）

最后……立石的多种功能

作为一种建筑范例，立石出现在史前建筑萌芽时期，但这并不意味着它的力量在后来的发展中被削弱或代替。建筑师能从立石上获得的力量是永恒的。在前面的内容里，我们分析了立石作为一种建筑工具，在排布空间时扮演的角色——标志物、焦点、界限等。我们已经认识到，立石也善于表达。我们按照意义和类型对立石进行分类，之后立石就能被看成展现所有建筑中存在的方方面面的开端。最早的建筑师并不清楚这些方面出现的先后顺序，但一定包括以下多种功能。

（1）立石具有证明力，证明着人们的英勇不凡——代表着主张建造立石的人的想象力及其可利用的资源，以及那些建造之人的力量和智慧——把沉重的石块直立起来或建造高耸入云的摩天大楼……他们的力量明显地体现在历史上出现过的立石上。史前立石展示了把这个石块立起来的人的智慧和力量，企业大厦展示了这个组织的国际地位、影响力和市场支配地位。

（2）立石具有确定性，通过标记一个具体的地方来定义这个地方，确立其中心或边界。例如，立石可能定义着一个地方的界线——入口或出口——一个可供穿越界线的特殊点。

（3）立石可能具有指示性，甚至具有启发性，指出了人们到达某个特定地点的方向，这个特定地点可能是遥远的或难以到达的地方，也可能是与某些天文星象一致的地方，诸如冬至日的日落方向和位置。就像人们一看到枪就想起通过准星在眼睛和目标之间建立连接，指示性的立石也能在人和目标之间建立连接，就像人和特定的远程位置之间的支点。

（4）立石具有断言性，断言主人对特定领域的拥有权或统治权。具体表现为主人通过立石占有了一片土地或划定了一条边界。

（5）立石具有代表性，例如，代表了相应主体的权力、地位、特定的权威、意识形态、对该地区有影响力的宗教信仰，等等。

（6）立石具有保护性，利用心理力量抵制附近那些不认可他们的权力的人，或阻止那些试图穿过立石建立的边界的人，以此保护那些居住在立石边界内的人。

历史上最有影响力的十类建筑：建筑式样范例
The Ten Most Influential Buildings in History: Architecture's Archetypes

上面的立石范例说明了立石具有能够从古至今保存完整的传承属性。在史前立石出现后的几个世纪里，它一直被基督教使用，在其朝阳的一面刻上十字架。这就是阿斯普隆德和劳伦兹在森林公墓中使用花岗岩十字架暗示的立石拥有的永恒力量（第57～61页）。

（7）立石具有装饰性，用吸引眼球的物品装饰田园风光，组成一幅美丽的画卷——从超越自然的角度看起来非常美观。

（8）立石具有叙事性，它提供考古信息或用浪漫的手法讲述关于遥远的过去的故事。

这些也是所有建筑中都包含的基本因素，它们是行为产物。当我们改造周围的物质世界时，它们开始生效。单独一个简单、未经雕琢

有人认为立石能散发出超越自然的力量。如今，很多公司依靠立石产生另一种不同的能量。这个位于伦敦英国天空广播公司用来发电的风力涡轮机（2010年，阿鲁普建筑事务所设计；北纬51.488 405°，西经0.325 520°）充当着立石的角色，标志着这个地方的存在，通过传播使用可再生资源的方式展示了英国天空广播公司的环保证书。

的自然巨石被以非自然状态直立在地上就解释了所有一切。但是如果把巨石从原来的位置上移走，那么所有的建筑力量将会立刻消散。巨石看起来仅仅就是巨石，然而当有人选择把它作为组织空间布局的工具来确定一个地方，为这个奇怪、冷漠的世界营造一个秩序的开端时，巨石也就成了一个重要的建筑作品。

我们之中有些人认为立石拥有神秘的精神力量，但是立石的建筑力量实际上更强大且更明显、更值得信赖。

斯文赛德石圈,英国湖区

第 2 章

石圈

历史上最有影响力的十类建筑：建筑式样范例
The Ten Most Influential Buildings in History: Architecture's Archetypes

石圈

"这是一个什么古怪地方呢？"安琪尔问。"还在嗡嗡响呢，"她说，"你听！"他听了听。风在那座巨大的建筑物间吹着，发出一种嗡嗡的音调，就像一张巨大的单弦竖琴发出的声音。除了风声，他们听出还有其他的声音。克莱尔把一双手伸着，向前走了一两步，摸到了那座建筑物垂直的表面。它似乎是整块的石头，没有接缝，也没有花边。他继续用手摸去，发现摸到的是一根巨大的长方形石柱；他又伸出左手摸去，摸到附近还有一根同样的石柱。在他的头顶上，高高的空中还有一个物体，使黑暗的天空变得更加黑暗了，它好像把两根石柱按水平方向连接起来的横梁。他们小心翼翼地从两根石柱中间和横梁底下走了进去；他们走路的沙沙声在石头的表面发出回声，但他们似乎仍然在门外。这座建筑是没有屋顶的。苔丝感到害怕，呼吸急促起来，而安琪尔也感到莫名其妙，说："这是什么地方呢？"

托马斯·哈代《德伯家的苔丝》（1892年）
第58章

我们占用空间。我们走来走去，坐下来思考，聚在一起，储存东西……这些都需要占用空间。基本上来说，我们就生活在空间里。立石主要通过占用的方式标记一个地方，而石圈则是通过划定边界的方式标记一个地方，使这个地方成为供人们占用的场所，或保护一些被认为是有价值的或神圣的东西。石圈兼容了边界和入口的建筑思想，这是空间组织必不可少的两点。

石圈可以是排外的，内部也包含很多东西。界线是过渡和区别的地方，你要么跨过它，要么被它排除在外。用石圈做包围框体现了人们的特权和地位思想，而石圈外部则将使你变成局外人或旁观者。

石圈就像镜头或聚光灯，它们创造了一个焦点，强调了里面的东西或在里面发生的事。它们将特殊从一般中区分开来。

穿越一个石圈的周界体现了建筑入口的思想，入口体现了轴线的思想，轴线体现了一些重要方向的方位，指示着某些重要的地方（比如远处的山）或启发着一些重要的现象（比如冬至日那天的日落）。

石圈有自己的中心，也创造着中心；它在开阔的地方为模糊的边界提供了参照点。

中心是聚集的地方。无论从身体上还是从空间上来说，一群人围成的圆圈都会被定义为社区。

石圈是提供保护的工具，里面意味着安全。就好像火在燃烧时，里面是光亮的；外面的黑暗就充满了不确定性。

石圈也可能是一种许可工具，可以用来创建一个不存在普通规则或只适用于特殊规则的地方。

围起一个封闭的固定空间，创建一个与一般外部环境分离的、受保护的内部空间，确立一个可使用的中心地带，或者建立特殊规则……以空间为背景，石圈能展示出比立石更广泛的建筑思想。

孩童和圆圈

地面上随意画下的圆圈看起来似乎只是一个简单的图案，但是它拥有许多建筑核心的力量和微妙之处。第一点很明显：画在地面上的圆圈是确定地上某个区域最直接的方式。我们可以看到地形中有许多不同区域——森林中的一块空地、一个岩石高地、一处泥沼，等等……但是画出来的圆圈从本质上来说是有区别的，因为决定画圆圈的是人，画出来的圆圈像立石一样源自人的具体想法。它在一块未分化的土地上（比如沙滩）划定了一片特殊区域，将内部与一般的外部区别开来，用明显的线条（边界、界线）将这个地方与其他任何地方分离。就其自身而言，无论划定的区域是否被赋予某种功能，这都是强化自己自尊的一种强大力量。但是，在地上画圆圈不仅仅是一种图形设计或模式，也是能改变我们理解空间的基本方式并且能证明一些问题的建筑思想（如建筑起源于它而被认为是权力的影响及体现）。

石圈不同于立石。立石通过占有的方式标记一个地方，而石圈则是通过划线的方式让人占领或居住在一个地方。立石暗示了其周围的一个模糊的区域（见《解析建筑》几何图形章节的"圆圈的存在"，第四版。）但无论石圈里面有没有石块，都能清晰无疑地定义这样一个地方（下页左上图）。

圆圈能起到保护的作用。它可以把有些东西置于保护圈内，也可以把有些东西隔绝在保护圈外。男孩在沙滩上画下的关于自己的圆圈（下页左下图）为他提供了同时也定义了某种可以与周围世界隔绝的地方。他可以在那

071

历史上最有影响力的十类建筑：建筑式样范例
The Ten Most Influential Buildings in History: Architecture's Archetypes

里以更安全、更孤立的方式审视这个世界，好像身处避难所一样。此时，圆圈化身为男孩的"神殿"。

我曾经观察过一个女孩，她把随身物品——鞋、帽子、球和一些贝壳——留在石头上，这样她就可以去游泳了。留下这些东西之后，她迅速地绕着它们画了个圈，想必是防止它们被小偷偷走吧。她走后又回过头，在她的保护圈内加上了一些"叶轮"（下页图），使其更具恐吓性——就像粉碎机或准备就绪的捕人陷阱。想到那些锋利的叶轮被一圈石块代替后就可以成为标准的石圈，我就感到很震惊。据我所知，没有人偷拿小姑娘的东西。

现在我们只能想象，几千年前当我们的祖先开始控制他们立身处世的空间时，激起他们欲求的那股力量。也许，他们也是从在地面上划线挖沟开始，然后再用可以获得的材料进行填补——木材或石头。

2013年12月，在BBC（英国广播公司）首播的一个节目中，主持人尼尔·奥利弗这样总结了《大英奇迹》第一季第一集：

"我相信大约五千年前，奥克尼群岛上发生了一件意义深远的事情。它表明人们对这个世界以及自己在这个世界中的位置的理解发生了根本转变。它在伟大的建筑项目中发现了表达途径，至少表达出了一部分：石墓，然后是巨石圈。以奥克尼群岛为开端，然后扩散到了英国的四面八方。但是我脑海中始终盘桓着一个想法，如果能追根溯源，那我们会找到某个人，某个拥有伟大远见的思想家；他们传达的信息帮助周围的人改变了世界。如今，我们知道了历史上一些伟大的远见者的名字，但是奥克尼群岛的秘密还不知道是谁创造的。"

第 2 章 石圈

奥利弗眼中的英国好像不是世界的一部分，撇开这点不谈，他认为有人——他称之为"神秘主义者"——想出了在地面上利用画圆圈和建造墓地的形式来确定某个地方的方式。我认为这样的人就是建筑师，就像我看到的在沙滩上画圈的男孩和女孩。建筑师不一定都是神秘人物，但是他们为在更广袤的地域中确定特定的地方所做的事却是极其富有力量的。他们需要通过人类认识世界的方式，把人类头脑中的思维转化为能够组织和干预世界的实践活动。

历史上最有影响力的十类建筑：建筑式样范例
The Ten Most Influential Buildings in History: Architecture's Archetypes

排除圈

达特穆尔高原位于英国西南部，这里有着许多史前巨石纪念碑，其中就包括石圈。许多石圈中央都埋葬着石棺。右上图展示的是Soussons石圈（北纬50.592 871°，西经3.873 126°）。与达特穆尔高原上的其他石圈一样，中央埋葬的石棺已被盗墓贼撬开，起初这些石棺应该是被埋在土堆之下的。这种石圈在结构上与小姑娘在沙滩上画下的、保护她的贵重物品的圆圈（上页图）是一样的：一个有价值的人的遗骸被石头围成的轮廓分明

有时候孩子（甚至成年人）会用线条或粗糙的圆圈在沙滩上圈起他们的营地，宣示主权。这些线条起到的作用是心理上的——为了区分这个地方（属于他们的地方），建立起与周围世界的边界。这是一种根深蒂固的本能行为（不是后天习得的），在任何时期任何文化背景下出现的世界各地的建筑中都很明显。最常见的情况是人们会用围墙或篱笆代替这条线，以使其更持久、更有防御实用性。这个设置——定义着地面上一片区域的限定线——在任何情况下都适用，从沙滩上一个小小的营地到偌大的城市的界线，再到一个国家的国界线。

的圆圈保护着。这些石头也明确了坟墓的范围（见《解析建筑》，第四版），以及祭奠这位先人时的焦点所在。以这种方式确定的地方变成了特别的、神圣的存在，里面居住着被埋在中央的先人的灵魂。谁会毫无恐惧地走进这样的地方？

这样的石圈感觉就像排除圈。也许有少数人——家人、神父……——可以认为他们是被允许走进石圈里的。这种石圈的目的就是为了把除了他们之外的其他人阻挡在外，通过把人们隔离在亲密圈之外来强调这处坟墓的重要性。

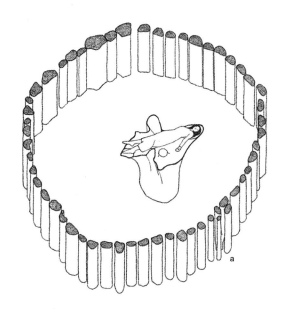

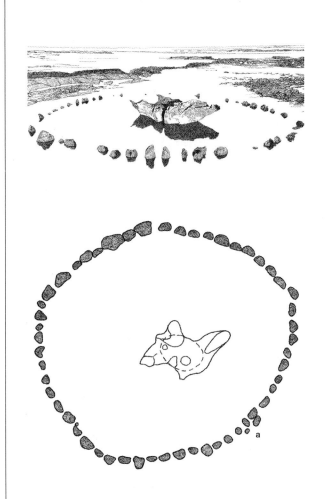

水下巨木阵——一个木制"石"圈

自然界中的圆圈不仅可以用巨型石块构成，也可以由树干组成。远古时期遗存下来的木圈范例屈指可数，其原因自不必赘述。考古学家已经发现了一些木圈存在过的证据，但也只是参考已腐烂的木材在地面上留下的痕迹。

有幸保留得最好的木圈范例是位于英国诺克福海岸的水下巨木阵，使用的木材的历史已经有大约两千年了。（自20世纪晚期被发掘后，水下巨木阵所使用的木材已经被就近转移到了林恩博物馆。）就像Soussons石圈或者孩子们在沙滩上绕着自己的物品画出来的圆圈一样，这个木圈也明确了它所保护的东西的范围。在木圈的中心立着一个被倒置在地面上的树桩。

水下巨木阵的木材紧紧排在一起，所以它们没有组成一个人们可以穿过的木圈，而是形成了一堵墙。也许连木材之间的空隙也用泥巴密封了起来。这个木圈不仅在心理上具有明确的保护功能，它还有屏风的遮挡之效，所以这也是一个排除圈。

水下巨木阵使用的木材是劈开的树干，树皮的一侧朝外放置（只有一处例外）。这意味着建造者只需要砍伐所需木材一半的数量，但也可能意味着建造者想通过更精致的外观表现人们对木圈内涵的尊重——经过人类行为雕琢的外观，而非其自然原貌。

作为一面墙，木圈需要一个入口。对于水下巨木阵来说，这个入口是借助分叉的木材实现的（上页右上图中a处），在必要时这里可容一个人挤过去。然而，也许是为了防止人们窥视圈内的景象，另外一个多出来的树干可以关上这个本身就很狭窄的通道——这是一扇原始的门。

人们推测被倒置的树桩起着祭坛的作用，也许这里是接受天葬（尸身被鸟儿食尽，只剩下骨头的过程）的地方。这就解释了为什么这个祭坛要用屏风阻隔视线，保护其免受其他动物的侵扰。几个星期过后，一旦天葬完成，大概就会有人进入圆圈，把被啄食得干干净净的骨头移到别的地方安葬。

水下巨木阵代表着一种强大的、永恒的建筑结构：在保护圈的中央有一个作为焦点的祭坛，在这种情况下也形成了一个排除圈。

包围圈

我们可能从字面上就可以理解圆圈的意思，但这个简单的形式有着许多建筑的变化形式和微妙之处。圆圈同时兼具包含和排除的功能，它们在环境和内容之间起着斡旋和调和的作用。前面列举的例子展示了圆圈保护着位于中央位置的一些重要东西——祭坛、坟墓、孩子们的物品，把那些不应该靠近的人阻挡在外。圆圈也能明确表示地面上的某处被占用的土地，它们可以成为包含的工具，把人们聚集在一起，使其成为（从空间上看）一个紧密团结的群体。这样的圆圈是社会团结的表现，它们明确了人们生活和聚集的地域范围，也许是

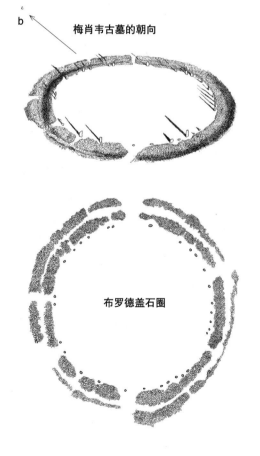

第 2 章 石圈

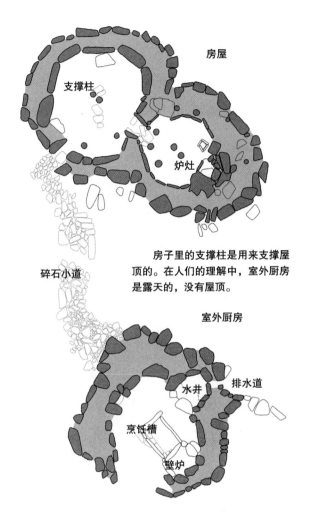

房子里的支撑柱是用来支撑屋顶的。在人们的理解中，室外厨房是露天的，没有屋顶。

屋遗址，旁边有一个室外厨房（左上图）。它们都是由大石块组成的同心圆，中间以土堆隔开。两个地方合在一起围出了一个家庭的生活空间。房屋包括两个相接的圆形空间，内室的墙上嵌着一个炉灶。室外厨房的墙内有一口水井，中心位置有个煮肉用的烹饪槽，通过加热旁边的石块把水煮开。这里的石圈屏蔽了天气产生的影响和阻挡了侵入者，明确并且保护了与日常生活息息相关的亲密场所（房屋）和实用的重要地方（室外厨房）。

布罗德盖石圈（上页右下图）是奥克尼群岛陆地上的一个巨大的石圈，位于苏格兰北海岸，是一片广袤无垠的史前仪式场地的一部分，这里还有其他立石（如斯丹尼斯立石）、圣殿（布罗德盖海角附近）和墓室（如梅肖韦古墓，上页右中图中b处的较小的立石指示着它的朝向）。

为了一场仪式，也许是为了一个节日。这些地方可以表现得充满亲切感——就像明确着、包围着且保护着家庭活动的地方（左上图），或者使许多人可以集聚在此的一个大地方（上页右下图）。

在爱尔兰南部的Drombeg（又名德鲁伊祭坛，北纬51.564 420°，西经9.087 549°）有一个我们在后面会详细介绍的石圈（第83页）。附近有一个铁器时代的房

布罗德盖石圈就像轮毂，穿过水域的两侧，一直延伸到遥远的地平线。时间就在绕着它转动——正如太阳东升西落的运动规律。

077

历史上最有影响力的十类建筑：建筑式样范例
The Ten Most Influential Buildings in History: Architecture's Archetypes

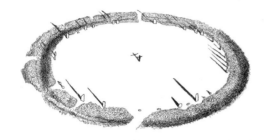

费特勒岛（上图和下页右上图）——设德兰群岛上的一个小岛——有一个叫作设德兰（古挪威语）的石圈（北纬60.610 249°，西经0.865 477°），它位于该岛的重心位置，是生活在那里的居民聚集的地方，也是一个基点。

布罗德盖石圈位于两湖之间一块狭窄的土地上（北纬59.001 20°，西经3.229 873°），站在这里能看到四周的全景（第76页右下图），外围环绕着属于它自己的圆沟。我们了解一下它的大小，石圈中较高的立石高约2.5米，也就是比一个成年人还要高一些（左上图中间位置；第25页的左上图展示的石柱即来自布罗德盖石圈）。站在这个石圈内，脚下是比两湖高的起伏地，你会感到自己所在的位置就是世界的中心。布罗德盖石圈占地面积很大，显然是为了容纳大批来这里集会的人。这些人可能包括附近小岛上的部落或家庭，甚至还可能有来自异常遥远的地方的人。这个石圈最初是如何运作的，我们不得而知，如今只能靠推测。但是，你可以想象这里曾是举行典礼或仪式的场所，或者是仲夏和冬至时节人们燃起篝火载歌载舞的地方。

作为一个集会场所，布罗德盖石圈的力量在于它代表着一个群体。它以风景的形式把集体之间的团结融于建筑表达中——他们的世界里的资源、气候、神明、朋友、敌人……石圈是那个世界的重力中心，是基点，是把人们汇聚成一个整体的地方。这个石圈足够大，完全可以充当自己的地平线，一个界于被圈定的地方与永远无法到达的真正地平线之间的界限。它创造出了可触摸的、确定的地平线，人们可以在这里面举行典礼或仪式。群体的存在因它而得到凝聚和强化：圈内所有人——内部人——被建筑的力量识别为团结的群体。圈外所有人——外部人——都属于别的地方。想象一下，夜晚来自石圈中央某个地方的火光照亮了立石的内表面，已经化身立石的祖先看着眼前的欢乐场面——石圈本身就代表着祖先对这些人的身份和群体的认同。

"部落包围圈"

1930年,约翰·G.奈哈特采访了一位名叫"黑麋鹿"的印第安老人,谈论了关于他所在的位于南达科他州拉科塔族的奥格拉茨部落的风俗和宗教活动。谈话的内容收录在《黑麋鹿如是说》(有多个不同版本)这本书中。黑麋鹿讲述的奇闻轶事证实了景观中扩大的圆圈作为部落群体团结的表达方式所拥有的力量,他把它称作"部落包围圈"。

"印第安人做的每一件事都发生在圈内,那是因为世界的力量在里面总是有效,一切都试图成为圆的。过去我们还是一个强大幸福的民族,我们所有的力量都来自神圣的部落包围圈,只要这个包围圈不被破坏,民族就会繁盛发展。那棵会开花的树就是包围圈的活的中心,圆圈的四面八方滋养着它。东方贡献和平与光明,南方送上温暖,西方提供雨水,北方的寒冷和狂风给予它力量和耐性。世界的力量所做的每件事也在这里完成。天是圆的,而且我还听到有人说地球圆得像个球,星星也是如此这般。风以它最大的力量旋转。鸟儿搭建的巢穴是圆的,这对它们来说正如我们的宗教。太阳一次次升起落下,它走过的轨迹就是个圆圈。月亮也以同样的方式运动,都是圆的。甚至连四季都以它们的交叠更替形成了一个巨大

设德兰石圈的传说告诉我们,石圈中央的两个石块是小提琴手和他整夜起舞的妻子,他们被初升的太阳变成了石头。不管是旭日还是夕阳,这个传说让人想到身处风景之中的石圈与太阳之间的关系,还有它在地平线上的出没。如果我们要建造一个类似的石圈,应该把它当作日晷,东起西沉或夏至日、冬至日前后太阳的位置就在两个中立之间。

的圆圈,它们总是会回到原来的地方。人们从小到大的生活也是个圆圈,任何力量的运动轨迹都是圆的。我们居住的圆锥帐篷就像鸟儿的巢穴一样是圆的,这些都被布置成圆的,部落的包围圈、所有鸟儿的巢穴,这是伟大的神明让我们养儿育女的地方。"*

无论使用什么术语,无论涉及哪种文化,黑麋鹿提出的一些有关圆圈的力量的观点,均

---

* 约翰·G.奈哈特——《黑麋鹿如是说(1932)》,2004年出版。

存在于任何时间任何文化背景下的任何风景中。它们有：圆圈容纳和汇聚集体团结的力量、中心作为焦点和基点的力量，以及其作为有形地平线的展现形式。说到最后一点，石圈与天空中天体的运行轨迹有关，它也成为一种记载日期的形式，是周围世界中明显存在的人的六个方向——罗盘上的东南西北四个方向再加上上下两个方向——之间的共鸣支点。

圆圈与时间

如果你曾在一个视野开阔的地方生活过几年，那么你会自己感觉到太阳在升起落下时穿过地平线的缓慢运动过程。用不了几年，你就能准确把握一年之中最短的那天太阳在哪里落下。那时还没有我们今天使用的计时方式——日历、报纸、电视、节日等，我们用这些观察结果去记录时间也是合理的，尤其是去确定最坏的即最短的一天时间何时过去——之后白昼会越来越长，最终也会越来越暖和。

在遥远的过去，某个人某个时间在某个地点（也许是神秘的奥克尼群岛，见第77页右下图）意识到风景中一处有开阔视野的固定石圈可以作为记录日升日落轨迹的工具，不仅可以用来记录最短和最长的那天，还可以记录这两天之间的阶段。这个观点传播开来，特别是在北部地区，因为这里的四季更替与昼夜交替更极端。

把石圈当作计时器的方式至少有两种，我不确定哪一种最先出现。其中一种就像设德兰石圈（上页右上图），在相对小的石圈里放置着两个石块或一个单独的石块。白天，这个圆圈可化身为日晷。一年四季都可从这里观察周围摆设的石柱的影子动态或太阳升起的轨迹来判断时间。

如果有更大的石圈，你就可以站在中心石块的位置。年复一年，你可以观察每日清晨太阳升起和黄昏太阳落下时与固定石块间的相对位置。你还可以用外围的石柱记录下重要的时刻——例如冬至日那天的日落时间或者夏至日那天的日出时间。这些石柱的摆放方式采用了一种特别重要的建筑理念：人与距之遥远的东西之间的关系轴的表现形式。

在黎明或黄昏的时候，站在布罗德盖石圈里（第78页左上图）——这是一个能看到地平线全景的大型石圈——你能够在季节的更替中逐步地、完整地观察日出日落的运动轨迹，从春到夏，从夏到秋，从秋到冬，再从冬到春开始另一个轮回……这些观察不需要与神秘信仰或宗教信仰相关，数字也不是非要精确无误，只要有用就好。石圈是我们用建筑去理解这个世界的例证，它可以通过固定装置帮助我们了解自己身在何处，不只是帮助我们了解自己所在的空间与位置，还帮助我们了解自己所在的时间。

更多关系轴

这些作为风景的一部分的石圈是某个特定地方与其他遥远地方（如地平线后面缓缓升起的太阳或者一个无法攀登的高山之巅）之间的关系轴的起始点。它还孕育了其他种类的轴线。下面的三个例子将展示其中最显著的类型。它们也许不是展示它们所代表的建筑理念的第一个范例，但却阐释了从古到今在建筑历史上它们一直坚持的理念。

在学校学习几何的时候，学生在纸上画下的圆圈都是辐射对称的，从中心出发到任何地方都是均等一样的，你可以选择任何一个位置任何一个方向。但是，当这个圆圈是在风景中用石块堆砌而成时——无论多完美，无论地面是高是低，无论石块之间有多匹配——都无法实现完美的辐射对称。总有一些情况既有辐射对称又有轴对称：运动的太阳，慢慢接近的人，石块大小和间隙的变化。对称效果在石圈产生的过程中启发人们引入了建筑史上延续了数千年的理念。这些建筑理念起源于稳定性之间的动态相互作用——石块组成的固定圆圈——和各式变形以及运动。他们把建筑当作个体与头顶大面积的天空之间的缓冲。

在上一节中，我们知道掌握了太阳每天、每年的运动轨迹就意味着我们可以用石圈来测量时间。下面我们将介绍太阳运动和我们的影响石圈的对称性的一些方面。

第一个要讲的是入口。就像石圈可以作为地平线和边界线一样，石圈还可以形成一个入口。要进入石圈就必须穿过这个入口。

若是石块之间有间隔（下页左上图），那么我可以从任意一个开口处进入。若是石块紧密地排在一起，形成了一堵墙（下页左中图），如果石块不高的话我们可以从墙头爬过去，否则想进去是不可能的，因为石墙的空间规则告诉我们这种行为是被禁止的。

在上述两种情况下，石圈的组成形式看起来都保持了其稳定的辐射对称性：从圆周的任何地方进入或出去的可能性都均等。即使如此，人的出现还是引入了其他轴线：人靠近时的轴线，人通过石块之间某个特定的空隙进入石圈的轴线（下页右上图）。太阳在天空中缓慢移动划下了弧线，这产生了缓慢移动的光影之间动态的不对称。但是它在地平线上的固定位置——至日时日升日落的位置——形成了特有的轴线。石圈不仅划定了和保护着地面上的某个区域和其内容，还可能成为人与无限的宇宙之间的调和工具。这种可能性可以被两种行为加强，一是选择或创造一个与太阳轴线有关的主入口（左下图），二是加入一个位于轴线上的焦点，例如一个立石或一个祭坛。

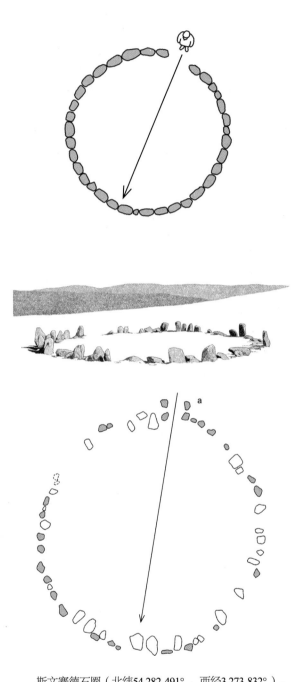

斯文赛德石圈（北纬54.282 491°，西经3.273 832°），位于英国湖泊地区，是一个间距小的石圈（有些石块现今已经缺失），其他石块围出来的入口很明显（位于上图中a的位置）。也许这个入口向着冬至日时太阳升起的方向（大约在东南方）。这个入口还形成了一个通向内部的轴线，焦点落在反方向的周边石块上。

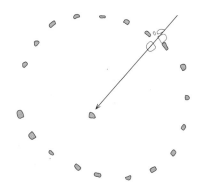

我们已经研讨过焦点在中心的圆圈：沙滩上坐在圆圈里的那个男孩（第72页）；Soussons石圈中的石棺（第74页）；水下巨木阵中根部朝天的树桩（第75页）；还有设德兰石圈里传说中的已然石化的小提琴手伉俪（第79页）。另一个例子是位于英格兰康沃尔的博斯科恩石圈（北纬50.089 826°，西经5.619 248°）。一个单独的石块矗立在（现在是倾斜的）这个不规则的石圈（更像椭圆形）中心附近（上图）。有些考古学家认为石圈是围着一个本来就已经存在的古老石块建造起来的，可能被用来认定一个真实存在的集会的地方。石圈有一个与冬至日时日落位置对齐的作为焦点的石块，确立了一条可以帮助人们把自己与太阳联系起来的轴线。

其他类型的焦点也可能存在。在古代建造的石圈中，位于周界上的焦点比中心附近更常见。这种情况下的焦点通常都是祭坛，表现为一个水平伏卧的石块。苏格兰的米德马墓园就是我们发现的其中一处范例（北纬57.148 292°，西经2.498 506°；上图，遗失的石块已被替代）。这里没有明显的入口，但是它的焦点却落在一个倾斜的祭坛石板上，保持着内外部之间的平衡。两个相邻的立石则是在尝试代表新月或角月。

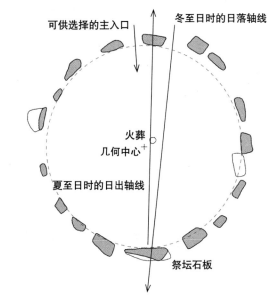

在爱尔兰的德鲁伊还有一个类似的例子（北纬51.564 561°，西经9.087 023°；上面三张图是其两端角度的视图；这个石圈就在第77页谈到的房屋遗址附近）。在这个范例中，三个较大的石块表示了一个明显的入口方向，就在周界上的祭坛石板对面。这三个石块组成了两个可能的主入口，其中一个主入口与祭坛冬至日时的日落轴线位于一条直线上（顶部图，倒置）。但是中间的石块则看起来处在与夏至日时的日出轴线相反的方向（底部图）。考古学家在石圈的中心位置找到了火化后被埋藏在一个破碎罐子里的骨灰。看上去德鲁伊石圈过去既是一个保护圈，也是调解和对齐人与宇宙关系的工具。

历史上最有影响力的十类建筑：建筑式样范例
The Ten Most Influential Buildings in History: Architecture's Archetypes

石圈的发展和变化

史前时期，人们没有固定的建筑策略可遵循。在金字塔、大教堂、清真寺、庙宇、摩天大楼等建筑出现之前，我们尝试把石块排列成不同的形状来探索这些改变世界的方式会对我们与空间的关系和我们对世界的认知与了解产生什么样的影响。正如沙滩成了我们对建筑进行实验的游乐场，整个大陆在史前时期都是一个建筑实验室。看着孩子们（甚至成年人）在沙滩上画圈（第72~74页），我们发现用沙子画出的圆圈所蕴含的力量让我们大吃一惊。考虑到其他范例，我们发现那些力量是心理上的，且具有一定的科学意义——明确范围、保护、排斥、定位、衡量时间……它们似乎还有点神秘，甚至可以说是神奇。通过巧妙地处理建筑，我们可以依照自己的意愿管理空间，精心安排他人。

人们在史前时期就已经发现和创造了建筑的元语言。远古石圈建筑的存在证明人们已经发现石圈具有明确范围、保护、排斥、定位、衡量时间的科学力量。景观中的石圈排列并不总是呈圆形，它们的形状各式各样，有时我们会发现自己很难理解它们的真正的意义。古代的建筑师看起来好像和现在一样，都是在实验新想法，尝试新奇的排列方式，他们这样做大概是为了看看石圈能产生什么样的力量和影响吧！

实验、发明与发现在史前时期的痕迹都很明显，当我们开始摆弄石圈的排列方式，精心组织和策划我们对世界的理解和体验以及确认且建立一片与众不同的地方时，它们都在。下面的例子只是石圈的排列变化形式中的一部分，其中一些有明确的入口、一些有焦点、一些建立了特定的方向轴……

从概念上来说，这个石圈以一块单独的立石为起点。立石促成了包括自己在内的圆圈的存在——确定了一个地方。尽管地面上可能没有清晰的线条，但是我们本身就是能感觉到自己靠近了立石的"存在"。

在圆圈的范围内，我们可以和立石建立起一种静态关系，可能是一个人也可能是一群人。如果立石在我们心中是神圣的，那么我们可能尝试与其融为一体，把它视为仪式或祈祷的焦点。

一个立石能促使我们产生圆周运动：就像男孩们在沙滩上竖起的木棍（第45页）。运动的轨迹可能沿着顺时针的方向，也可能像麦加克尔白（黑色圣石）的朝圣者那样逆时针行进。我们围着立石一圈又一圈地走动，最终踩出了一块圆形的区域。

第2章　石圈

两个立石相隔几步或几米远遥相呼应，通过标记边缘地界确定一片地方，而不是凭借中心立石的含义和与这个中心位置有关的占有产生的影响来确定一片地方。

要明确一个圆形区域仅靠两个立石是不够的（甚至不如一块立石）：排列方式对聚会没有吸引力；缺少一个焦点，整个地方感觉更像一个中间地带而非一个独立的区域。

两个立石就能建立对称性——就像足球场上的两个球门——代表着对立和可能出现的冲突。也许它们确定的是一个竞技场所——用来比赛或战斗——而不是公共集会场所？

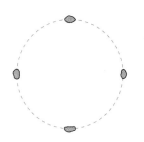 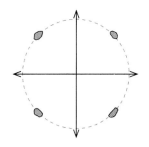 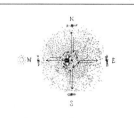

两对对称摆放的立石能更明确地定义一个圆形区域。它们还暗含着其与四个主方向的关系：太阳初升的方向；太阳上升到最高位置的方向；太阳西沉时的方向；还有四个方位（东、南、西、北）。

这四个立石可能因其自身形成轴线，也可能与它们之间空隙上的轴线有关。在这两种情况下，都为其举办同一方向的典礼或仪式建立了中心和框架。

黑麋鹿（见第79页）描述了在一场仪式中，他在场地中心和四角之间重复往返（以成捆的柳树皮为标记）。
［见《黑麋鹿如是说（1932）》2004年出版］

  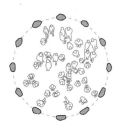

如果圆圈的外围由立石组成，那么地面上这个区域的入口也就确定无疑了。入口处给人的恐惧感更加强烈，石圈的保护和排斥作用也变得更强。

一个完整的圆定义了一片区域，人们可以用这个石圈排斥他人的进入，以保护他们珍视的东西或神圣的东西，或表明某些危险的物品——也许是某位重要人物的墓冢，比如Soussons石圈（第74页）或德鲁伊石圈（第83页），也许是一群蜜蜂（第20页）……

另外，完整的石圈也可能是一个具有包含功能的工具，一个可供人们聚集的地方，一个依靠石头建筑实现内部统一的群体。

历史上最有影响力的十类建筑：建筑式样范例
The Ten Most Influential Buildings in History: Architecture's Archetypes

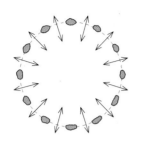

在开放的石圈里，每个空白区域都是潜在的出入口。你可以想象跨越圈内圈外的界线时产生的情感效应，进进出出，闯入或躲避，寻求庇护或逃离。

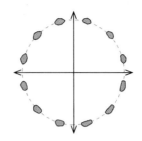

一个完整的石圈可能被排布成与四个基本方向有关的罗盘形状——东方、南方、西方、北方，起到调解石圈中心点与周围世界的关系的作用。

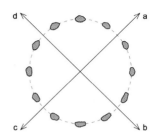

轴线所在的位置可能朝向二至点（与罗盘的基本方向相比，这种设置使我们积攒下来的经验更加明朗），以便其成为人与宇宙无限空间交流的媒介。

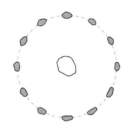

石圈不仅能确定地面上的一个固定区域，还能确定中心点。这个点的位置可能是一处坟墓，如Soussons石圈中心的石棺（第74页）；或者像设德兰石圈，中心点的位置被一块或两块立石占据（第79页）。除了上述选择，石圈还可能确定和保护着祭坛所在的位置，如水下巨木阵（第75页）。

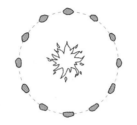

如果石圈确定了一个集会庆典的场所，如布罗德盖石圈（第77页），那其焦点可能就是燃起篝火的地方。这里发生的事件的持续时间可能不长，但是这些事件发生的地点和影响会因为石圈的建立而成为永恒。

石圈可以作为仪式场地的框架。此时它具有分区功能，石块把演员或牧师留在圈内，把观众或信众阻挡在圈外。这种安排可与古希腊剧院里的管弦乐团演奏场面相比（见第六章）。

如果石圈是全封闭的，那么其功能也会受限。它会变成围栏（一个守备森严的监狱）或神秘的无法进入的地方，没有人可以进去，可能是因为不允许，也可能是因为无法实现。

与可渗水的石圈比起来，外墙围成的封闭石圈为心理上产生的界线增添了实物屏障。

在约克郡雕塑公园，安迪·高兹沃斯选择用干砌石墙而非立石的方式建造了一个没有出入口的围场，并称其为外闭合（2007年；北纬55.599 423°，西经1.572 141°）——以树为墙、吸引着人的目光却无法进入的空白圆圈。

在闭合的石圈上开辟一个开口，再次在石圈内外部之间构成了界线，但是开口要开辟在石圈周长上某个特定的点上。

开口的存在会产生一条轴线。门轴是建筑史上最伟大的发现之一。（看起来更像一项发现而不是发明。）

门轴把石圈——其中心或内部的人——与外面的事物联系起来；也许是某些遥远的事物，比如日出或日落、远处的一座山或其他神圣的地方。简单的圆形结构变成了一个关联工具。

 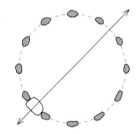 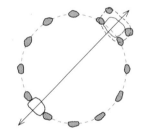

此外，门轴还把站在圈外的人与石圈的中心或和所在直径与石圈相交的另一点连在一起。反之，放置在石圈周长上较远位置的物体能够暗示在同一直径的另一端存在一个开口，即使这个开口与其他地方有区别。

因此，在已有主入口的情况下，处于石圈外围上的祭坛（既非石圈内部也非石圈外部，而是有可能朝向一个特殊的视界）能够在石圈上形成一个特定的开口——从直径上看它们的位置是截然相反的，否则在他人看来不易察觉。（另见第81～83页。）

那个开口也许是一块被当作门槛的石头，也许是用额外的立石支撑着顶石形成的一个门廊。你可以想象一下，这种展现形式如何构造了一条通往祭坛的路，强化你对进入过这个石圈的体验的感受。

上面的图展示了立石在自然风景中形成的石圈的25种微妙变化，但这些形式并没有涵盖所有的可能性。譬如说：通过标记道路的方法，开口形成的轴线可能得到进一步说明或延伸——一条行进的路线可能是两排平行排列的立石形成的路，也可能是土堤和沟渠（下页左上图）；或者单一石圈的保护力量（用《星际迷航》中的话来说就是"曲速场"）因里面一系列的同心圆而得到加强，立石大小不等；再者最外层可能还有河岸和沟渠，每一层都是附加的界线，对其他层次的保护力量起着补充作用，形成从外到内逐层增强的层次结

历史上最有影响力的十类建筑：建筑式样范例
The Ten Most Influential Buildings in History: Architecture's Archetypes

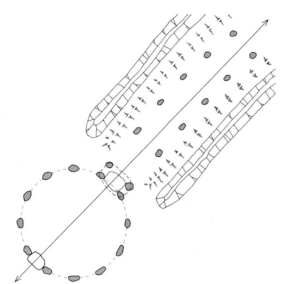
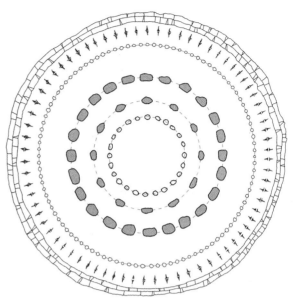

构（右上图）。

史前时期，世界上还没有典型的神殿、没有教会和大教堂、没有清真寺……没有可供其他建筑师参考的成熟的建筑元语言。最早的史前建筑师仅用一种主要材料——巨石（大石块）——就完成了影响我们的空间体验的作品。而且，你可以看到后来所有的建筑师从那些古建筑师完成的建筑实践中汲取了精华。如今，地面某个固定区域、焦点、入口、门廊及其轴线、道路等级体系等形成的排列和蕴含的空间联系的影响力都非常强大。

理想的几何形状

在果酱罐、车轮、灯罩、茶杯、茶托和伦敦眼等出现之前，人们见过的唯一完美的圆形就是他们朋友眼睛里的虹膜和挂在天空中的太阳或月亮。

一些古老的石圈——比如博斯科恩石圈（第83页左上图和下页左上图）、设德兰石圈（第79页）或水下巨木阵（第75页）——都只是近似的圆形结构。欲望驱使着人们用一个封闭的石圈圈定了一个地方，但制造了这个石圈的人要么不在意他们画下的圆是不是完美的几何形状，要么根本不知道如何制造出一个规规矩矩的圆。

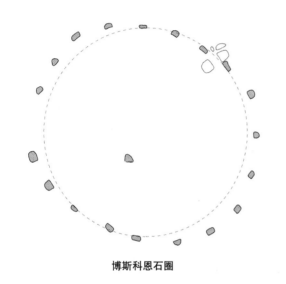

博斯科恩石圈

很久以前，某个地方的某个人发现了一个在地面上更加简单的标准的画圆的方法（下页左上图）。从那时起，建筑师开始执着于创造完美的几何结构。他们不再需要粗糙和随意的封闭圈，而是有了正确、完美的圆形——毫无争议且具有权威性。建筑师能够仿造出和眼睛虹膜、太阳还有月亮那样纯粹完美的几何形状。据黑麋鹿所说（第79页），早在柏拉图出现的几千年前，世界本身就能依照自己的循环感觉绘制出柏拉图形状。无论完美的几何形状属不属于这个世界，它都将与大自然中出现的

一般不规则性及具有数学美感的物体形成鲜明对比。

如果把所有的尺寸都算在一起，那么可能出现的不规则环形会有无限多个，但正圆只有一种。即使是现在，在技术日臻成熟的今天，我们还是能感觉到画一个正圆与徒手画一个大致的环形之间的力量对比。这要归因于莱昂纳多斯（或乔托）作为一位艺术家神一般的地位，据说他可以不需要线绳或圆规的辅助就能画出正圆。圆圈看起来拥有某种特别地位，它们仿佛来自超越了自然的领域的礼物。正如立石把非自然的现象引入地球，构造出完美的圆形。在体力劳动和思想动力的双重作用下，人们把躺在地上的巨石直立起来变成一件艺术品，以实现构造出一个画正圆的装置的

历史上最有影响力的十类建筑：建筑式样范例
The Ten Most Influential Buildings in History: Architecture's Archetypes

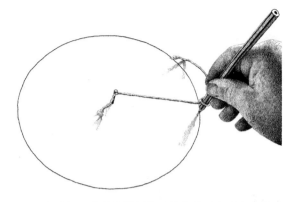

毋庸置疑，史前建筑师使用的在地面上画出完美圆圈的方法类似于我们用钉子、线绳和铅笔画出完美的圆形的方法。把一段绳子拴在木桩上（原始的机械图形计算机），把木桩固定在想要画的圆的中心位置，可以用棍子或小石头标出这个圆的周长。

想法或发明，人们把一个地方原本用立石摆成的近似环形的边界线变成一种超越了自然的最完美的几何形状，因此使这个形状看起来更加特别和重要。

布罗德盖石圈的石块摆放位置（下页左图和第76～78页）呈现的精确形状已经足够证明它是使用之前提到的木桩和线绳的方法排列的。德鲁伊石圈（下页右图和第83页）看起来也比较精确。这里的数十个石块的摆放并不完全符合正圆的形状，可能是因为倒下的时候位置发生了变动或者被重新扶起来后放错了位置。请注意，"不公正"的观点只是相对于正圆的完美和公正来说的。这可能是因为圆圈的建造者不想破坏外面的木桩，打搅预先确定好位置的或已经存在的逝者的安息之地；或者是因为坟墓是后来被不知道如何精确地确定圆圈中心的位置的人挖掘出来的。

完整的圆圈所能产生的影响和力量不只体现在数学方面，从几何学方面来看，它们还能产生建筑方面的影响力。第一，当石块呈正圆形排列时，它们的地位是等同的，每块石块与中心点都是等距的。因此，如果没有隐藏的像轴线这样的设计——轴线会提升位于其上的石块的地位，削弱两侧的石块的地位（就像德鲁伊石圈里祭坛石板的作用），那么所有的石块都是平等的存在，也许这象征着圈内和圈外的人也都是平等的。

第二，正圆的辐射对称性表明：除非受其他因素的影响，圆圈与周围环境在每个方向上都是平等关系。例如，无论你沿着哪一条直径把这个圆分割，形成的两个半圆都是相等的。我们注意到，即使没有位于中心的石块和边界上的入口，博斯科恩石圈的椭圆形布局也有两条轴线：一条长轴和一条短轴。在这种情况下，可能早就存在的立石的几何中心位置被取代，再加上整个建筑的椭圆形布局，可以看作社会几何扭曲理想几何的例子。这样的布局以不同于主石在中心位置的正圆形状的方式来聚集人群，容纳着可能是来参加某个和主要石块有关的仪式的人群。例如，在一年中最短的这天，人们也许可以同时既面对着主要石块也面对着落日。

在第84～87页用插图展示的结构之外，这些几何问题——理想的和社会的、居中的和不对称的、常规的和非常规的、轴向的和放射状的、平等的和分级的，等等——为石圈建筑增添了更多微妙的变化形式。但是，在这里我不再统一阐述，我要把思考和试验这些变化形式的机会留给你们自己。

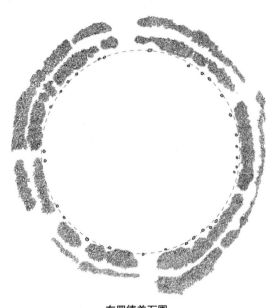

布罗德盖石圈

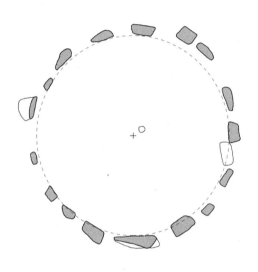

德鲁伊石圈（不同于布罗德盖石圈的规模）

巨石阵

关于巨石阵（北纬51.178 874°，西经1.826 183°），有大量文献记载和历史说明。到目前为止，巨石阵是史前时代遗留下来的最深奥的石圈。它本身有着无穷无尽的魅力。在接下来的分析中，我尝试着利用考古学发现的证据，尤其是迈克·帕克·皮尔森和安东尼·约翰逊在他们的著作中记录的证据。然而，这些作者也有观点不一的时候。多年以来，人们对这个历史遗迹的历史发展和主要阶段的解释有很多。这里我的任务不是考证考古学的真相，而是探索这个历史遗迹的建筑意义。我为巨石阵的演变选定了一个顺序，找出它的建筑师采用的或发明的与其他建筑师不同风格的关键思想。

从现存的许多石圈（其中一些我们在本

历史上最有影响力的十类建筑：建筑式样范例
The Ten Most Influential Buildings in History: Architecture's Archetypes

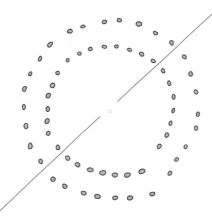

地面上的冰缘纹路

夏至日时太阳升起的方向

冬至日时太阳落下的方向

第1阶段

章用插图做了解释）我们可以看到，几千年前人们最青睐的轴线是自然形成的轴线。人们观察到，一年中最长的一天太阳升起的方向与一年中最短的一天太阳落下的方向正好相反，有了这样的事实作为证据，即使不能证明有一种超自然的设计思想掌握着世界的组织结构，至少也表明了超自然的原则决定了地球运转的方式。在人们还不知道地球是椭球体的史前时期，这条至日轴线比我们称之为罗盘基点的轴线更明显。它不是由平均数决定的，而是通过观测事件得来。

如果你想把一个地方与世界（宇宙）的超自然秩序联系在一起，那你需要根据主轴线来确定这个地方的位置。试想一下，你发现了一个轴线已经被标记在地面上的位置。迈克·帕克·皮尔森认为早期的巨石阵结构应选址在冰缘纹路上（由冰川活动引发的地面凹槽），这里碰巧与至日轴线完全一致（上页下图；第1阶段）。

第一个纪念碑可能是一个或两个不规则石圈（上页下图），散落在开阔的平原上，视野开阔，它们标记着某个特别重要的人的墓冢，同时也起着保护作用，使墓冢的位置处于石圈的范围内，由此把墓冢与意义重大的至日轴线联系起来。

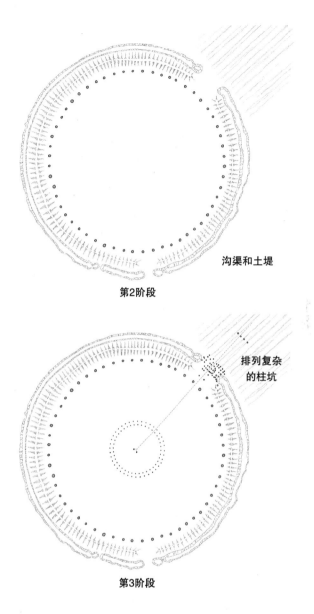

沟渠和土堤

第2阶段

排列复杂的柱坑

第3阶段

后来，有人决定要扩大这个地方的范围。那时候的人们已经发现了如何让圆的形状更完美。所以，人们移动了原本没有拼凑成正圆的石块，制造了一个更大的石圈（右上图；第2阶段），这种做法有些类似布罗德盖石圈，依靠沟渠和2米高的土堤保护。

历史上最有影响力的十类建筑：建筑式样范例
The Ten Most Influential Buildings in History: Architecture's Archetypes

也许有人想恢复石圈中心的双层石圈，但这时用木材显然比用石块更简便（上页右下图；第3阶段）。穿过沟渠和土堤，我们发现入口处有一些排列复杂的柱坑，也许他们是要建造一个迷宫式的入口（第270～274页）来掌控出入。这些柱子还指示着至日轴线和行进方向。

从起初还是松散的石圈开始——也许只是标记着这里有一个坟墓——这里就已经成为文化重要性极高的地方，需要人们定期来升级改造。我们在索尔斯堡平原上看到的遗迹如今已经成为最雄心勃勃的终极改造目标。（有些考古学家认为，这次改造目标太大，从来没有完成过。）

成熟的方案如右上图所示（第4阶段）。在这个版本中，首先形成松散的双层石圈，后来组成规模更大的正圆的古老石块已经被移走，用来重建一个小一点的石圈，剩下的石块被用来在这个历史遗迹的核心位置建造一个马蹄形的拱点。但是这些相对较小的石块（彭布罗克郡北部盛产的青石）的作用因石圈和内部马蹄形的巨大砂岩石块（取自更近的马尔巴勒省草丘陵地）而加强，支撑着与砂岩石块同等体积的门楣。石圈的朝向也得到了调整，土堤和沟渠上的开口拓宽了，与至日轴线的方

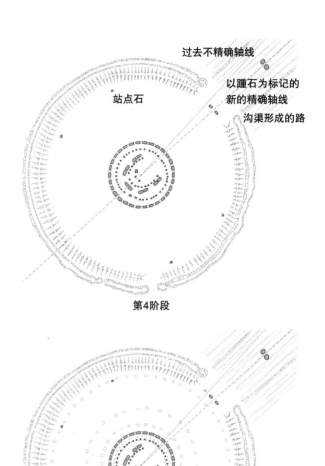

第4阶段

前四个阶段叠加在一起的第5阶段

向更加一致。为了弥补褪色的冰缘纹路产生的影响，第4阶段增添了一条由沟渠和土堤勾勒出来的行进路线，一个也可能是两个立石指示着轴线的位置，这些保留下来的立石被称作踵石，图中还展示了四个所谓的"站点石"。有人认为这与其他天文事件的方向一致。

在这个规划的正中心位置（下页右中图中

的a处），我画了两个石块（类似于设德兰石圈的结构，在巨石阵早期的双层木圈中也有显示），它们的位置参考了冬至日的日落，那天，夕阳的余晖会穿过两个石块之间的空隙，照射在马蹄形结构顶部的巨大砂岩牌坊上。有些考古学家认为这个焦点位置应该属于一个伏卧的石块——祭坛。无论哪种情况，这个地方都是整个规划的焦点，还有可能是季节性仪式或葬礼仪式的焦点位置。

现在我们看到的巨石阵遗址有很多考古层。它们都能证明石圈及其细微变化拥有持久的建筑力量。它们都成了自然风景的一部分，且与重要的轴线有关，他们被赋予了几何结构的权威性（上页右下图；第5阶段）。

从很多方面来说，巨石阵成熟的建筑组合结构比普通石圈复杂得多。它的建造也需要更高的技巧：沉重的榫眼门楣；略微弯曲以匹配石圈弧度的几何结构；为了在圣地周围创造一个入口而在恒定的高度用巨大的牢固结合的立石支撑。大多数情况下，它的几何形状都是精确的，极有可能是通过纯粹的机械方法生成的。除此之外，还有一个特别有趣的现象，它有两种完全不同的石块排列方式，即马蹄形和偏椭圆形。对于这些布局，人们已经给出了各种各样的方法论解释（最近而且也可能是

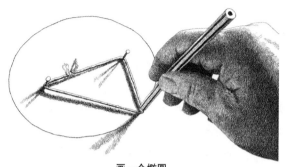

画一个椭圆

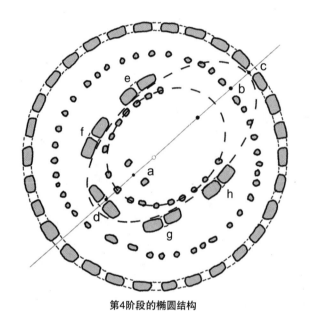

第4阶段的椭圆结构

最严谨的解释来自安东尼·约翰逊），但他们似乎都忽略了最简单的机械方法——加入第二根木桩。右上图展示了用绳子打结形成闭环绘制椭圆的方法，且这种方法与约翰逊解读的巨石阵的石块摆放规划一致（右下图；第4阶段的椭圆结构）。石圈最里层较小的由砂岩摆放形成的椭圆的两个焦点之一，即其中一根木桩所在的位置就在两个石块之间或者在祭坛的位置（右下图中a处）。由砂岩牌坊组成的

当第4阶段（成熟阶段）的巨石阵被层层展开时，一个富有创造力的几何学者/建筑师似乎正在索尔斯堡平原上孜孜不倦地工作。附近的巨木阵（北纬51.189 366°，西经1.785 745°，右下图和第25页）在展开巨大的用木材围成的同心圆时，可能采用了类似的研究方法。圆形只有一个中心点，与之相比，椭圆能确定两个中心点（也是椭圆的焦点）。因此，如果你想要规划的这个地方能让两个人（也许是一个牧师和一具尸体，或者一个牧师和一个新加入者）站在对应的地方，那么椭圆的形状比圆形更合适。

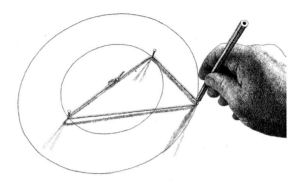

巨木阵中的椭圆结构

在巨木阵中的椭圆结构（右下图）中，虽然最靠外的两层木圈的几何形状看起来相当松散，但里面的四层圆环的结构却相当精确，不过它们是标准的椭圆形而非圆形。另外，两根木桩和一个线绳组成的椭圆组合为我们提供了一种与考古学家记录的柱坑布局一致的几何结构。这个别出心裁的几何结构看起来似乎比巨石阵更有趣。在这个布局中，最里面（第一层）的椭圆为绘制第二层椭圆的木桩确定了焦点（b处；方法见右上图）；第二层椭圆也同样为绘制最外层（第四层）的椭圆的木桩确定了焦点（d处）——第四层里有最大的柱子。也许是觉得第二层椭圆和第四层椭圆之间的空间太大了，所以建筑师好像把木桩（作为第三层椭圆的焦点c）加在了第一层椭圆和第二层椭圆之间，以绘制从里到外数的第三层椭圆。

较大的椭圆也有两个焦点，其中一个位于较大的砂岩石圈上（图中b处），而且这个较大的椭圆与入口轴线在最外层的入口屏障处相遇（图中c处）。但是，两侧的巨石牌坊（图中e、f、g、h处）的内表面仅仅与这个较大的椭圆的外围连成一线，而重要的巨石牌坊（图中d处）就在这个椭圆内部，跨过了其他焦点。

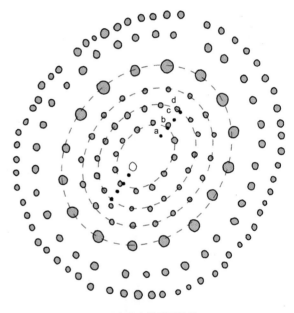

巨木阵中的椭圆结构

巨石阵体现的建筑思想

巨石阵体现了从石圈发展而来的许多复杂的建筑思想。

（1）石圈、沟渠和土堤圈出了一块地方；其中每个结构都有分隔作用，把其围成的内部区域与其他地方分隔成两个空间；每个结构都保护其内部区域免受心理上的侵扰；每个结构都形成了独立的集会场地，然后又通过建筑结构强化了集体的团结。

（2）这个组合通过某种特定方位和外围的起指引作用的石块来确定并强化了人们在自然中感知到的轴线。

（3）一层层的分隔物——同心圆——造就了层级的出现（神圣的或拥有特权的），神父与普通人群分离，或者演员与大众分离。

（4）尽管可能有一个物体作为焦点——一座坟墓、两块石头或一个祭坛——而存在，但整个组合依然按照举行典礼或仪式的场地进行排列；在演出时充当焦点的物体会被移走，这样演出就能占用中心位置。

（5）行进的路线是确定的，它通向组合的核心位置，这也把中心点（焦点）的存在影射到周围的地形中。

（6）虽然新石器时代的房屋已有门槛和门廊，但在诸如巨石阵这样重大的作为仪式场地的建筑结构中，门槛和入口必须有特殊意义，它是过渡点，是转变发生的地方，是进入这个地方的力量范围的

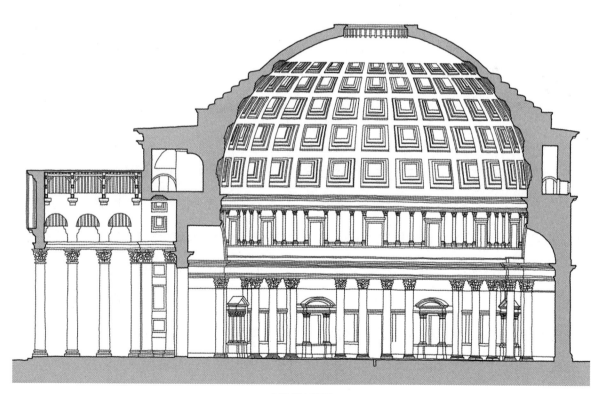

万神殿剖面图

历史上最有影响力的十类建筑：建筑式样范例
The Ten Most Influential Buildings in History: Architecture's Archetypes

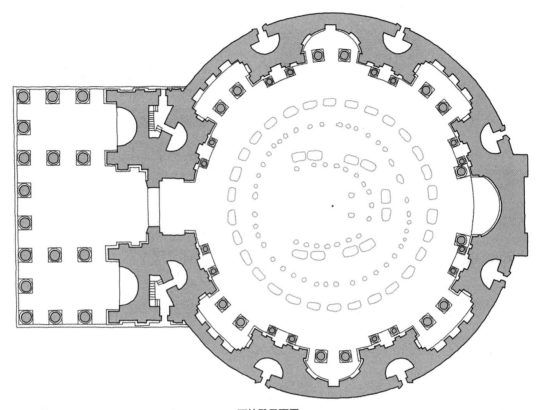

万神殿平面图

入口，是必须用建筑上的特殊方法处理的中间地带——也许是一排柱子或一片迷宫。

（7）石圈作为早期的建筑代表，展现了建筑师对几何结构、对借助石圈完成的仪式以及对它表面上看起来拥有的源自它既属于这个世界又不属于这个世界的超自然力量的深深迷恋，尤其是以巨石阵为甚。

万神殿，罗马，大约建造于公元126年

公元1世纪20年代中期，罗马皇帝哈德良重建了万神殿（北纬41.898 611°，东经12.476 873°），他觉得自己不但是个皇帝，还是位建筑师。他在1世纪20年代早期访问了大不列颠岛。考古学表明，在罗马时代后期，巨石阵已经是热门的旅游胜地。虽然不能说哈德良重建的万神殿直接受到巨石阵的启发和影响，但矗立在索尔斯堡平原上的那个神秘的圆形纪念碑体现的所有建筑思想在万神殿也表现得很明显。也可能是哈德良认为巨石阵本身就是个万神殿——一座崇拜所有神的庙宇。他没有选择巨石阵所在的大不列颠岛，而是想在罗马恢复巨石阵被毁灭的力量，使用已经发展成熟和完善的古希腊、罗马古典建筑语

言,而不再使用粗犷的巨石。

我曾把相同规模的巨石阵平面图叠加在万神殿的平面图上(上页图)。你可以看到哈德良的建造计划并不是照搬古代的先例。虽然如此,巨石阵的建筑思想仍然应用在了万神殿。

(1) 一圈石柱在地面上围成了圆圈,确立了一个集会使用的区域,并对这片区域起着保护和隔离的作用。在城市中这个圆圈必须是封闭的,所以石柱合成的圆圈被并入一道厚墙中,在建筑内外形成一道屏障,支撑着上面的穹顶。

(2) 穹顶几乎完全遮蔽着室内的空间,它是一片人造的天空,上面开放的圆孔就是它的太阳,而真正的太阳光就通过这里照射进来。一天之中,光线在万神殿的殿内四处移动,所以光轴还可以用来测量时间。

(3) 万神殿虽然是圆形的,却有一条轴线;它的门廊形成了一条轴线,虽然不是

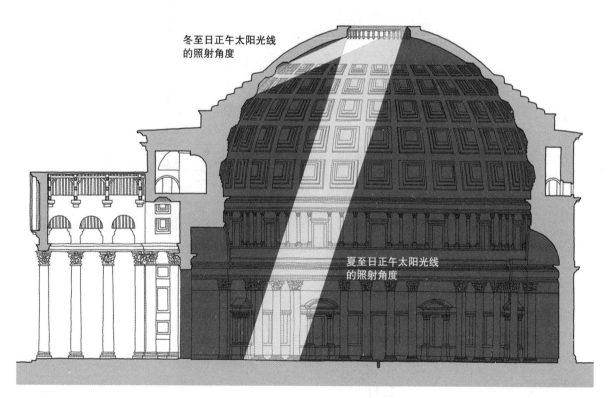

除了穹顶上的圆孔,万神殿的其他地方都是封闭的,所以它与太阳之间的关系不同于巨石阵,尽管如此它还是具有日晷的作用。巨石阵在发挥计时作用时,观察的是太阳在天空中的移动轨迹与石圈之间的关系,而在万神殿中,每天有一束阳光在室内来回移动,就像一道稳定的探照灯光在测量时间。

历史上最有影响力的十类建筑：建筑式样范例
The Ten Most Influential Buildings in History: Architecture's Archetypes

至日轴线，但这条轴线是南北朝向的，所以正午的阳光会照在那些进来的人身上。

（4）这条轴线上分布着：①有明显界线的入口；②以一个小洞为标记的圆形区域的中心，这个小洞负责排走所有从圆孔上落下的雨水；③一个大型的半圆形后殿，类似于巨石阵中的马蹄形状。

（5）通向圆形区域的路线取决于结构和表现形式——万神殿的门廊，门廊本身由从埃及带到罗马的巨型花岗岩石柱组成。

（6）当然，万神殿的建筑多采用理想几何形状——比如圆形和球面。

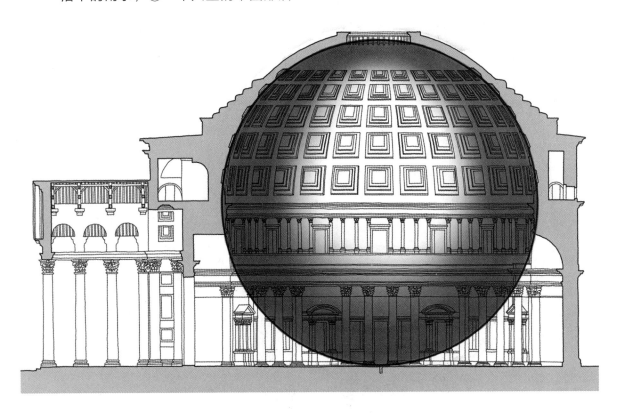

万神殿像巨石阵一样，是理想几何形状的具体体现，这样的形状既属于这个世界又不属于这个世界。万神殿不只是在平面上是个完美的圆，其内部还有一个完美的球体，大小取决于穹顶的内表面，底部刚好落在地面的中心点上。穹顶底部的飞檐——在上下空间的半腰部分——恰好把这个球体平分成两部分。这条赤道线支撑着上空的穹顶，也是神庙代表的抽象但被限于室内的风景（宇宙）的概念边界。

自万神殿建成后的差不多两千年里，它影响了许多建筑师的建筑风格：从伊斯坦布尔圣索菲亚大教堂（公元6世纪）的建造者及后来伟大的奥斯曼清真寺的建筑师米玛·希南，到18世纪的豪华的欧洲乡间别墅建筑师，再到20世纪的知名建筑师勒·柯布西耶和艾瑞克·古纳尔·阿斯普隆德等。

林地教堂，斯德哥尔摩，瑞典，1918年

林地教堂（北纬59.274 039°，东经18.103 519°）就是个迷你版的万神殿——同样的对称结构、穹顶和一条向外延伸的门廊——但它在乡间建造，使用了大量朴素的材料，看起来更像村舍，而不是一座宏伟的、有着精雕细琢的石柱和技术超前的混凝土结构的古典罗马神庙。

这个教堂是在1918年由艾瑞克·古纳尔·阿斯普隆德设计的，主要举行孩子们的葬礼仪式。它坐落在斯德哥尔摩郊区的森林公墓中，是阿斯普隆德和他后来的搭档西格德·劳伦兹设计的许多火葬场建筑中最小的一个。这个教堂独成一体，深藏在火葬场主建筑后面的树林中，火葬场主建筑的设计师也是阿斯普隆德（第57~59页；林地教堂在第59页左图左上方的位置）。林地教堂的剖面图和平面图在下页。

林地教堂的内部是穹顶覆盖下的柱子围成的圆圈，结构与万神殿相似。圆圈和穹顶两者都与建筑整体固有的矩形结构（建造时的结构）不相称（与建筑整体分离，并引入了一种新的几何结构），好像它们是独立的存在，好像它们属于且创造了一个稍微不同于普通世界的空间。

把柱子按照圆圈排列是教堂设计引用的主要建筑思想。尽管阿斯普隆德可能更喜欢让石柱直接裸露在周围的林地中——也许只需在树林里设两排柱子合成一条通向教堂的路，路的延伸方向与太阳落山的方向相同（第103页下图）——但这种想法不可行，所以他选择把圆形的柱群放进一个简单的矩形建筑内，上面加盖一个陡峭的斜面木瓦屋顶。圣殿内的教堂，穹顶里面是光滑的白色内壁，好像一片人造

历史上最有影响力的十类建筑：建筑式样范例
The Ten Most Influential Buildings in History: Architecture's Archetypes

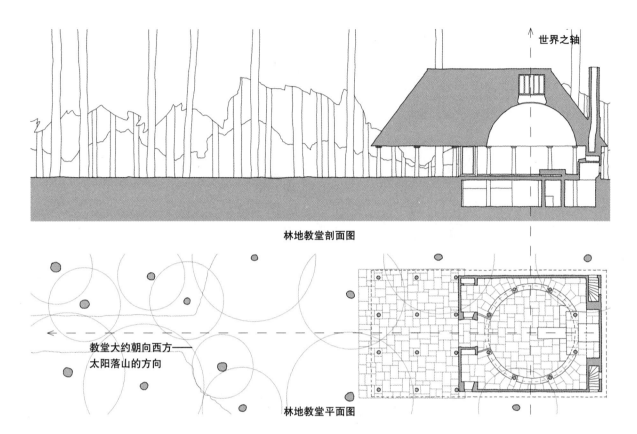

林地教堂剖面图

教堂大约朝向西方——太阳落山的方向

林地教堂平面图

天空——类似于万神殿的结构，靠一圈柱子支撑，采光来自最高点。

像米德马墓园的史前石圈（第83页左下图）一样，阿斯普隆德设计的圆圈在边缘线上也有一个祭坛，就在一个半圆拱的下面，类似于壁炉或初升的太阳。保持（悬浮在）祭坛和圆圈中心之间的平衡——一条从地球中心一直延伸到天空的世界之轴——的是灵柩台，举行葬礼的时候灵柩会停放在这里。圆柱圈就像围绕着那条轴线旋转的光环，保护着灵柩台。这里的圆柱与其他任何石圈里的柱子一样，是先人的化身，它们出现在送别会上，同时也准备好欢迎和陪伴死去的孩子的灵魂去往天堂。葬礼过程中，它们在悼念者身后两小步的地方站成一圈。这个空间的人行道上没有中心位置的标记，只有一个圆形建筑暗示着它的存在。空荡荡的中心是留给缺席者的位置——这里指无法出现的孩子，也是现实与天堂之间的动态轴线上的一点。

外面，或者更确切地说，在内部与外部之间是另外12根柱子，就像12个门徒在支撑着走廊上的尖塔顶，走廊的面积足够容纳所有送葬者，仪式开始前他们在这里互相轻声安慰，结束后诉说悲伤。理论上说，这12根柱

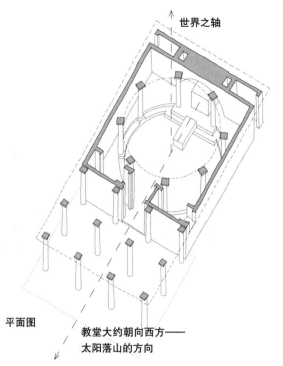

平面图

世界之轴

教堂大约朝向西方——太阳落山的方向

林地教堂的组成元素在从外到内的距离上生成了空间层次结构。走廊下的三排柱子立在那里,代替了三个额外的同心石圈,不过因为教堂的围墙而成了不必要的存在。所有的元素都在合力保护停放在灵柩台上的棺木,增强人们走进棺木周围的圆柱圈时的感觉。林地教堂——如同巨石阵一样——展示了建筑为重要事件描绘一个特别画面的力量。

子排成三排,连同幽深的入口进一步扩展了空间层次结构,增强了人们深入一个空间的感觉(就像走进巨木阵或巨石阵的核心位置),这个地方因与外面的世界隔离而变得神圣。

另见:西蒙·昂温——《解析建筑》,第四版,2014年。

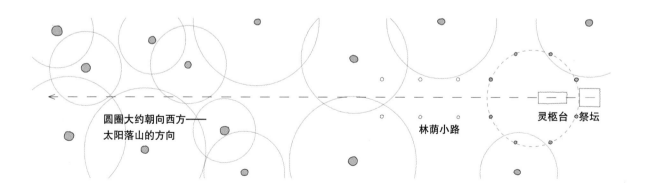

圆圈大约朝向西方——太阳落山的方向

林荫小路

灵柩台　祭坛

历史上最有影响力的十类建筑：建筑式样范例
The Ten Most Influential Buildings in History: Architecture's Archetypes

千年穹顶，伦敦，2000年

2015年，千年穹顶（右上图；北纬51.502 729°，东经0.003 114°）的项目建筑师在接受采访时，这样描述他在被邀请参与这个项目时的即时反应：

"我回到家，用草图画了一个直径长达400米的帐篷。这个项目的选址简直不可思议，能270度欣赏泰晤士河的风景，所以圆形的结构最合适。最后，穹顶的直径被减小到365米，这并非偶然：我对天文学很感兴趣。我画的12根桅杆代表一年中的12个月，24个锚圆点代表一天中的24小时，如果你在穹顶里面往上看，你会看到纵横交错的天线。另外，我们也在寻找人们聚在一起的象征。从罗马的万神殿到伊斯坦布尔的圣索菲亚大教堂，穹顶是一种中立的、与宗教无关的建筑形式，而且穹顶上面的桅杆就像人们在举起双臂庆祝。"*

他虽然没有提到巨石阵，但可能已经将巨石阵的建筑思想付诸了行动。桅杆组成的圆形——21世纪科技形态的石圈（右下图）——是这个地方的标志，并且支撑着穹顶，这个穹顶象征着整个项目的人造天空。他对周围风景的位置考量、对时间的测算——几天、几个月、几个小时——再加上穹顶表面的经纬线标志表明了千年穹顶与巨石阵类似的关注点，达到了建筑的结构与世界、宇宙和永恒的统一。立石是先人的代表和化身，在这位建筑师的描述中，桅杆表明了人们对这种观点的共鸣。

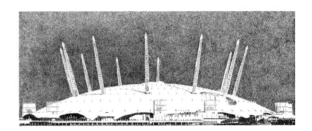

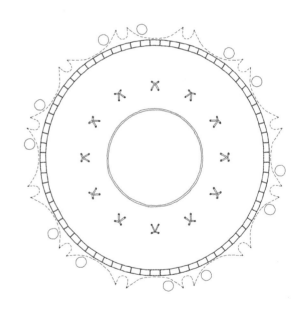

---

* 迈克·戴维斯（罗杰斯建筑事务所的一名项目建筑师）接受奥利弗·维恩莱特的采访，《卫报》，2015年3月17日。

大地艺术中的石圈

石圈及其变化形式是大地艺术中的热门主题。英国大地艺术家理查德·朗就创作了许多由地形上的圆圈组成的作品。不管朗认为自己在这些作品中注入了多少艺术含义,既然它们能成为一个地方的标志,那么我们就可以从建筑的角度进行分析。

朗的其中一个作品被命名为撒哈拉圈(1988年,右下图)。这件作品位于一片布满碎石的地面上。他清理出一片圆形的区域,把碎石移到圆圈的边上。这是个依靠清空地面而得到新内涵的地方,就像第14页中提到的原住民举行仪式的场地。朗在拍摄这张照片时,选择的位置暗示着撒哈拉圈与远处一个显眼的火山残余部分在一条轴线上,好像在阴阳关系上,撒哈拉圈代表的娇柔的包容性和火山残余部分代表的阳刚之气形成互补。但是这种关系在当时的地面建筑中表现得并不明显。从镜头的视野中看到的它们之间的联系在圆圈固有的形式中并不清楚(它没有出入口或祭坛)。即便如此,朗创造的圆圈仍然拥有一定的建筑力量。具体说来,它的形成经过了驱逐过程,即把石头挪到圆形区域的边缘,作为这片清理过的、干净的、纯净的区域的边界。我们在史前时期建造的石圈和我们如今建造的房间几乎都经历过驱逐过程:我们把天气带来的影响留在外面;我们阻挡陌生人进入;我们不让污染入内,把垃圾扔到外面,为我们自己和家人清理空间;我们保护和遮掩我们的财产。这样做就是基本的建筑行为。为了保护和管理这片干净的空间,我们运用了建筑元素——墙壁、屋顶、入口……这不是一个随心所欲的过程,也不是我们所想象的消极过程。我们清理东西是为了创造一个对我们有特殊意义的地方,在这里我们可以展开富有意义的个人生活。无论我们多么不想花费力气清理东西,但毫无选择地接受一切会让我们的生活变得混乱无序,产生不安全感,引发心理和生理上的不适,甚至引发精神和身体上的疾病。圆圈就是驱逐和接受之间的界限。

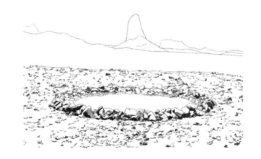

也许因为这看起来是件艺术品就推定它神圣不可侵犯,朗的撒哈拉圈被定义为排外圈。它的存在是因为石块被有意排除在外。如果允许石块出现在圆圈内部,那就破坏了对这个空间(清除过后)的定义。我们当然需要克服明显但很难解释的恐惧,才能跨过圆圈的边界进

入其中。

在此之前的21年前（1967年），朗还创作过另一个圆圈，他在一片草地上挖了很浅的沟（左上图），并为这个地方拟定了一个非常典型的建筑名称"在这里和那里之间"。即使称不上总是，建筑也经常夹杂着在"这里"和"那里"之间的信息的传达和调停。这个圆圈不是清理形成的，但可能依然是驱逐的工具。人们看到它的第一反应会认为它仍旧是排外圈。当你被迫进入的时候可能觉得难为情（右上图），好像站在聚光灯下受到特别的关注或别人的监视一样，甚至会感到害臊。

另一方面，有的人喜欢成为焦点（右中图），这个圆圈也可以用作庆祝活动的场地。你可能喜欢被关注，被单独挑选出来。在这种情况下，圆圈强化和放纵了你想出风头的欲望，也许此时你就是位表演者。

在圆圈的限制范围内，也许社会行为的一般规则并不适用这里，这里适用特别的规则。它可以化身成一种建筑手段。在这里，人们被授予表演戏剧故事的权限，就像古希腊剧院的表演处；或举办某种竞赛，无论是在学校操场上常见的弹珠游戏还是摔跤比赛（上页右下图）。这时，圆圈就设定了边界，隔开了我们所在的"这里"和他们所在的"那里"，一边的身份是观众，另一边的身份是演员和表演者。圆圈不仅区分了"这里"和"那里"，还区分了"我们"和"他们"。

入口—轴线—焦点——永恒的结构

一般认为，数千年前（可能更早）我们人类创造了语言——一种通过思想和声音理解世界的方法。我们用语言与别人交流，分享我们的想法，发表赞同此类想法的声音。我们开发了（或者说发现了）句法结构，比如在一个典型的句式中，主语、宾语和谓语动词之间的协作关系。

也许在同一时期（不是具体的时间而是相当长一段时间）或者之前，我们也发明了建筑，一种通过思想和空间组织理解世界的方法。通过每个地方的不同身份，我们用建筑这种非语言手段与他人交流，表明这里是特定事情的发生场所——睡觉、烹饪、膜拜、典礼……我们也开发了或者说发现了建筑方面的语法结构。这与语言中的结构不相同，而是形成了建筑方面的术语。

其中一种建筑语法结构是入口、轴线与焦点之间的关系，这种结构普遍存在于历史上各种文化背景下的建筑物中，就像语言学里的主谓宾结构。我们在世界各地的建筑身上都可以看到空间结构。当我们用大石块建造的圆形的主要建筑性纪念物出现在开阔的大地上时，空间结构就形成了或者说被发现了。入口—轴线—焦点的顺序结构能提供给建筑可靠性，保证参照点和行进路线的安全。它似乎让人造的建筑物与自然世界本身达到了和谐。

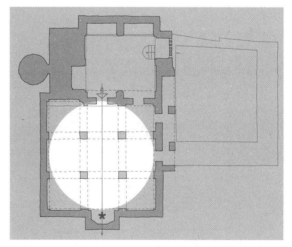

在结构简单的清真寺里，轴线指示着圣城麦加的方向，无论这座清真寺位于世界上的什么地方。在这个图例中，建筑的入口就在那条朝向麦加的轴线上。米哈拉布是焦点，这个壁龛则类似于象征性的另外一扇门，指明了麦加朝向（麦加城所在的方向），因此也指明了祈祷的方向。

历史上最有影响力的十类建筑：建筑式样范例
The Ten Most Influential Buildings in History: Architecture's Archetypes

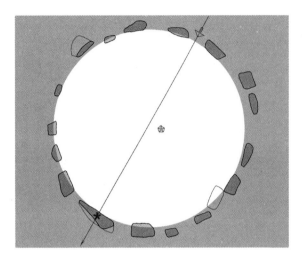

位于爱尔兰德鲁伊的新石器时代的石圈（见第83页）体现了入口、轴线与焦点的结构关系。上图中，长箭头代表轴线，箭头朝向至日轴线（夏至日太阳升起的方向和冬至日太阳落下的方向）。短箭头代表入口，星号代表主焦点——平放的祭坛。靠近中心的坟墓可以算是另外一个焦点。

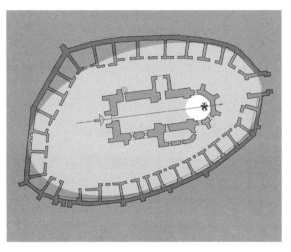

在基督教堂中，祭坛就是焦点。它的位置通常由至圣所决定。门轴把祭坛与西方（死亡的方向）和东方（复活的方向）联系起来。为了确定范围并发挥保护作用，教堂也可能处在另一个圆圈中（或者，也可能是个不规则的椭圆形）。（上图是罗马尼亚境内一个戒备森严的教堂。）

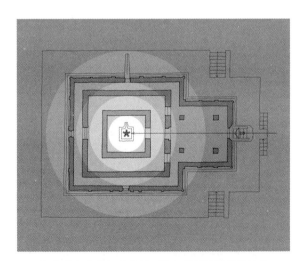

印度教寺庙的组成部分可能包括以最神圣的地方——内庭——为中心同心排列的房间。入口和轴线的位置使寺庙朝向罗盘基点的方向。

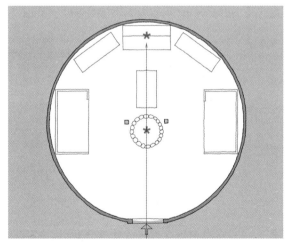

入口—轴线—焦点的顺序结构不只适用于宗教建筑，也适用于蒙古包。入口灶炉和神龛都处于我们能感觉到的、这个房屋最高点下面的唯一轴线上。

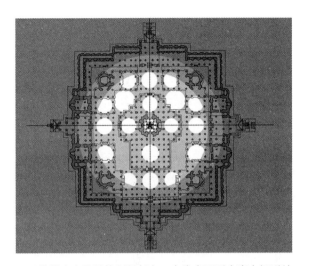

佛教寺庙的结构则很复杂，有许多圆形内嵌在矩形结构中，四个入口有各自的轴线——朝向罗盘的四个基点，并且指向位于中心位置的核心区域（焦点）。

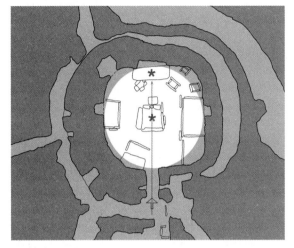

新石器时代，英国区域就出现了对入口、轴线和焦点结构的应用。蒙古包的室内结构几乎与奥克尼群岛斯卡拉布雷的房屋室内结构一样（虽然不能表明它们之间有直接联系）。考古学家相信，与斯卡拉布雷的房屋同时期的巨石阵附近的杜灵顿垣墙一定也有着相似的布局结构。

最后……石圈——建筑的严酷考验

在地上画个圆圈就是一种建筑行为。实施一种建筑行为通常包括界定地上的一片区域，或者至少能让人推测出有这样一片区域，而这个区域实际上通常是圆形的或形象地说类似于一个"圆"。

我曾经见过几个年轻小姑娘在沙滩上奔跑跳跃。其中一个姑娘手里拿着一根棍子。她突然停下来，像挥舞魔杖一样在沙滩上围着自己画了一个圆圈。"走进我的圈子里的都是我的朋友。"她大声喊着。其他姑娘都停了下来，四处张望。一个姑娘跑进圈子里，拥抱了这个小姑娘。其他姑娘都笑了，有一点点紧张。这件转瞬即逝的事情阐明了画在地上的圆圈所具有的一些深远力量。它能辨认身份，把某个不同的人挑选出来。它既是包围圈又是排外圈，在"聚光灯"下的演员和舞台外的观众之间担当着调停作用。圆圈无形中画下了一条界线，跨过这条线的人会在那一刻改变身份。这群小姑娘沿着沙滩走远后，圆圈还留在那里，记录着这场微不足道的小事，提醒人们记住画下这个神奇圆圈的小女孩儿，而且圆圈还是一个切

历史上最有影响力的十类建筑：建筑式样范例
The Ten Most Influential Buildings in History: Architecture's Archetypes

实存在的建筑作品。

古代的石圈是一种像小姑娘在沙滩上画的圆圈一样的永恒的存在。21世纪，它们的部分吸引力来源于可以引发人们想起建造和使用这些石圈的人的浪漫情怀。对史前建筑师来说，石圈以建筑的形式巩固了群体的和谐。石圈也可能经常和死亡联系起来。纪念碑就是空心的石圈，代表着也提醒着我们死亡无处不在。在葬礼仪式上，石圈中间的空心处是放置遗体的基点。这里也可能是坟墓的位置，是已离开的人永久安息的地方，笼罩在早已作古的祖先的光环下。

圆圈也不乏其他魔力，比如它的保护作用：

"皮隆起身，绕着这个地方画了个大圆，当这个圆圈完成时，他刚好处在圈内。'以最神圣的耶稣的名义，不要让邪恶的东西跨过这条线。'他吟诵着。然后他又坐下。这下他和大个乔都感觉好多了。他们听到疲倦的游魂沉闷的脚步声。游魂走过时，能够看到盏盏小灯发出的透明火光，但他们的保护线固若金汤。无论是这个世界还是那个世界的恶魔都别想越过这条线，进入他们的保护圈。"*

通常来说，人们都认为圆圈的存在是为了保护圈内的人或物——譬如小女孩儿放在沙滩上的个人物品（第73页）。这就是皮隆在自己

和朋友周围画下圆圈的原因。但是圆圈也能保护他们的小世界免受圈外的反复无常的恶作剧或恶意的侵扰。

圆圈还能给人心理上的安慰。它们在一个地方制造出有形、可知的界线，能有效缓解无限空间引起的广场恐惧症。

旷野中的石圈还有计时的作用。白天它们是日晷。鉴于它们与日出日落的运动轨迹的关系，在一年365天的交替过程中它们又充当着日历。

石圈是我们改造所生活的世界的秩序手段，借助这个手段我们把这个世界改造得更具心理舒适性。看到石圈我们就知道自己所在的位置。借助石圈我们开始把在旷野上发现的一

---

* 约翰·斯坦贝克——《煎饼坪》（1935年出版），1997年版。

堆凌乱不规则的石头变得整齐有序。石圈是人类掌控这个世界的能力的一种表达。

我们可以在天空中看到太阳和月亮，在朋友的眼睛里看到纯粹的圆形，但是，纯粹的圆形在自然世界中却不常见。然而我们也不能把它们的存在归因于个人发明，圆圈就是一种结构，对每个人来说圆圈也只是圆圈。虽然圆圈不是自然存在的，但也不是超人类的，它是典型的超越自然的存在。对有些人来说，理想几何结构占据着一个超越自然的领域，而且已经在通往神圣的路上走了过半（这里引用了16世纪数学家约翰·迪伊的话）。几何结构是大自然赐予人类的礼物，它把秩序甚至完美带到这个不规则的世界里。

史前的大地就是建筑的游乐场。我们早期用石圈做过的事情还包括：开始痴迷于建筑的几何形状；建造强加于通常不规则的地形上的建筑物；探索石圈在我们所在的地方形成秩序和纪律的方式。建筑就是一门绘画艺术……如今我们常把绘画看成在纸上或计算机屏幕上做的事情，但是在史前时期，建筑是直接"画"在地上的。绘画唤起了或者说容纳了几何结构的魅力。当我们还是孩子的时候，人生第一次有了一副圆规，我们会很新奇地在纸上用圆圈画出各种各样的形状和图案。而在史前时期与之类似的是一根线绳和一些木桩，这也许可以称为一副原始圆规。几千年来，建筑师对几何结构的痴迷从未淡化。从第一次惊讶地发现可以用简易装置画出完美的圆形后，人们画出的图形越来越复杂。他们塑造了金字塔的形状、古希腊神殿的形状、哥特式大教堂的形状、文艺复兴时期别墅的形状（比如安德烈亚·帕拉迪奥16世纪设计的圆厅别墅，意大利维琴察附近，下页左下图），还塑造了用计算机程序开发、设计和生成的形状（比如Foster+Partners事务所为大英博物馆的庭院设计的屋顶，2000年，下页右下图）。自然风景中的石圈就是人类对几何结构从未间断过的迷恋的开端。

下面的内容表明人类学家观察和捕捉到了任何地方都具有的潜力，而且某种程度上它们以某种神圣的形式存在。

"一个场所就是一个地方。创生世界的力量就在这里，当人们走进这个地方，他就把自己的肉体放置在了创生力量的核心位置，创造了或创造着世界。生命在这里留下了些东西——他们的力量、意识和法律。站在这里就会被那种力量感知。"*

---

* 西尔维娅·克莱纳特与玛格·尼尔——《牛津原住民艺术与文化指南》，2000年。

历史上最有影响力的十类建筑：建筑式样范例
The Ten Most Influential Buildings in History: Architecture's Archetypes

这一说法适用于澳大利亚中部的一些在某种程度上被公认为神圣的自然景观。它们大部分是未被人类活动改变的地方。如此说来，它们暗示着"创造了或创造着这个世界的生灵"是种神秘的力量。但是，我们也在不断改变着这些地方，使它们更具心理舒适性。为了强化它们的力量，我们又创造了一些从未存在过的建筑。就石圈而言，那些"生灵"就是建筑师，我们的"力量、意识和法律"因此得到了维护。就这一点而论，是我们"创造了这个世界"。

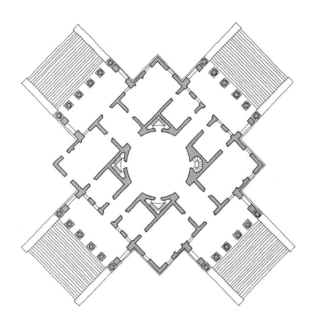

上图——安德烈亚·帕拉迪奥的圆厅别墅
右图——Foster+Partners事务所为大英博物馆的庭院设计的屋顶

圣赖安斯墓室,格拉摩根谷,威尔士

第 3 章

石棚

历史上最有影响力的十类建筑：建筑式样范例
The Ten Most Influential Buildings in History: Architecture's Archetypes

石棚

"建筑的元素只能取于自然；以墙分隔空间的主要依据是质量无限的土地以及其上有限的空间；所以质量有限的墙也必须扎根在土地上，从自然空间中获取有限的空间。尽管如此，我们显然不可能从地球上找到完整的建立封闭空间的墙。我们从地球中提取的圆形的紧凑的材料——可以是一块石头、一块木头或一块黏土——不能直接产生封闭的内部空间；要达到这样的目的至少需要把几种材料结合在一起。石棚以及其他一些巨石文化建筑就是这种原始的使用数量有限的碎片拼接而成的空间组成方式的范例。"

Dom H.范德朗，理查德·帕多万译
《建筑空间》，E.J.布里尔，莱顿，
1983年

建筑学很难，无论是设计还是建造，但一旦完成之后，它能给人一种其他事物都实现不了的成就感。即使只能在很小程度上改变世界也是人性的一种主张，是思想发挥控制作用的力量。作为一个建筑师，你建造的地方为人类活动确定了、提供了范围。看到人们使用由你的想象而建造的地方会让你感动。想象一下，数千年前体验到这种成功喜悦的建筑师、开发者、建造者先辈，他们想方设法把一个几吨重的巨石安放在其他三个竖直埋在土里的石头上，从而建造了第一个石棚。

如果今天我们也能赤手空拳完成这样的壮举，我们会这样恭贺自己："看我们做到了什么！"在实现这个壮举的同时，那些建筑师先辈们还创造了一种令他们自豪千年的、表面粗糙的建筑类型——洞穴。不管他们这么做是为了自己，还是为了展示他们的集体力量，或者是屈服于强势的独裁领导人的命令或压迫，完成创造后他们一定感受到了那种成功的喜悦。他们一定感受到了自己实现的创举向周围的人、陌生人和潜在的敌人发出了强烈的信息："看我们做的！我们很强大！在我们面前颤抖吧！"

我们可以在世界上很多地方看到这种史前的力量展示方式。一个石棚出现在威尔士西部（Pentre Ifan石棚，右中图）；一个石棚来自韩国（左下图）；另外一个石棚出现在印度南部的喀拉拉邦（右下图）。其他许多地方也有石棚。没有人知道，是谁第一次把一块平滑的石头放在了一群立石上。也许我们的先辈是从可以一人独立完成的小规模石棚开始，然后勇气渐长，垒起的石块的体积和质量也越来越大。想要展示力量的强烈欲望可能是人类灵魂深处与生俱来的东西，这种欲望在世界上不同的地方找到了表达方式。也许有一群人——亚洲人、欧洲人（过去先辈们现在的叫法）……迈出了第一步，开启了席卷全球的潮流。我们不得而知。

把一堆沉重的石头成功地直立在地上（上图）本身就是一种成就。而通过人工把另一块巨大的石板放在这些石块上面（右上图）就另当别论了。在一种情况下，石棚是勇猛的展现，是力量的代表，是团队精神的主张，是骄傲的缘由，是对陌生人的警告：不要打搅这里的建造者。当目标实现了以后，这里就成了一个地方：一个在空旷的远处就能看见的标志，一个小型建筑物，一个结构，一件容器，一个能给我们提供庇护的人造洞穴。

上图是威尔士西部的Pentre Ifan石棚（公元前3500年，北纬51.988 965°，西经4.770 001°）。考古学家相信，很多个世纪的风霜雪雨已将它侵蚀成了一堆土丘，使其成了埋藏着人类遗骸的人造洞穴。尽管毫无遮蔽，但它立在那里，依然是对那些完成这个建筑的人的巨大力量的证明。

世界各地都有石棚。它们满足了人们想要展现自我力量以及标记地方的普遍需求。这是一个来自韩国的范例。

这是一个来自印度南部喀拉拉邦的范例。宽大的支柱石块使里面更加封闭，使它更像一个房间。这样的石棚一定是用石块建造的第一批完全封闭的建筑作品。

历史上最有影响力的十类建筑：建筑式样范例
The Ten Most Influential Buildings in History: Architecture's Archetypes

即使到了19世纪，人们依然享受着把大石块平衡地放在其他石块上的力量，热衷于以某种方式将它们打造成为一个地方的标记。左图是约克郡的村庄伊尔顿附近的德鲁伊神庙（北纬54.203 856°，西经1.733 787°），1820年由威廉·丹比建造。也许在建造时丹比仿效了史前时期酋长们的意愿，他向当地人提供了有偿劳务，赋予了他们生活的意义。虽然这座人造神庙不是对古代巨石纪念碑的精确模仿，但是它却能够唤起我们看到石棚和石圈时感受到的氛围和神秘感。据记载这个人造神庙也曾被用于神秘的仪式。

之前……世界还是被发现伊始的样子

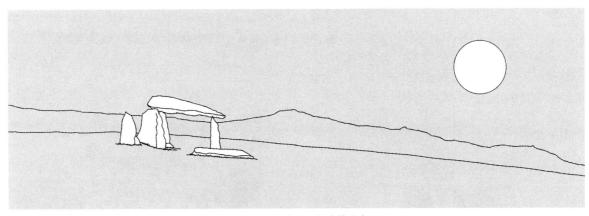

之后……世界发生了根本的改变

建筑中的新维度

石棚概念简单、形式气派,在我们称之为建筑的人类创造活动领域增添了一个新维度。立石和石圈基本都是在水平维度上运作的。它们存在于地球的水平表面,也支配着水平空间。它们生成或帮助生成人工水平线,减轻人们对未开发的空旷景观和真正的遥不可及的水平线的恐惧。虽然石棚的组成元素是竖直的,但它们的建筑力量却发挥在水平维度上。

也许我们的惊讶集中在把一个沉重的石块举起并放在其他石块上面的力量成就上,但石棚的发明在空间创新上也足以让我们瞠目结舌。毫无疑问,木材和茅草建造的屋顶能为人们提供躲避天空力量——阳光、雪、风和雨的地方,但石棚才是对垂直维度的建筑管理和重要掌控最原始的表现。

从建筑结构方面来说,垂直维度是最难控制的。这么做需要克服无处不在的地球引力。把石块埋进土里,引力能帮助它们保持竖直状态,但却排斥石块悬浮在地面上哪怕几英寸的地方。与复杂和精密的行为相比,比如巨石阵里的同心圆、马蹄形、轴线和入口,被托举在空中的大石块在垂直空间的管理中属于笨拙的简单操作。虽然如此,石头屋顶还是有助于形成一个地方的标志:它形成了一个内部空间,同时也是下面的空间;它在一般的地面之上建立了一个平台;它在石头屋顶下创造了阴影;它把可能有的内容都置于框架之下,这个框架不止两个维度,而是一个三维空间。

石棚的结构还与内容和环境有关。它的组成结构简单粗暴,形成了一个焦点,它自己就是一道风景。它创造了一片独立的、分离的空间,不仅因为有起着封闭作用的石块,还有周围以及更远的地方。它吸引人们靠近,又指引分离的方向。它能带给人一种过渡的感觉,从外面的世界进入神秘空间的内部,或从一侧穿过障碍到达另一侧。

石棚的变体

在这里,我想做的是排除时间的影响,把石棚当作现在的建筑作品,而不仅仅是重复考证考古学家通常推测出来的起源和用途。无论是现在,还是遥远的过去,在考虑石棚对当代建筑师产生的影响时,我们需要从建筑学上分析,提出大家普遍关注的问题:"为什么要建造这样的东西?""我能做什么?""它有什么潜在的美学和功能价值?""它担负着什么样的语义重担和意义?"

下面将要介绍的每一种石棚的基本排列方式可能都有一个特定的最初目的,源自某个具体

历史上最有影响力的十类建筑：建筑式样范例
The Ten Most Influential Buildings in History: Architecture's Archetypes

的目标。但是对于那些把石头竖起来的人、遇到它们的人和用其他方式体验过石棚的建造方法的人，尤其是把石棚当成储藏室的人，这些只是有着细微差别的石棚也会对他们产生情感上的影响。

　　想象一下每种情况下引发的不同情感：当你成功地把一块巨大的石块放到几块立石上后，你是什么感觉？站在这个石棚下面你又是什么感觉？穿过这个石棚，站在顶石的上面又会给你带来什么样的感觉？走进石棚黑漆漆的内部你是否会害怕？如果作为一个陌生人，你第一次在很远的地方看到了石棚，你想到的是什么？对建造石棚的人你有什么看法？石棚和物品一样，都是影响情绪的工具。

把一块巨大的平板石块放到呈三角形的三块立石上

　　你可能出于前面提到的任何一个原因而去建造这样一个石棚。与不规则的圆石棚相比，它可能更像个避难所（为你遮风挡雨）。除了标记坟墓的位置，作为一个小型建筑物，它有时还能设计和强化（同时保护）某个重要人士的生活（比如坐在华盖下享用早餐的苏丹，第27页）。这个顶石的上表面稍微平滑，意味着此处可以当成一个平台，也许是表演或演讲用的舞台，也许是天葬台，即遗体被放在这里，经过鸟儿的"雕琢"，最后只剩下骨骼，然后再埋到地下或放进棺木里。

把一块不规则的大圆石放到排列呈三角形的三块立石上

　　这块圆石太大了，没有什么实际用途，你建造这样的石棚也许只是为了展示自己的力量，让别人看到你的勇猛。你也许会把它直立地放在一个特殊的地方，比如一个重要人物的坟墓，当作尊重和祭奠的标志。这样的墓碑为这个地方提供了框架和象征性的遮盖物，而不像立石那样只是立在一边，或直接放在这个地方的范围里。但是这样的顶石起不到很好的遮风挡雨的作用，所以不可能成为真正的避难所。

把顶石放在两个平行而立的石板上

　　这种摆放方式能确认一个地方，从前后左右四个水平方向中的两个方向上为人们提供遮蔽和保护。它建立了一条轴线——也许与远处某个重要的事物连在一起——同时也形成了一条通道——从一端到另一端的过渡，也可以理解成象征意义上从一种状态到另一种状态的过渡：出生前到出生后，童年到成年，结婚前到结婚后，生到死。这样的石棚也可以作为举行重要仪式的地方，它是见证短暂但重要的生活事件的永久的建筑表现形式。

第 3 章　石棚

三面墙和一块顶石组成的小屋

在这幅图中，石块作为墙和屋顶围成了一个小屋。你可以把这个人造洞穴当成坟墓，死者的遗体被放入小屋之后，用另一块石板挡住开口一侧。或者可以把这里当作开放的神殿，也许就是某个神灵的居所。这样的摆放结构建立了一条轴线，这条轴线沿着一个方向向地平线延伸，反方向终止于小屋的后墙处，而不是直接穿过石块的组合结构。鉴于这里的顶石是平的，这个结构也可能被当作平台使用，在"上面"和"下面"之间产生分层。

以"键孔"为门穿透一面墙

这个小门使石棚更像洞穴。这样的设置使这个小屋不方便居住，但更适合作为坟墓。小小的入口强化了石棚对内藏物的保护作用。由于入口太小，人们只能爬行进入，这也提升了人们进入一个特别的、独立的、几乎与周围世界完全隔离的地方的感觉。内部空间很容易就能完全封闭起来，只用一块两三人就能搬动的圆石就可以。然而，入口太小削弱了轴线的力量，使人们的视线受到了阻挡。

增加石块形成入口

这是所有石棚中第一个可以当作房子居住的变化形式。它的门可移动，石板之间的空隙可以填充，能让我们拥有真正的隐私，不必担心天气的变化。但它也可能是逝去之人占用的墓穴或神灵的居所。石棚里面很暗，还能减弱外面传来的声音，营造出一个像妈妈的子宫一样的环境。走进这个石棚会产生强烈的情感效应。入口代表的清晰界线会让陌生人感到害怕，并给归家的人一片安宁。入口的位置生成了一条普通的轴线，确定了轴线上的焦点，向外一直延伸。

用一堆土把上面的石棚覆盖

有些考古学家认为，所有的石棚在建造后都会用土覆盖。这样做就使石棚成为人造洞穴，而不是自然景观中就能看到的结构。也许我们会把墓室理解为隐喻建筑或表征建筑的例子。把遗体放进石棚内部就像让他们回到出发时的地方，重新回到大地母亲的身体里。大石块之间的所有空隙都被土和小石块填满，隔绝了光和声音。这种与外部世界的隔离或多或少都是彻底的。建筑的封闭和保护力量让人安心。

119

历史上最有影响力的十类建筑：建筑式样范例
The Ten Most Influential Buildings in History: Architecture's Archetypes

Bryn Celli Ddu——威尔士的一个墓室；从石圈到石棚/古墓的转变

Bryn Celli Ddu是位于威尔士北海岸安格尔西岛上的一个墓室（北纬53.207 698°，西经4.236 150°）。考古学家已经发现证据证明这里原本是个石圈。它要么说明了从石圈到石棚的过渡中消失的一环，要么说明了从石圈到石棚的转变。

这个历史遗迹最初好像一个石圈，保护着中心的仪式场地或葬礼场地。沟渠和外面的土地（如今已经消失了，在右下图中也未曾显示）加强了石圈的保护作用。如果石圈的入口就在图中所示的位置，那么它应该与夏至日当天太阳升起的方向一致。这个组合符合入口—轴线—焦点的顺序结构（第107页），举行仪式的地方就是它的焦点。

某天，有人决定改变这个历史遗迹的面貌。他们在仪式场地旁边修建了一个石棚，但没有加顶。然后在周围加了一圈镶边石，并用土将其覆盖，形成了一个墓室。原来的石圈和仪式场地也被埋在了下面。石棚的核心位置形状不规则，看起来是为了适应早就存在的历史，现在这个立石立在那里，看起来代表着墓室中埋葬的祖先的灵魂。

古墓及其中心的墓室也符合入口—轴线—焦点的顺序结构，只不过焦点是墓室而不是仪式场地，入口的力量也因为被延展成了一条通道而得到加强。这条通道就像枪管，使得入口的方位更精确地与夏至日当天太阳升起的方向对应。

改造后的结果是石棚比石圈更具有包容一切的母性。古墓就如同女性腹部的子宫，暗示着建筑师想要建造一个可以让逝去之人重归大地母亲怀抱的地方。

古墓是一种人造洞穴，代表着女性的腹部，给已逝之人安慰，让他们重新回到大地母亲的怀抱，受到大地母亲的荫蔽。

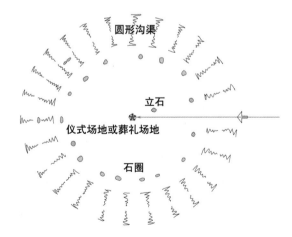

最初的石圈的平面图，中间是仪式场地或葬礼场地。这个场地可能是由起着"守卫作用"的立石确定的，不过后来经过填土后其也成了古墓的一部分。

第3章 石棚

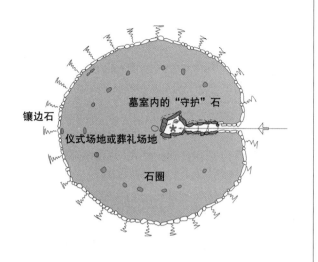

成熟的古墓的剖面图。虚线代表着石圈在地面上的范围。

成熟的古墓的平面图（右图）。入口通道朝向夏至日当天太阳升起的方向。

结构与空间

石棚是所有石顶结构的原型。传统石棚的顶石是所有建筑的屋顶结构中最纯粹、最直接、最简单的形式。从概念上来说，这种屋顶形式就这么简单。但是，由于把体积和质量巨大的石块举起来需要耗费大量的人力，所以后来的人们发挥聪明才智，把研究的重点放在了屋顶结构上，怎样选用体积更小的、更容易控制的材料，或者怎样创造一种可以凝固的流体材料（比如混凝土），成为研究的主题。

即使是在史前时期，工艺技术的实验也会引起各种各样的结构策略和相关空间布局的变化，最显著的当属结构和空间趋于矩形和圆形的发展。这个发展趋势受人们对几何结构日益深入的理解的影响（见《解析建筑》，第四版）。我们发现建造大致标准的矩形和圆形结构比建造不规则形状的结构容易多了；我们选择了基本呈矩形的石块，开始打磨它们的棱角，使后续的建造过程更容易、结构更稳固。这些因素决定了被石棚封闭在内的空间的形状。几何结构几乎从来不会对石圈的形状产生影响，我们在建造石圈时趋向于把它建成完美的正圆形（少数情况下也会建成椭圆形，见第95页）。但是，要支撑起屋顶的结构，我们需要去探索几何结构和空间结构之间的关系。

结构和空间的发展受到人们对几何结构的理解的制约，我们不一定按照真正的历史发展顺序梳理线索，也可以根据下面的概念顺序来追溯。

尽管Innisidgen墓室（第125页左图）本身可能已经不是原来的样子，但这种类型的石棚证实了一种结构策略的起源，其后的几千年

历史上最有影响力的十类建筑：建筑式样范例
The Ten Most Influential Buildings in History: Architecture's Archetypes

最简单的石棚结构就是三个互不相连的立石（左中图）支撑着一块顶石（左下图）。这只是搭建了一个框架，并没有占用这个地方。你可以把它想象成一个直立在一座坟墓上面、起保护作用的小型石圈，又在上面添加一个顶。从建筑基本元素的角度来讲，它由柱子及其支撑着的屋顶共同组成，它就是一座小型建筑物。几何结构几乎没有对它的建造产生影响。可能你希望起支撑作用的立石高度大致相等，为了避免一次不成功的尴尬，你希望三块立石之间的距离足够近，能够支撑你身边可用的顶石。搭建石棚要消耗大量体力，所以你希望一次做好，不想反复尝试或犯错。

如果你想建造一个封闭的小屋而不是一个露天建筑，那么起支撑作用的立石之间的距离越近越好（右中图），将它们围成一个大致的圆形，留下一个开口当作门。它们一定能够支撑顶石做成的屋顶（右下图）。但从上面的图中我们可以看出（右上图），只需要三块立石就能完成支撑作用，其他石块更多起着屏风的作用，而不作为支柱。

第3章 石棚

尤其是当你想把建造的石棚结构埋在土堆下作为墓室时，你可以尝试选取石板而不是石柱作为材料，尽量减少石板与石板之间的空隙的数量和大小，否则为了防止土掉进墓室里，你还要准备更多的小石块去填充这些空隙。最初，你可能想把它建造成圆形（左上图和左中图）。为了尽可能地把墓室放在土堆的中间位置，你会发现需要建造一个入口通道（左下图），通道上也要用石板加顶（右上图）。这些图展示了Bryn Celli Ddu墓室的结构/空间设置。

之后你会意识到，如果你遵循通道的结构策略，暂且不管墓室的结构，你会觉得自己更加能掌控这个建造过程。因此，建造墓室时你需要两列大致平行的石块（右中图），你用一块顶石就可以把它们全都覆盖（右下图）。这是本章标题页上展示的结构模式的例子（第113页；威尔士南部的圣赖安斯墓室，北纬51.442 567°，西经3.294 928°）。

123

历史上最有影响力的十类建筑：建筑式样范例
The Ten Most Influential Buildings in History: Architecture's Archetypes

你可能还意识到这样的摆放位置有一个优点——可扩展性，你不需要增加跨度距离就能得到一个更大的墓室（左上图和左中图）。如果你想让圆形的墓室面积越来越大（沿着上页左中图和右上图的平行石块方向），那么你会发现找到一块顶石做顶需要面对的结构挑战也越来越大（呈对数级增长）。不管怎样，通过延伸平行墙壁的方法增大墓室的面积，这样墓室的跨度依然没有改变，需要面临的结构挑战也不会加大。这也是锡利群岛上Innisidgen墓室（下页左图）建造时采用的结构/空间策略（北纬49.934 594°，西经6.291 205°）。

里它无处不在。这种策略就是平行墙策略（见《解析建筑》，第四版）。这个策略的几何结构决定了世界上大多数建筑空间的垂直度。这些石棚表明我们开始与矩形空间和谐共处，我们会感觉到它与我们身体内部固有的矩形结构产生了共鸣（我们每个人都有正面、背面和两侧），它与几何结构产生了共鸣。与石圈（见前一章）趋向正圆的理想几何结构相比，这些平行墙的几何结构主要源于它们的建设构想，还有我们在为一个空间加上顶时遇到的结构挑战。

拥有平行墙的石棚产生了一种理念，那就是建筑的顶不一定非要是一块巨大无比的石板。它们引入了这样一种诱人的想法，可以通过巧妙的构思，用体积较小的材料建造建筑的顶。这种想法不一定非要和平行墙面形成的空间组织结构绑在一起。例如，英吉利海峡中的根西岛上的Le Dehus墓室（下页右图；北纬49.497 099°，西经2.506 422°）说明了许多跨越两侧的石块连在一起可以成为一个更无定形的空间的顶。在这幅图中，概念上讲，组成墓室的墙的石块是从土堆中隔绝出空间的装置，而不是刻意建造的结构，虽然事实上它就是刻意建造的结构。就它的不规则对称性而言，袖廊与两侧石块都匹配。这就是空间概念超越几何概念权威的例子。

从这些简单的例子中,我们可以看到斗争对贯穿于建筑历史始终的结构/空间形态产生的影响。这场斗争发生在几何结构(结构和施工)、空间几何(轴线、对称、层次……)、理想几何形状(完美的矩形、圆形……)、以人体展示的人类学几何以及人类实际的占有使用行为之间。

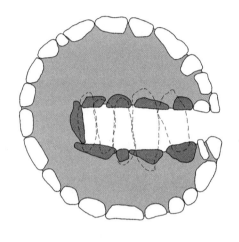
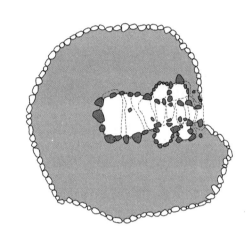

关于建筑与制图的说明

建筑与制图的关系起源看起来并不明朗。几百年来,多数建筑师都是通过在纸上作画来完成设计。到了21世纪,大部分建筑师又把设计的平台转移到了计算机上。在投入实际建造之前,制图是对建筑的总体布局和细节进行整理的便捷方式。

以巨石阵为例(第91页),为了把沉重的石块直立起来,在投入巨大的人力和物力之前,我不确定为了建造这样复杂的石圈,建筑师是否先在地面上画了一个小规模的图纸。也许他们用木棍在一片尘土飞扬的地面上勾勒了大致形状,用木桩和线绳制作了一副简易的圆规,这么想似乎也很合理。也有可能是,在被用来布置大型石块和树干之前,用木桩和线绳绘制椭圆的技巧(第95页)只被用在小规模的建筑上。建筑与制图之间的关系也许比我们想象中的还要久远。

Le Dehus墓室(本页右图及下页临摹的三张图)的例子展示了建筑与制图之间的一种略微不同但意义深远的关系,由此我们推测出它们的起源错综复杂地交织在一起,很难泾渭分明。

当我们到沙滩上度假时，我们会用脚后跟在沙子上画一条线来标记自己所在的地方（第71~74页），即使到了今天我们依然会这么做。这是一种典型的建筑行为。当Le Dehus墓室的建筑师决定建造这个墓室时，他们也会先在地上画下布局轮廓（右上图）。即使没有这样做，他们也必然会用石块堆砌出墓室的布局结构，确定土堆的边缘（右中图）。除了形成一道挡土墙控制土堆的边缘，外圈的石块还确定了坟墓的范围。除了支撑墓室顶上的多块顶石，充当墓室墙壁的石块还在固态的土壤和墓室占用的地方之间硬定了明确的分界线。通过制图的方式，他们以"挖掘"的概念从前者中开辟出了后者。为了留下进出的通道，包括内部与外部的通道以及墓室之间的通道，入口处的石块被去掉了，入口处依照实际的或想象的建筑概念将绘制的线条变成了门槛。

也许我们很难把一块立石想象成一幅图画，除非你联想到铅笔在纸上按压时笔尖留下的圆点。虽然如此，我们列举的石圈和石棚的范例表明制图不只是对建筑的一种替代性表示。建筑以及从无到有的建筑过程就是制图，它们拥有相同的概念领域。

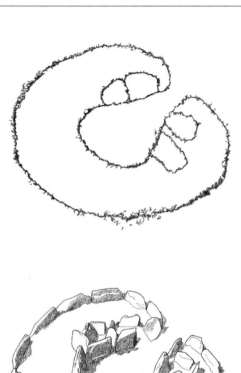

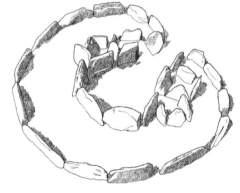

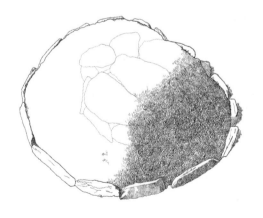

关于制图与建筑的信息请参考：
西蒙·昂温——《用制图解析建筑》，建筑研究和信息，35（1），2007年。

几何结构——空间的和理想的

马耳他神殿

随着石圈这种建筑形式的日渐成熟、复杂，且在巨石阵上达到了顶峰（见前一章），它们的结构也逐渐趋向于完美的、理想的几何形状——圆形，可能还有椭圆形，这主要通过木桩和线绳的组合工具实现。但同样的情况似乎并不适用于石棚和其他史前的相关结构。有些古墓的入口方位与冬至日那天日落的方向相同，但一般说来它们的内部结构更多的是受到几何结构的影响。虽然几何结构与空间结构之间有些必要的相互作用，但这并不一定能决定更为复杂的石棚结构的空间形式，石棚里面的情形会更微妙。

马耳他神殿也许是与石棚有关的建筑中最复杂的构造群了。考古学家判断它们大约修建于公元前3500年，比Le Dehus墓室的存在时间还要长。右上图是位于戈佐岛上的吉甘提亚神殿（北纬36.047 245°，东经14.269 102°）的平面图，它是构造群中最古老的神殿之一。右下图的塔克西恩神殿（北纬35.869 312°，东经14.511 859°）的空间布局甚至更为复杂。

古代的人如何在内部空间上加盖顶部还等待着我们去探索和揭秘，也许它们的顶部就是

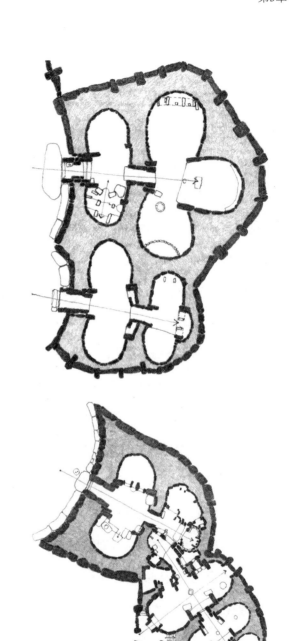

大块的可能重叠的顶石，只不过没有留下什么遗迹；也许它们根本没有顶部，就像现在这样是露天的。它们的存在显然是为了某个重要的

历史上最有影响力的十类建筑：建筑式样范例
The Ten Most Influential Buildings in History: Architecture's Archetypes

仪式，只不过现在无从考证仪式的细节。

为了尽快弄清楚这些建筑师头脑中的想法，分析这些平面图是值得的。内部的布局在外形上表现得并不明显，这些空间的建造目标是人造洞穴，根本不需要考虑外形结构。粗糙的对称和多样的中轴线都很重要，但这里看不到理想的几何形状（圆形、方形、比例关系……）。空间的转换（精心制作的从一个墓室到另一个墓室的门）强调要沿着轴线铺开，表明了从外面穿过一连串的墓室到达里面的圣地的路线是有层次的行进路线，代表着时间的推移。有些入口处有很高的门槛，使人们意识到自己将经历空间的转换，这也会引发人们内心的恐惧。

有些石块被选做过门石是因为上面有奇特的天然色彩或纹路。有些空间顺序的最高点是祭坛，有些则是以另一个入口的形式出现，这个入口不是把人引到另外一个空间里，而是把人引到石墙这个固体结构前。平面图中入口处的石墙是凹进去的，沿线排列着长条座椅，表明它们在一个私密领域的入口处明确了一片仪式表演需要的区域。内部轴线两侧都是大壁龛，仿佛是为了容纳来到这里的见证人或显示这里是没有特定意义的空间，或者是对阴性空间的抽象描述。

这些特征表明，建筑师首先考虑的既不是几何结构，也不是理想的几何形状，而是用石块为复杂的仪式搭建一个空间框架，就像游戏中的棋盘。空间结构及其对灵魂的影响显然才是隐藏在这些神殿深处最重要的考虑因素。

埃及金字塔

埃及金字塔也算是一种结构复杂的石棚式建筑。与上页的马耳他神殿相比，金字塔是严格按照理想的几何形状筑成的，正如它们的名字表明的那样。它们是以几何结构建造的古墓，像人造假山，而不像伟大的女性的腹部。埃及金字塔的外形很大，方圆几英里之外都能看到，这也是这类建筑的一个重要方面。胡夫金字塔（又称"大金字塔"；北纬29.979 234°，东经31.134 202°；下页左上图是其剖面图）的建造目的是安放死去法老的遗体，而不是举行一场复杂的仪式，这座金字塔的出现比吉甘提亚神殿晚了大约1000年。如果金字塔能留住时间，那它就留住了永恒，而不再只是在举行仪式的时间内有意义。金字塔的正中心是法老的墓室，上面覆盖着多层像石棚一样的结构，成吨的石块把这里与周围的世界隔绝。

下页右上图是另一座金字塔的平面图（北纬29.840 337°，东经31.213 502°），该金字塔是位于塞加拉的培比二世金字塔。从平

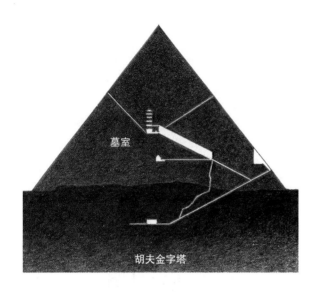

胡夫金字塔

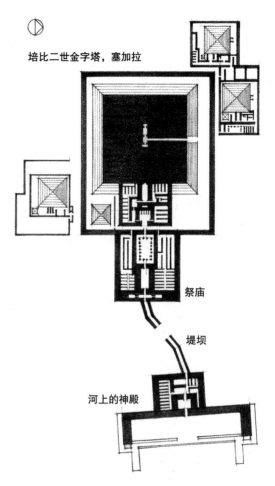

培比二世金字塔，塞加拉

祭庙

堤坝

河上的神殿

面图上看，它与大金字塔一样是方形的，四面精确地朝向指南针上的四个基本方位（但不是至日当天日出或日落的方向）。东方通常都是太阳升起的方向（图片中的下方），代表着新生和生命。存放着法老灵魂的祭庙就在金字塔东面的底部，通过堤坝与另一座位于河上的神殿相连。真正的入口在金字塔的北面，葬礼结束后这里就会被永远封锁和隐藏。金字塔的南面朝向正午太阳位于最高处的方向。西方是空旷的沙漠和太阳落山的方向，代表着死亡。金字塔就耸立在生与死之间。人们对古老的金字塔内神秘的几何结构进行了大量的猜测，有一点是明确的，金字塔和巨石阵一样，它们的几何结构也是为了把建筑本身和宇宙联系起来。

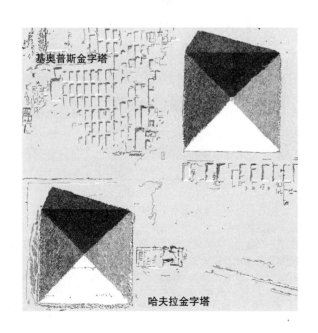

基奥普斯金字塔

哈夫拉金字塔

历史上最有影响力的十类建筑：建筑式样范例

近现代的石棚

可以说，历史上所有的建筑都受到了史前建造的石棚的影响。几千年前，我们很可能也用树枝和树干为自己建造了避难所，上面覆盖着茅草、芦苇、稀泥或任何可以做屋顶的东西。然而，在我们心中总是与死亡联系在一起的石棚是人们早期为了用石块创造更持久的带顶建筑所做的努力。在其他方式的建筑范例没有出现之前，我们认为给建筑加顶的唯一方法就是使用又大又重的单块石板。我们依靠创新思维逐渐发展出如今可以使用的丰富多样的屋顶结构。比如伦敦大英博物馆（第112页）中庭上的玻璃屋顶，这意味着创新发展的过程从未停止。

虽然所有建筑都受到了石棚的启迪，但21世纪的建筑师独辟蹊径，以更具体的方式展现出了他们受到的启迪。有人探索出了一种方式，把石棚建成了以天空为背景突显其轮廓的地标，如新凯旋门，而有人则把石棚建成了理想的几何结构形状。

新凯旋门，拉德芳斯，巴黎

如果你沿着香榭丽舍大道（见第54页）的中轴线再向西延伸1英里左右（大约2千米），就到了巴黎的商务区拉德芳斯。在中轴线稍

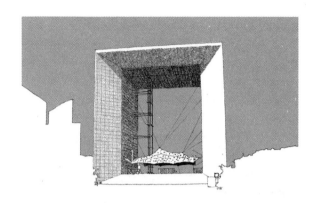

微偏向一边的地方，耸立着标志性建筑——新凯旋门（右上图；北纬48.892 470°，东经2.235 791°），由约翰·奥都·冯·斯波莱克尔森设计，1989年竣工（而它的设计师已在1987年去世）。与其说这座建筑是个拱门，倒不如说它是个石棚，两个相似的垂直平行板支撑着上面一个巨大的水平板结构。

新凯旋门与新古典主义风格的巴黎凯旋门遥相呼应，暗示着这条中轴线可以无限延

图中所示的干草棚展示了石棚永恒的元素——棚顶由地面上的立石支撑。这个干草棚只是个框架，不是物体。它划定了一个地方，并为这里提供遮蔽，下雨的时候人们把干草储存在这里当作动物过冬的饲料。这个简单的建筑作品是威尔士卡迪夫附近圣法根自然历史博物馆中的展品（北纬51.488 454°，西经3.275 558°），是从威尔士北部的布莱佘－费斯蒂尼奥格附近的麦恩特为罗格村搬来的。

长，与同样位于这条中轴线上的协和广场方尖碑以及卢浮宫庭院里的金字塔屋顶形成对应点（见第54页）。它不仅有助于形成一条城市轴线，而且有助于形成典型建筑形式的轴线。它吸纳了石棚的理念，矗立在空旷的大地上，用背面的天空突显自己的轮廓。门框里悬浮着一块帐篷似的雨棚（上页右上图），它似乎也想用诗意的手段暗示最古老的也是最新潮的结构策略。

烈士纪念馆，盖利博卢半岛

盖利博卢半岛位于马尔马拉海南入口（达达尼尔海峡）处，从这里你可以去往土耳其的伊斯坦布尔，那里曾是第一次世界大战时的一个战场。为了保护半岛免受来自英国、澳大利亚、新西兰和印度的联邦战士的袭击，成千上万的土耳其士兵在这里殒命。附近还有一个纪念逝去的联邦战士的海勒斯纪念馆，该纪念馆呈立石的形状（左下图），而土耳其人建造的纪念馆（右上图；北纬40.049 753°，东经26.218 443°）则呈石棚的形状，为那些牺牲士兵的灵魂提供休憩的地方。

安纳维索斯小镇的房屋，希腊

20世纪60年代早期，希腊建筑师阿里斯·康斯坦丁·尼迪斯在海边的一个海角上为自己建造了一座度假别墅（下页左上图；北纬37.724 579°，东经23.907 360°），在雅典东南方大约50千米处。康斯坦丁·尼迪斯不仅是具有独创性的希腊风土建筑的虔诚学徒（见后面第9章——风土建筑——讨论了对20世纪建筑产生深远影响的风土建筑主题），还是现代建筑公认的领军人物，他建造的这座房屋由简单的元素组成，垂直的砌石板支撑着上面一整块的混凝土板。这座房屋就像一个结构有序、适宜居住的石棚。虽然它看起来像海边的一座神庙（一个对象），但是它的设计表达了简单砌石板支撑的单片混凝土板屋顶也可以给人提供遮蔽，不是为了强调生死，而是为了便于主人欣赏风景以及度过被这个房屋与广阔的海洋一起包围着的这里的生活。

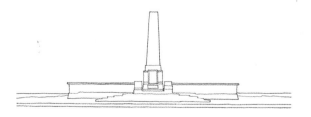

历史上最有影响力的十类建筑：建筑式样范例

50×50住宅（未完成的项目；下图）

阿里斯·康斯坦丁·尼迪斯选用了一种由传统天然材料制作的支撑度假别墅混凝土屋顶的砌石板。其结果就是砌石板非常重，这样让人想起这种建筑在史前时期的前身——原始的巨石石棚。这里要讲的这个50×50（英尺）的房屋结构本来是打算投入大规模建设的，在20世纪50年代早期的这个项目中，密斯·

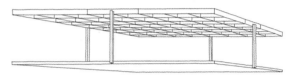

模型

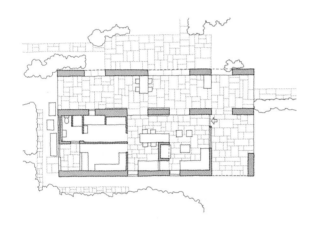

关于安纳维索斯小镇的房屋请参考：

阿里斯·康斯坦丁·尼迪斯——"避暑别墅，安纳维索斯"（原文如此）——《世界建筑2》，伦敦，1965年。

凡·德·罗选用了不同的建筑材料——钢结构配以大片的玻璃，并与几年前他设计的范斯沃斯住宅（第184页）使用了相同的配色。从概念上来看，这座房子就是个石棚，只不过是选用了现代建筑材料而已。替代巨大立石板的是细长的钢柱，每个墙面的中间都有一个钢柱，虽然不是用来支撑大块的屋顶的，但是它与由钢梁组成的平顶焊接在了一起。

新国家艺术画廊，柏林

在1968年建造的新国家艺术画廊这个建筑（北纬52.507 002°，东经13.367 596°）中，密斯·凡·德·罗运用了一个类似的创意，不过这次的建筑规模更大。新国家艺术画廊每侧都有两个柱子支撑着钢梁组成的"顶石"。无论是50×50住宅（上页）还是范斯沃斯住宅，钢柱都与屋顶边梁的侧面焊接在一起。在新国家艺术画廊中，屋顶是靠钢柱顶端突出的细点支撑。这样的效果令人回想起那些古代的建筑实例，明明是一块巨大的顶石，看起来却毫无重量，那是因为下面起着支撑作用的石块顶端是像针尖一样细小的点，如第115页右中图所示的Pentre Ifan石棚。

此处插图（右上图）所展示的建筑只是新国家艺术画廊的入口馆，主画廊还在入口馆下

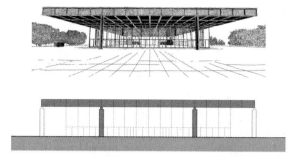

新国家艺术画廊入口馆的正视图和透视图

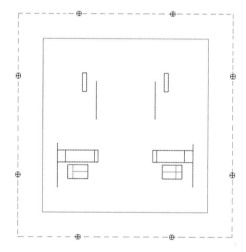

墩座墙上方的新国家艺术画廊的平面图（已简化）

方的墩座墙上——在地下室里。你要沿着电梯或楼梯向下走才能到达主画廊，这种感觉就像身处一座坟墓中。50×50住宅探索了用现代材料建造的石棚如何为人们提供生活框架——一座房屋，而新国家艺术画廊里这个宏伟的入口馆却回归到石棚永恒的建筑角色中，以纪念碑的形式在地上和地下之间建立一个接口。这个接口的本源是生与死之间的连接，不过此时却出现在地上的城市生活和地下埋藏的艺术作品之间。

历史上最有影响力的十类建筑：建筑式样范例
The Ten Most Influential Buildings in History: Architecture's Archetypes

宏伟的入口馆内部

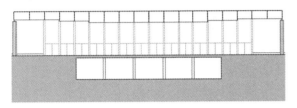

百加得大楼的剖面图，展示了阶梯式的屋顶（已简化）

虽然新国家艺术画廊建成于1968年，但是这个项目使用的是密斯在10年前为另一个客户在另一个地方所做的设计理念。起初，它是为百加得公司设计的位于古巴圣地亚哥的一座办公楼。如果当时那座建筑投入施工，那么其网格结构屋顶的内侧应该会有轻微的凸起——凭借每个网格线来实现阶梯式的变化（左图）——进一步加强这座建筑体现的石棚的特性。从第136页的图中我们可以看出，石棚的顶石通常会给下面的墓室带来一个凸起的屋顶。

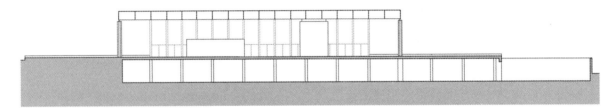

贯穿了新国家艺术画廊的剖面图，展示了地下室里的画廊（已简化）

Chivelstone住宅，德文郡

前面的五个近现代的例子都把几何结构和理想的几何形状应用到了以石棚为原型的建筑上，还有一些建筑师则对石棚里的不规则形状更感兴趣。

Chivelstone住宅是彼得·卒姆托于2008年设计的一个静休地。在为这项设计做准备时，他制作了简易的石棚模型（下页左中图）和草图（下页右上图），探索了支撑平板屋顶的不规则块状组合。最终的设计远远没有草图那么复杂（下页右中图及右下图），但重叠的形状、不规则的平板屋顶还是依靠在很大程度上都不规则排列的块状结构来支撑，其中一些是支柱和壁炉的烟囱。一些隔间里面还有卧室和浴室。在设计瓦尔斯温泉浴场时，卒姆托采用了类似的策略，用可以居住的块状组合支撑平板屋顶,尽管在瓦尔斯温泉浴场,组合结构是按照复杂的正交几何结构排列的。(见《建筑学基础案例研究25则》,2015年)。

石棚是Chivelstone住宅的原型,在发掘石棚不规则形状的潜力时,卒姆托比较感兴趣的一件事就是光线在这种建筑结构内部的变化。有些模型(左下图)展示出了光线穿过块

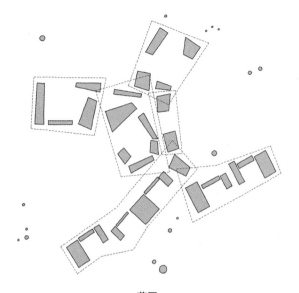

草图

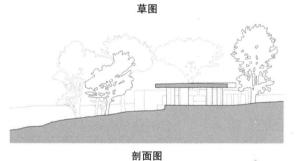

剖面图

平面图

135

状组合之间的空隙进入室内，在内壁上产生的微妙的光影范围。这让我们想起史前石棚里的光线，光线穿过巨大的石板间的裂缝洒在墙面上、地面上以及顶石的内侧，产生了各种光线亮度之间的微妙变化（左上图和左下图）。

其他建筑师曾使用了不规则的组合形状形成光影变化的微妙效果。上图（左下图）是位于巴塞罗那的伊瓜拉达墓园（1985—1994年，北纬41.592 578°，东经1.637 213°），设计师为恩里克·米拉列斯和卡梅·皮诺斯。

朗香教堂

勒·柯布西耶设计的位于法国东部的朗香教堂（右上图；北纬47.704 495°，东经6.620 625°）的外形被比作许多事物。有人说勒·柯布西耶的灵感来源于上翻的蟹壳，其他人则说这座教堂像法国修女的头巾（下页右上图）。多种可能性解释都证明了勒·柯布西耶有能力创造复杂而又精妙的建筑作品。这座教堂也间接证明了人们可以用明喻和暗喻等多种方式解读建筑，而且身为建筑师的我们可以从中获取丰富的灵感。

朗香教堂是石棚的隐喻表征。站在外面看，一个显眼的巨型顶石放置在几乎垂直于地面的墙板上（右上图）。走进里面看，从墙板的缝隙里透进来的光照亮了屋顶凸出的内表面（右下图）。它的结构暗指着史前的

建筑范例，看起来它似乎不适合作为现代罗马天主教的建筑，但是从教堂的另一侧（北侧）看去（左上图），这座教堂的外表很像一片以天空为背景的立石。教堂东侧有一个外部服务区域提供其他服务（左下图为朗香教堂的平面图），在一处屋顶下面，有一片凹进去的墙面，这里也有一个立石支撑着遮挡了教堂纵深

圣·凯瑟琳·劳伯——19世纪的一位法国修女。

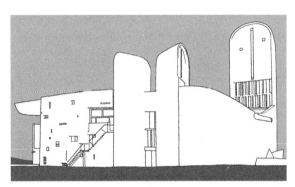

北侧正面图

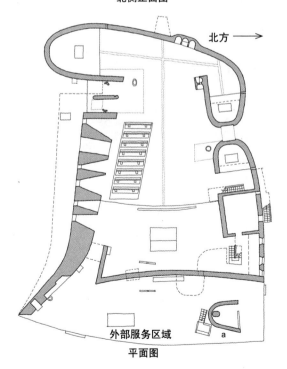

平面图

的立柱的曲面墙，即平面图中的a处。可以用于仪式表演的外部服务区域的空间布置让人联想到史前墓葬土堆入口区域和马耳他神殿（第127页右上图）中发现的举行仪式的前庭。朗香教堂的地面上刻着由线条组成的十字架的影子，似乎也在表明这里的轴线类似于史前时期石块在地面上堆成的轴线。因此，勒·柯布西耶设计的这座教堂具有双重属性，它既是现代建筑又是古代建筑。

可以居住的顶石

被立石高高托起的顶石展示的不只是人们英勇不凡的能力，也不只是创造了一个与周围世界分离的、受保护的、封闭的空间，它还能展示顶石上面的世界里的各种可能性。这个地方与周围环境分隔的方法不是隐藏起来，而是被抬升到地面之上。这个地方有优势，既能看

历史上最有影响力的十类建筑：建筑式样范例
The Ten Most Influential Buildings in History: Architecture's Archetypes

勒·柯布西耶设计的许多建筑都让人们产生了不同的理解方式。其中一个是位于法国巴黎郊区普瓦西的萨伏伊别墅（1929年；北纬48.924 424°，东经2.028 280°，设计时间比朗香教堂早20多年）。这座建筑通常被认为是自成一派的建筑范例，但是在设计的过程中勒·柯布西耶也融入了许多古代建筑范例中呈现的理念。因为这个原因，萨伏伊别墅将出现在本书的许多章节中。这座建筑的形状按照几何结构组织，它为人们提供的生活区就在可居住的顶石里，被立石托举在地面以上。勒·柯布西耶把这些立石称为"底层架空柱"。顶石之上是这里最高的地方，上图中的屋顶平台和日光浴室，远离周围的事物，完全暴露在天空和太阳下。

得远又能从远处被看到。站在石棚上面你可能感到羞涩，因为此时你正在表演，但同样你也可能觉得提高了自己的身份地位。

自古以来，人们相信神灵也许居住在坚硬的岩石里（第65页）。除了充当屋顶和平台，石棚的顶石也有使用、遮蔽和封闭的功能，只是高出普通地面而已。文艺复兴时期的豪宅中常见的主楼层的设计理念早在几千年前就已经含蓄地出现在石棚的原始形态里了。

许多建筑师都采用了这些理念。从建筑到装置艺术，接下来的插图为我们展示了许多实例。

20世纪50年代，奥地利建筑师弗里德里克·基斯勒试验了他所说的"无尽之宅"的思想。在这座住宅中，空间之间相互流动，形成无尽的循环。为了使"无尽之宅"不同于我们常见的住宅，基斯勒把经过多次修改的设计抬升到大柱子上（这里还设置着进入上面的特别世界的入口和楼梯），就像立石支撑着可居住的顶石。这个无固定形态的顶石不是按照正交几何结构组织的，基斯勒认为正交几何结构是对人类生存状态的约束。

另见：西蒙·昂温——《建筑学基础案例研究25则》，2015年。

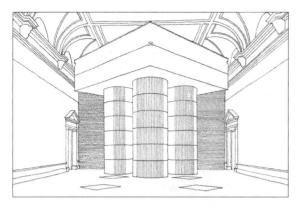

在伦敦皇家艺术学院举行的展览"感知空间：建筑之重新想象"上（2014年），佩佐·冯·艾利赫夏森把他组装的石棚材料换成了木条。他采纳了这样一种观点，即除了其他东西，石棚是一个平台、一张桌子、一片被抬高的地板。他打造的主要空间在顶部，在这里，你得到了一个特别的、不常见的、孤立的视角。冯·艾利赫夏森设计用木材而不是石头搭建了一个石棚，但是支柱上的小木板（这里还容纳着螺旋楼梯）却暗含着多立克圆柱上的凹槽。这个木制的石棚以理想的几何结构为准则，它立在那里就像展厅轴线上的神殿/超大的祭坛，与入口在同一条对角线上，这是一个与房间的几何形状有关的焦点。

密里安·拉迪克设计的蛇形艺廊（2014年）也在人们心中唤起了石棚的理念。这件作品提到了这样一个观点：现代的建筑形态坐落在古代的建筑基础上。在这件作品中，古代石棚使用的沉重的顶石被重量轻且中空的玻璃纤维圈代替。也许拉迪克是想表达当代建筑相比古人的建筑成就而言肤浅而又脆弱？在作品内部，环形的结构生成了一个简单的迷宫，人们可以在这里徘徊闲逛。整个建筑中唯一一处符合理想几何结构的组合是横平竖直的窗户，里面的人从这里可以看到外面的景色。也许拉迪克想说我们在领会这个世界时——给它套上框架，理解它的一切——是借助于几何结构的组合和调节的力量？

阴沉的天空

除了为人们提供遮蔽，石棚还创造了一个替代性的人造天空——天花板（这个英文单词也许源自法语中的"天空"或"天堂"，或者拉丁语中的"天空"）。在史前时期，我们在自然界中就能看到各种各样的天花板：天空中星星在移动；天空颜色随天气而变化；洞穴的天花板又深又暗；树冠也是一种天花板，阳光在上面的树叶上跳跃。但是石棚的顶石的内表面是我们为自己建造的天空。它不是一片开放的天空。它封闭了一片空间，对下面的世界怒目而视，把这里变成了坟墓，发挥着强大的情感作用。有些建筑师喜欢突出顶石内表面的压抑，其他人则会做一些细微的调整来缓和它的阴沉。

历史上最有影响力的十类建筑：建筑式样范例
The Ten Most Influential Buildings in History: Architecture's Archetypes

《勒·柯布西耶全集》里有一幅精心拍摄的照片，正是他设计的位于巴黎的瑞士馆地下室入口平台（北纬48.818 094°，东经2.342 111°）。我临摹的画再现了这个场景。照片中的两位想必就是瑞士的知识分子——现代社会的人，他们正坐在混凝土搭建的结构下面。这个远景给人的感觉非常强烈，好像延伸到了无尽的未来。但是他们上方的建筑结构则暗指古老的石棚形象，就像"庞大固埃的桌子"，这里有巨石（混凝土）立柱和顶石。混凝土平台上支撑着钢结构，这是一座四层高的学生公寓，上面还有一个露天的屋顶平台。当这座大楼还在施工时（下图），它石棚式的结构特点表现得最明显。

圣保罗美术馆中"可居住的顶石"（MASP，上图，南纬23.561 518°，西经46.656 009°，1956年丽娜·柏·巴蒂设计）的内表面向我们呈现了建筑学中气势最强大的另类天空之一。

1951—1952年举行的威尼斯双年展上，卡洛·斯卡帕在意大利馆的庭院里创建了一个时尚的石棚（下图）。轮廓分明的边缘、浅色的拱腹、多变的纹理还有极尖的形状削减了"顶石"的气势，使这个建筑显得更俏皮，是一个与庭院四周框起来的真实天空并立的存在。

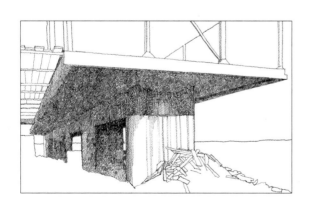

最后……石棚，一种表达勇气的方式

建造石棚的基本原理即一块又大又重的顶石被托举到地面上方，靠下面直立的石柱或石板支撑。就此而言，它是所有带顶建筑的先祖。但不要以为这样的结构就是石棚的全部，因为它们就如它们的结构那样敞开胸怀接受不同的解读。大多数考古学家总是首先把它们想象成坟墓：起初，上面覆盖着土丘，形成一个人工洞穴，尤其是在那些找不到真正的自然洞穴来掩埋遗体的地区。但是，在今天，有些石棚已经褪去了上面覆盖的土丘（或者说从来都没有过），它们立在那里代表着不同的建筑理念：入口、平台、框架、标志物、神殿……例如，17世纪法国作家弗朗索瓦·拉伯雷就联想到了巨人的桌子（"石棚"的原意就是"石头桌子"）。

建筑师创造了掩土住宅和其他形式的建筑，但是石棚产生的影响不只体现在可作为埋葬遗体的墓室。石棚的无遮蔽外形强烈地表达了我们设计大体积结构建筑的能力，掌控四个水平方向以及"向上"方向的能力——天空的方向——阳光、风、雨都来自这个方向。这是建筑师和他们的工程师助手最难掌控的方向，过去一直是，将来也会一直是。从概念上来讲，把大石块平衡地放在立石上是掌控

"（庞大固埃的父亲）送他去上学，让他去读书习字，度过他的少年时光。庞大固埃被送到普瓦蒂埃就读，学习有了长足的进步。在学校里，他看到同学们常常无所事事，不知干些什么来消磨时间，便替他们感到难受。于是，有一天，他便从一处名为帕斯鲁丹的悬崖上搬来一块巨石，约12平方英寻（约38.8平方米），14榨（约2.1米）厚，用四根立柱将它架在空地中央，让同学们在闲来无事之时，攀爬巨石消遣，并在巨石上吃火腿、馅饼，喝美酒佳酿，还用小刀在石上刻下自己的名字，以此来消磨时光。这块巨石今日已被人称为"悬空石"。为了纪念这些活动，今天，凡是到普瓦蒂埃大学就读的新生，入学注册之前都要先去克鲁台尔马蹄泉边喝上几口泉水，然后再爬上帕斯鲁丹的悬空石上瞻仰一番。"

弗朗索瓦·拉伯雷，英文译本由克罗马蒂的托马斯·厄克爵士和安东尼·莫特克斯译——《卡刚杜亚和庞大固埃》（原文1653年，译文1894年），第2部第5章"庞大固埃的童年"

历史上最有影响力的十类建筑：建筑式样范例
The Ten Most Influential Buildings in History: Architecture's Archetypes

"向上"方向最简单、最直接的做法。但是从实际情况来看，尤其是在没有任何起重设备帮助的情况下，这也是最具挑战性的做法。没有人清楚史前时期人们是如何完成这项重任的。2015年，一个骑自行车的人被困在了伦敦巴士下面，100个人合力才抬起了这辆重12吨的巴士。也许史前时期人们的身体更强壮，50个人就能抬起一块12吨重的大石块；也许他们使用了杠杆和坡道。无论是哪种情况，史前时期人们这么做的目的就是为了向他人展示自己的力量，让陌生人和敌人不敢靠近，这样就能保证几乎所有人对埋葬已逝之人墓地的应有的尊重，或者是在已逝之人的棺木上增加很大的负重，使他们无法给生者的世界造成伤害。

石棚没有现代建筑这样复杂的结构，但现代建筑却在尝试着融入石棚的基本特性。我们在石棚中发现的屋顶和支柱（或起支撑作用的墙板）之间直接、明确的构造区别一直是现代建筑师渴求在钢铁（密斯）或混凝土（勒·柯布西耶）结构中模仿的特性之一。当然，通过建筑来表达英勇不凡的气概也是技术追求的一部分。

但是石棚不仅是空间组织的工具，也是一种技术成就。在有些实例中，石棚就像一座小型建筑，圈定了一个地方并为其提供遮蔽，因此它也变得很重要。石棚还可以是一种标志，从远处就能望见。石棚可以是人工洞穴——一个封闭的小空间——一个隐藏在世界之外的地方。作为一个平台，石棚建立了一处高于普通地面的地方（比如拉伯雷笔下学生们野餐的地方，或者勒·柯布西耶为巴黎的瑞士留学生设计的公寓）。站在石棚上面，你就是被关注的焦点，也许你是位手中握有权力的人，是位占主导地位的首领，显露在天空的力量之下。你还被一个看似永恒的结构支撑着——一个来自遥远的过去的地基。

石棚充满诗意。它们唤起了几千年的人类历史，提醒我们不要忘记英勇的祖先，不要忘记我们认为自己拥有更简单、更高尚、更诚实的生活的那段时间。勒·柯布西耶设计的公寓中的知识分子坐在"庞大固埃的桌子"下面（第140页左上图及左下图），这里有着开阔的视野，他们在这里讨论未来，巨大的混凝土石棚为他们提供了栖身的框架。与此同时，他们的同伴正在"庞大固埃的桌子"上面用餐、打发闲暇时间。

多柱厅，卡纳克神庙中的阿蒙神殿，埃及

第 4 章

多柱式建筑

多柱式建筑

"人生过半后,我发现自己置身在一片黑暗的森林中,原本正确的路迷失了。"

但丁·阿利吉耶里——《神曲》,1300年。

多柱式建筑指有许多立柱的大厅。 从实用性上讲,多柱式建筑是支撑屋顶的一种策略,其下方有很大空间,从左到右的整个跨度都没有结构性的覆盖物(长横梁或桁架)。在多柱式建筑中,立柱通常被放置在矩形网格内,因此它们两两之间都间隔着较短横梁的距离。理论上说,用这种方式可以覆盖无限大的空间。

多柱式建筑就像森林。但丁曾这样描述(见左侧的引文),当你站在森林中,因为树干的阻挡,你的视线所及范围很有限,所有方向看起来都一样,你不知道该往哪里走。和森林一样,多柱式建筑可能是一个充满不确定性和神秘感的地方。这是一个放慢你的脚步的地方,是一个你可能迷失的地方。

多柱式建筑也是一个不分主次的区域——我们可以称它为零和区域,这里全部的位置几乎都是平等的,因为它们和同样空间里的立柱关系大体相当,主柱间的空隙也大致相同。在多柱式建筑中,也许有些位置离围墙、入口(就像在本章后面的一些例子中)或清真寺的壁龛更近一些,但是在大部分地方,在立柱形成的森林里，这些差别都不是很明显。所有地方都是平等的，因此，里面的人也是平等的。

森林并不总是让我们迷路的地方，它们还可以是悠闲散步的好去处。多柱式大厅也可以是漫步闲逛的地方。在这里，我们可以选择想去的方向。我们的运动轨迹不受空间环境的决定、引导和带领，以基督教堂的经典布局为例（第108页右上图），我们在布局时围绕一个清晰的轴线设计——这条轴线一直通向祭坛，并且建筑让信徒们觉得自己就是沿着这条轴线走向救赎之路的。我们可以在多柱式建筑中的立柱间随意走动。如果和朋友一起置身在这片森林里，那么每个人都可以选择不同的道路，而不是沿着预定的中央路径走来走去。这样，我们就和被石化成立柱的先辈思想融合在了一起。

21世纪不同于以往的那几百年，这个时期人们已经不再需要多柱式建筑作为支撑庞大空间的结构策略。不需要任何介入支撑就能实现空间之间的分隔，不需要使用石拱、砖拱、木材或钢构桁架、门式钢架、钢筋混凝土板或外壳、充气膜等。即便如此，建筑师还在继续探索多柱式建筑的思想，其原因就在于多柱式建筑中的空间特性。

在本书中我们已经多次见到多柱式建筑。有些考古学家坚信史前巨木阵（下页左上图，另见第25页和第96页）中那些消逝的（腐烂）木桩在当时可能是用来支撑顶盖的，在这种情况下那里可能曾存在一个多柱式大厅。即使没有顶盖，林立的木桩也一定创造出了与多柱式建筑有关的那种神秘和不确定的空间。这片木桩森林被排布成椭圆形，尽管如此，它们却有等级之分，中间的空地是它们的焦点。

阿斯普隆德设计的林地教堂的门廊（下页下图）也是多柱式建筑。这里的12根立柱代表了耶稣的12个门徒，它们组成了简单的网格形状，开辟出一片空间，仪式开始前哀悼者在这里等待，仪式结束后他们在这里互相安慰。与其说这里是容易让人迷路的神秘的多柱式建筑——尽管死亡本身就是个谜，并且是让人心情失落的事情——不如说这片建筑空间能把人召唤在一起，无论是生者还是已逝之人，面对死亡大家都是平等的。立柱组成的单层林构造出这片面积不大、结构简单的多柱式建筑，与外面真正的树林里的树枝混在一起。立柱还在教堂里面形成了一个石圈。这处多柱式建筑是一个过渡空间，坐落在大自然和人类社会秩序之间，而人类的社会秩序则表现在能够创造出一个超越自然的空间上，那里可以举行抒发强烈情感的仪式。

历史上最有影响力的十类建筑：建筑式样范例
The Ten Most Influential Buildings in History: Architecture's Archetypes

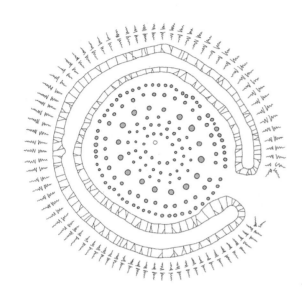

史前巨木阵是一个椭圆形的多柱式建筑。有些考古学家认为那里的立柱可能起着支撑顶盖的作用。当然，建造这些立柱森林是用来营造一个神秘的环境，也许还能给人带来些许不确定性。

林地教堂（下图）的门廊是一个小规模开放型的多柱式建筑，用12根立柱支撑金字塔形的屋顶。12根立柱代表着耶稣的12个门徒，因此这个多柱式建筑带给哀悼者一种感觉，那就是在死亡面前众生平等。教堂外面是不规则的森林，里面则采用了正规的石圈样式，它还在内外两者之间创造了一个多柱式建筑的空间，这个空间里的垂直中心轴线能直达天堂。

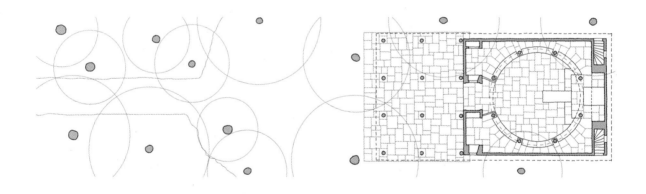

泰勒斯台里昂神庙，厄琉息斯

1540年，意大利文艺复兴时期的建筑师塞巴斯蒂安·塞拉奥出版了他的第三本建筑作品，里面收录了许多远古建筑的建筑图纸，其中一张图纸上展示了古希腊的一个有100根立柱的大厅（下页右上图）。他在书中写道，至今我们仍可以看到它的废墟。

我曾重画过塞拉奥的设计图纸。另外一张图纸上显示的可能是雅典的伯里克利剧场（北纬37.970 568°，东经23.728 388°；维特鲁威曾提及），也可能参照了公元前5世纪伊克底努——帕特农神殿的设计师之一——在厄琉息斯建造的泰勒斯台里昂神庙（左下图；北纬38.040 907°，东经23.538 558°）。这个神庙内共有42根立柱。塞拉奥所说的旋转楼梯可以理解为对所获信息的错误解读，他被告知的应该是"大厅里有直通各个角落的台阶"。泰勒斯台里昂神庙的那些台阶是为参加厄琉息斯秘密仪式的人准备的——这是得墨忒尔的信徒举办的一年一度的入会仪式，最初可能发生在森林里。不过在这里，仪式场地变成了柱子森林。立柱的存在足以支撑这个大空间，同时它们还必须有助于营造仪式的气氛。迄今为止，我们仍不知道这个空间的光源来自何处。除了神庙的开口处透过的少许光线或昏

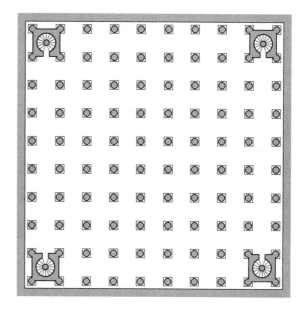

下图展示了泰勒斯台里昂神庙里的立柱是如何烘托仪式的神秘气氛的。如果观众坐在a处，他的视野大约只能看到整个仪式场地的40%，看到"小屋"的视角就更小了。观众只能断断续续地看到祭司和新入会成员在立柱间进进出出。

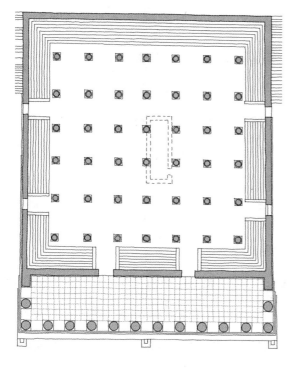

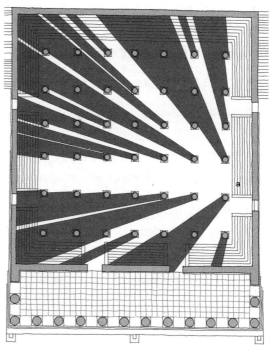

暗的油灯散发的点点光源，这里可能是漆黑一片。又或者，在像屋顶这样更高的地方有窗户或开口，使这里更像一片森林。有些人在解读这座神庙时认为柱子中央有个小房间（上页左下图中虚线所示位置），这个"林中小屋"就是收获女神或她的祭司在仪式中出现的地方？

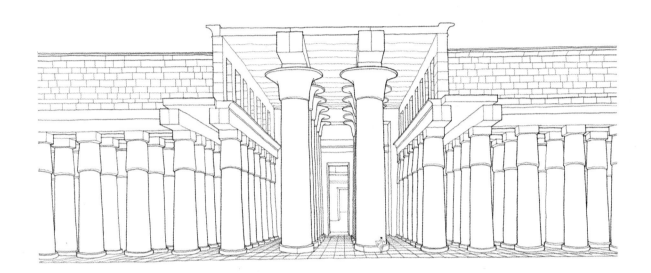

古代埃及的多柱式大厅

卡纳克神庙中阿蒙神殿（北纬25.718 582°，东经32.657 905°）的建造历经了从公元前1500年左右到公元前1000年之间的几任法老。下页的图是阿蒙神殿的平面图，其中有些地方靠推测补充完成，考古学的足迹还未踏遍这些区域。图中大约靠近中间的位置是公元前13世纪为法老塞提一世及其子拉美西斯二世建造的多柱式大厅。

许多建筑的结构都基于入口—轴线—焦点的顺序排列（第107~109页），马耳他神殿（见第127页）的前行路径终止于作为焦点的祭坛或一个象征性的不能通行的入口处，而阿蒙神殿以及其他古埃及神庙里的前行方向刚好相反，它是一个从里到外出现的过程——法老和高官显贵们从私人寓所走出，先后穿过内庭、庭院和过道，最后才出现在世界、太阳、他们的臣民和尼罗河前。官员们可以通过一些秘密的后台通道在神庙的角落之间穿行，并不会被看到和干扰。从图中你可以看到轴向的仪式行进路线。

除了充当场景和道具布置，提高并加强仪式场合的庄严感和尊贵感，提升主要参与者的地位，仪式行进路线两侧的建筑空间不需要具

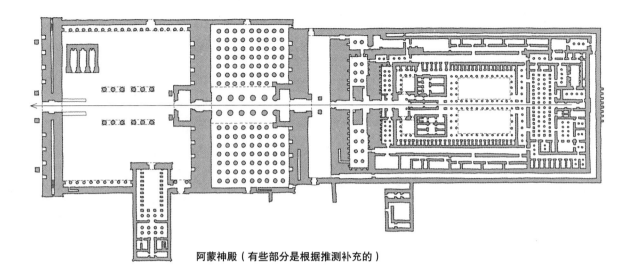

阿蒙神殿（有些部分是根据推测补充的）

备其他功能。多柱式大厅（上页图）才是其他建筑功能的担当者。你可以想象一下庞大的立柱间隐藏的阴谋诡计，但通常情况下这就是一个没有目的的空间。与其说这是一个充满秘密的大厅，倒不如说它是军事实力的建筑表现，立柱践行着它们代表军队的永恒角色——在这种情况下，当法老的仪仗队通过时，军队的士兵和将军都要立正迎接。

波斯波利斯：波斯多柱式建筑

波斯波利斯的宫殿（北纬29.935 172°，东经52.889 562°）起建于大约公元前500年，历经许多波斯国王之手，现在这些宫殿位于伊朗境内。从下页的平面图中可以看得出来，波斯波利斯城内到处都是多柱式建筑。其中最大的两座建筑分别是大流士建造的觐见厅（图中a处）和大流士之子赛瑟斯建造的百柱大厅（图中b处）。这两个建筑都是用来接待和容纳观众的大礼堂，以期彰显国王及其朝臣的辉煌，给人留下深刻印象。当时，多柱式建筑是唯一可以承载如此大的空间的建筑形式。

从建筑视角来看，推测大流士及其皇位继承人赛瑟斯把王座放在各自建造的大厅中的什么位置是一件非常有趣的事情。人们从等距排列的柱子中找不到任何线索。在迈锡尼人建造的中央大厅和米诺斯宫殿里，也许是为了免受外面光线的照射，王座都是背墙而立，正面朝向刚好与入口呈90°夹角。而在波斯人建造的大殿中，王座的朝向正对着入口，很有可能就在大厅中央的高台上，四周有四根柱子，所以那些柱子就成了标记王座位置的框中框。但是波斯人不会选择大厅正中央的柱之间的位置

历史上最有影响力的十类建筑：建筑式样范例
The Ten Most Influential Buildings in History: Architecture's Archetypes

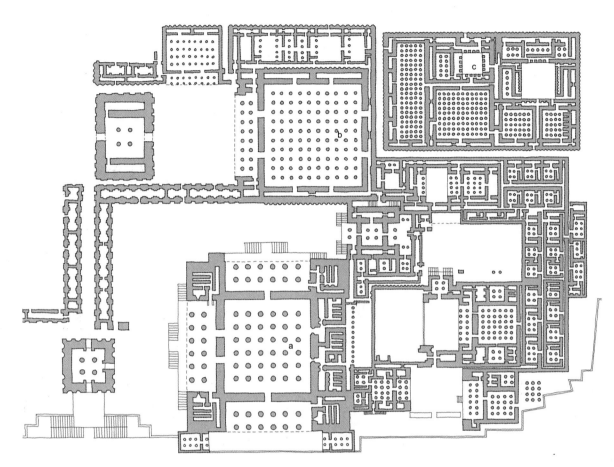

摆放王座。我的最佳猜想是两位国王分别把自己的王座放在了平面图上我用来标记两个大厅的字母处——在中轴线上，大厅正中央和后墙之间，这个位置离几何中心较远，更靠近私人住所中的距离大礼堂较近的地方。此外，请注意虽然王座可能面朝入口，但是两者之间不会出现直接冲突。入口—轴线—焦点这种顺序结构从政治角度来看并不适合这里。

大流士还建造了一座大型的波斯波利斯宝库（图中c处）。这座长方形建筑里有许多多柱式房间，用在此处是为了发挥多柱式建筑的另外一种建筑属性。立柱在这里不只被用来支撑超大面积的平层空间，而且还起到了迷惑入侵窃贼的作用。这里的规划仿佛一个迷宫般的计算机游戏，走廊迂回曲折，一直沿着走廊前行只会把人带进死胡同。想象一下，你迷失在立柱森林里，找不到出入口在哪里，也许一个转弯就可以把你带到你来时的外面的世界。如果你茫然无措，那就只能等着守卫来救你了。

调整多柱式建筑中的空间

站在多柱式建筑的大厅中央，你的感觉

和意识会出现错乱,感受不到边界、轴线和中心——这些通常标志着封闭空间的层次结构的建筑元素。无论站在什么位置,每根柱子的向心力和离心力——吸引力和排斥力——都一样。这样的地方可以被称为零和区域。

多柱式建筑大厅的环境可以比得上一个开放的、无特征的沙漠。(在多柱式建筑大厅里你也会迷路)它们之间虽有差别,但却具备一种共同特质——无地方性,也正是这种特质让我们觉得不舒服。一望无际的沙漠看不到边缘在哪里,行走在其中的人就是游来荡去的中心,他们的视线不受阻碍,能看得很远,同样也能被远处的人看到。在沙漠里,白天能看到缓慢移动的太阳,夜晚能数星星。多柱式建筑大厅的边界就是围墙,它躲在柱子的后面,看起来脆弱不堪却起着限制作用。人们只能在柱子之间的直线网格里穿梭,不过每个方向看起来都一样。正如但丁所说,不知道哪条路是正确的。

在开放的、没有特征的沙漠里,人们作为沙漠中心的角色定位可能被广场恐惧症放大。而在幽闭的多柱式建筑中,这种感觉会受到抑制,甚至被否定。人们在这里是为了躲避外面的世界,而不是展示自己。

多柱式建筑里面的空间也不是一点差别

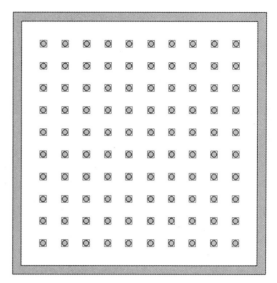

多柱式建筑形成了一片无变化的领域,尽管是封闭的,却可以与一片无特征的开放沙漠相媲美。两者都能让你迷失方向。两者都有无地方性的特质,人们会在其中迷失自我(见第8章"迷宫"的引言,博尔赫斯,第266页)。

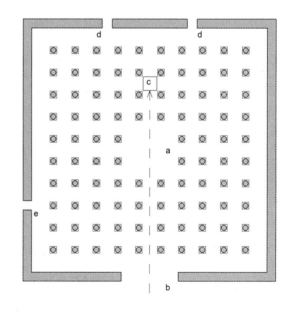

在多柱式建筑中引入诸如空地、门、焦点这些建筑元素,为这种建筑的不确定性增添了建筑感。从心理学角度来看,这种感觉让人更舒服,但不确定性在影响我们对某种建筑空间的体验时,既有积极作用又有消极作用。

历史上最有影响力的十类建筑：建筑式样范例
The Ten Most Influential Buildings in History: Architecture's Archetypes

都没有。离墙越近，迷路的概率越小，但即使人们走到了墙跟前，你也可能不知道这是哪面墙，而且在这片可怕的森林里，人们可能一直在边缘地带徘徊，却找不到这个空间的出口在哪里，宛若地狱一般。

只有当在多柱式建筑中加入其他建筑元素时，本来无差别的空间才会多了些建筑感（上页右下图）。人们可以移走几根柱子，整理出一片空地（图中a处），这里的采光也许来自屋顶的开口，在墙边营造出光影渐变的效果。人们也可以在某一面墙上留下宽阔的入口（图中b处），使其成为往来进出的主要方向。人们还可以在大厅内部增加一个如赛瑟斯的王座一般的焦点（图中c处）。无论怎样做，都会把多柱式建筑大厅原本的零和区域特征转变成典型的入口—轴线—焦点结构（第107～109页）。如此一来这片立柱森林的不确定性就被转移到了大厅的外围区域，迷惑感也被消除了。也许人们会切割出一个或多个次要的入口（图中d处），连通这里与附属空间（如赛瑟斯的私人寓所），次要入口也可能隐藏在某个角落里（图中e处）。想象一下这两种进入方式的细微差别，一种是从"d"入口中的一个进入大厅——走在柱间走廊的轴线上，另一种是从"e"入口进入大厅——直接面对着一个立柱。

这种对多柱式建筑所做的简单调整只是众多变化中的一种。空地（地面上的固定区域）、屋顶开口（为了光线的渗入）、焦点、门……以及通道、窗户、小型建筑物、小屋（比如泰勒斯台里昂神庙里的"小屋"）……所有的建筑元素都可以有无限种分布方式，产生的结果和影响自然也各不相同。有些变化是对称的，其他是不对称的或者没有明显的对称轴。有些有意义，有些没有意义。就像约翰·塞巴斯蒂安·巴赫谱写的《前奏曲与赋格曲》一样，多柱式建筑的常规立柱网格可以谱写出无限的空间旋律。

大会议室，迈加洛波利

泰勒斯台里昂神庙（不带"小屋"的平面图，第146～148页）满足了我们对在树丛中漫步的无等级空间即零和区域的联想。塞拉奥所记载的古希腊的百柱大厅，以及赛瑟斯建造的"百柱大厅"都实现了同样的目标。然而卡纳克神庙里多柱式大厅的景象（第148页图）略有不同，它展示了在等距的立柱森林里，等价的空间和方向如何被一些重要的事物扭曲。在泰勒斯台里昂神庙的多柱式大厅和赛瑟斯的百柱大厅里，立柱间的等价空间因遭遇"小屋"和王座而被两次扭曲。卡纳克神庙中多柱式大厅的立柱森林是为了迎合一条路线——法老出现在众人面前时行进的主要轴向路线,其标志就是较大的立柱和一条长廊。

位于迈加洛波利的大会议室(公元前370年,北纬37.410 622°,东经22.127 377°)毗邻一处剧院,是阿卡迪亚同盟的会面地点。乍看上去,这个会议室的立柱(左下图)是随意设置的,并没有依照一般的矩形网格结构来设计。这样的设置是为了缓解多柱式大厅里视线不好的情况。网格结构被特意重置。要观察整个空间的概貌,大会议室也许是最好的视角,远胜于泰勒斯台里昂神庙(第147页右下图),但是每个人观看站在大厅焦点处的演讲人的视角却得到了大幅提升(右上图),这个焦点大概就在天窗顶下(图中a

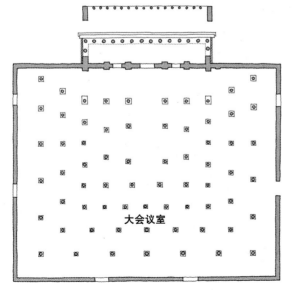

迈加洛波利剧院

大会议室

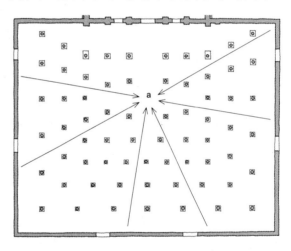

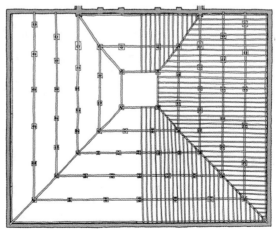

历史上最有影响力的十类建筑：建筑式样范例
The Ten Most Influential Buildings in History: Architecture's Archetypes

处）。上页右下图展示了一种可行的木质屋顶结构。从这幅图中可以看到，虽然立柱的摆放位置是为了让视线直达焦点，但它们还是呈矩形样式，支撑着檩条。

多柱式清真寺

清真寺有许多不同的建造形式，其中就有一些多柱式大厅。在年代久远的埃及、波斯、希腊建筑中，人们会使用多柱式的建筑结构策略支撑大面积平层空间的屋顶。但是多柱式清真寺却有不一样的空间意图，给人带来不同的感觉。在一些古代多柱式建筑中，如波斯波利斯宝库或希腊泰勒斯台里昂神庙（神秘之殿），建筑本身的意图是迷惑人的感官，创造一个"找不到正确的路"的地方。而多柱式清真寺的建筑意图恰恰相反。清真寺里的多柱式空间给人相反的感觉，它建立了一个清晰的几何空间框架结构，这样祈祷者就能明确祈祷时应该面向哪个方向。同时，这还是一个一视同仁的空间：这里的零和区域不讲究个人地位，至少很难主张个人地位。

清真寺的正面通常都朝向麦加城，正殿纵深处的墙和墙上的壁龛为信徒指明了正确的方向。在多柱式清真寺里，立柱交织而成的网格形成了这里的构造几何和空间几何，整个祈祷大厅都是同样的方向。这是伊斯兰教的清规戒律在建筑上的表现。从哲学的范畴来看，无论是实际结构还是理想信念，这样的空间都是有序、可靠、正确的……每个人都有自己的位置，每个位置都有同等的建筑地位，没有哪个地方高出一等。

位于伊朗克尔曼省的哈迦阿里清真寺（下页左下图）向我们展示了在不考虑周围城市脉络的几何结构的前提下，祈祷大厅的多柱式建筑空间如何保证自己面朝麦加城的方向。大厅的结构及秩序缓和了日常生活的不规律和明显的无序。

伊朗达姆甘清真寺（下页右上图）就是一个简单的多柱式清真寺。许多立柱支撑着屋顶，下面形成一片阴凉之地，通向一处庭院。这里是距离朝向麦加的那面墙以及壁龛最近的地方。马里共和国的杰内大清真寺（下页右下图）有着类似的布局。不过这座大清真寺不是用石块建造的，它的建筑材料是泥土，矩形柱占据了祈祷大厅里绝大部分的空间。

位于西班牙南部的城市科尔多瓦的梅斯吉塔清真寺的布局结构与上述清真寺大致相同，不过占地面积更大。这座清真寺建造于阿拉伯人统治西班牙时期。当它还是一座清真寺时，曾被扩建了许多次。梅斯吉塔清真寺以自身为例，说明了在理论上，多柱式建筑结构适用于无限扩张理论。无论身处立柱森林的什么地方，不管你是否能看见壁龛的位置（下页左下图中的a处），其网格上方的拱形结构脉络都能为你指出朝向麦加的那面墙，从下页右上图中我们可以看到这个拱形结构。

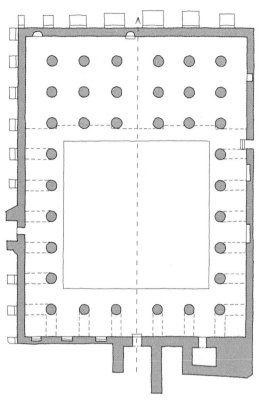

达姆甘清真寺，达姆甘，伊朗（北纬36.164 209°，东经54.354 188°）

杰内大清真寺，马里（北纬13.905 150°，西经4.555 404°）

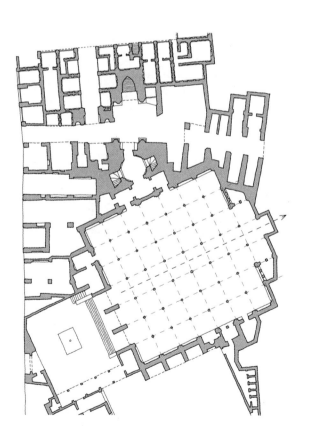

哈迦阿里清真寺，克尔曼省，伊朗（北纬30.292 695°，东经53.078 530°）

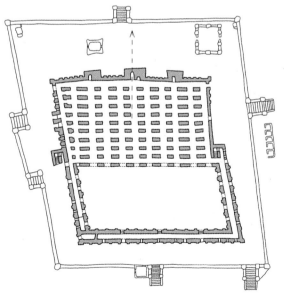

历史上最有影响力的十类建筑：建筑式样范例
The Ten Most Influential Buildings in History: Architecture's Archetypes

从基督教堂到清真寺，建筑的基本空间结构发生了根本性的改变。梅斯吉塔清真寺阐释了建筑是如何定义思想（宗教信仰）空间的，又是如何被赋予政治用途的。

多柱式建筑办公室

詹森公司总部（下页左上图；北纬42.712 870°，西经87.790 969°）位于威斯康星州拉辛市，20世纪30年代由弗兰克·劳埃德·赖特设计。这里有一个多柱式的大型工作空间，一根根立柱从顶部呈扇形散开，像抽象的树一样形成一片常见的立柱森林（下页左

梅斯吉塔清真寺，科尔多瓦，西班牙（北纬37.878 369°，西经4.779 324°）

当基督教成为西班牙的主流信仰后，梅斯吉塔的中央部分也从清真寺变成了大教堂（下图）。这里的壁龛朝向并不是直面麦加城，而是在偏南的方位，在梅斯吉塔变成教堂后，该朝向被朝东的基督教轴线取代。

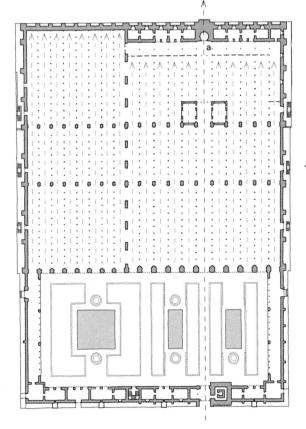

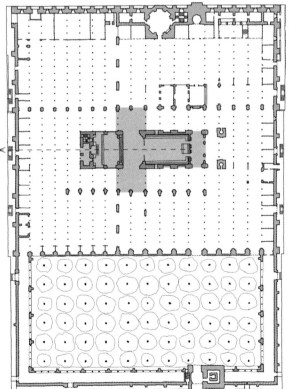

第4章　多柱式建筑

中图）。多柱式结构在这座建筑中发挥着屋顶的作用，覆盖着下面超大的平层空间。一根根细小的立柱非但没有让人觉得神秘，反而营造出开阔的感觉。在这个公共工作空间，员工不是被隔离在独立的办公室里，而是被聚集在一个普通的、平等的空间里。

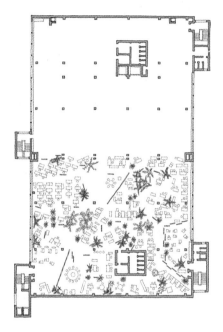

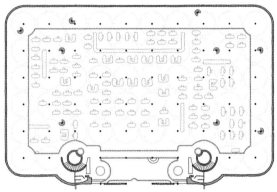

20世纪50年代，办公风景的理念在德国兴起。位于德国居特斯洛的贝尔特尔斯曼出版集团的办公室（上图）就是早期的代表，其构思来自埃伯哈德·史奈尔和沃尔夫冈·史奈尔两兄弟带领的Quickborner团队。这里提供有各种各样的建筑零部件——屏风、书桌、座椅、柜子、绿植……鉴于柱子间的距离很大，员工可以在这个办公场所中随意组织工作组（如上图所示的半个平面图）。在这样的多柱式空间中，立柱的设计本意就是如同不存在一般（在有些实例中，立柱被裹在镜子里是为了反射周边的环境）。虽然这个空间的存在是为了工作而不是娱乐，但是这里的场所营造方式仍然变得类似于阳光明媚、温度宜人的时候在开放的沙滩上搭建帐篷（左下图）。

157

历史上最有影响力的十类建筑：建筑式样范例
The Ten Most Influential Buildings in History: Architecture's Archetypes

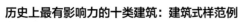

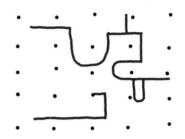

勒·柯布西耶对比了多柱式空间理念（上图）和传统上取决于承重墙的"僵化"的房间布局。

有了钢筋混凝土的帮助，多柱式建筑中间隔排列的柱子使墙壁可以随意安放，不必考虑建筑的整体结构。

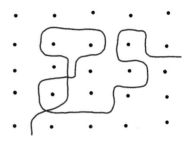

多米诺（多柱式建筑）理念也能让人们从传统的墙壁和门设置的空间规则中解放出来，行动不再受那么多限制。

多米诺理念

开放式的办公环境与20世纪建筑界的一个早期想法有关。在19世纪末、20世纪初，钢筋混凝土和钢铁结构的发明意味着建筑师可以去创造更多的空间理念，不再受承重墙的束缚。虽然这些结构或者空间理念被归为"现代"流派，但是有时候，它们其实就是对古代多柱式建筑的再现。其中一种核心理念即1914年勒·柯布西耶提出的多米诺理念（见《解析建筑》，第四版，2014年）。这个理念最初用于一个住宅原型，用钢筋混凝土建造，就像一个简单的两层多柱式结构——几根柱子支撑着混凝土板。

1927年，勒·柯布西耶把这种理念列为"新建筑5要点"之一。他提升了"自由"平面的优点，使其在多米诺理念的支持下变得可行，这与传统建筑中房间只能由承重墙围成的"僵化"思想形成对比。实际上，多米诺理念就是宽柱间距的多柱式建筑，使人们在选择墙壁的位置时更加自由，人们在空间内的行动也更加自由。

如果去掉勒·柯布西耶设计的萨伏伊别墅（1929—1931年，下页左上图；北纬48.924 436°，东经2.028 315°）一楼的墙壁，我们可以看到里面就是一个多柱式建筑的结构。实际上，墙壁都是按照自己的逻辑选择定位，人们在立柱间穿行。

同样的理念也出现在其他办公大楼中，例如上页插图显示的办公室和诺曼·福斯特设计的位于伊普斯威奇的Willis Faber Dumas保险公司总部（1975年，下页右上图；北纬52.055 466°，东经1.151 003°）。这个保险公司总部的范例还把多柱式建筑从矩形的边框中解放了出来。

第4章 多柱式建筑

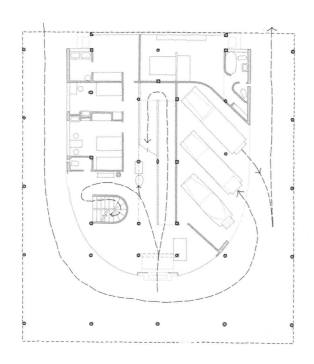

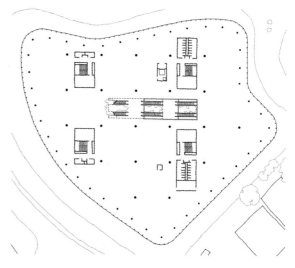

这个保险公司总部用多米诺理念修建了开放的办公空间。这座建筑还向人们展示了多柱式建筑的空间不一定非要和矩形结构捆绑在一起，它适用于不规则的城市地形。

各种各样的近现代多柱式建筑

在整个20世纪直至21世纪，建筑师不停地提出更多基于多柱式建筑的设计概念。

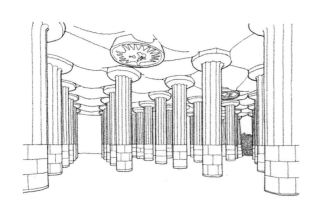

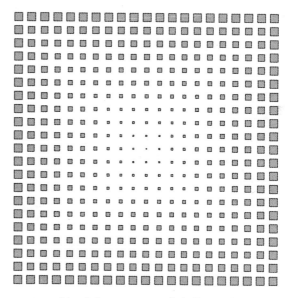

20世纪早期，西班牙建筑师安东尼·高迪为巴塞罗那的奎尔公园设计了一系列建筑。其中包括一个多柱式大厅（北纬41.413 921°，东经2.152 589°），它的下面是公园入口处附近的一个大型露天平台。

2014年，来自Vazio S/A工作室的巴西建筑师卡洛斯·特谢拉为圣保罗的Carbono艺术馆设计了展会布置。这个多柱式建筑里的柱子有等级之分，越靠近边缘的柱子越大，而两个柱子之间的距离越小，在从外向内的聚拢过程中，柱子的横截面积越来越小，但是网格结构是相同的。参观者要挤过外部柱子之间的狭缝，才能到达越来越宽敞的立柱森林中间。

159

历史上最有影响力的十类建筑：建筑式样范例
The Ten Most Influential Buildings in History: Architecture's Archetypes

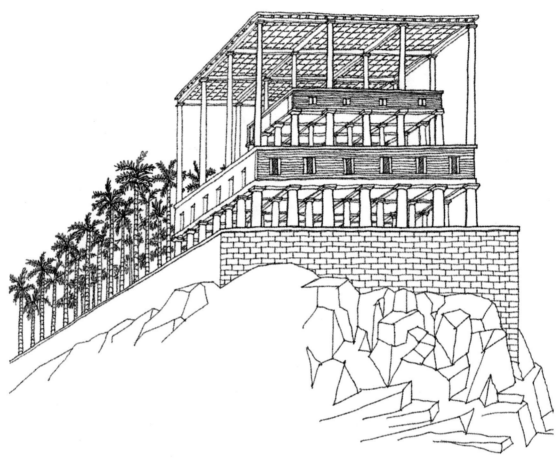

1977年，卢森堡建筑师里昂·克利尔设计了一个多柱式住宅（上图是我画的建筑平面图，是以里昂的手稿为参考的）。这座住宅没有投入施工，我们也不清楚人们如何在每层楼里的柱子之间展开生活。另外请留意一下，这里和科尔多瓦的梅斯吉塔清真寺很像（第156页），内部的多柱式网格并没有受限于建筑的面积和范围，而是一直延伸到外面真正的树林里。

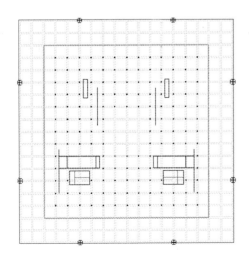

在2014年，负责翻修密斯·凡·德·罗设计的柏林新国家艺术画廊（第134页）的英国建筑师在画廊临时关闭之前，为在这里举行的展览设计了一种干预措施，取名为"棍棒与石头"。从地面到天花板那么高的去皮树干遍布在屋顶结构的每个节点上，把展馆的开放空间变成了多柱式大厅。大卫·奇普菲尔德的干预措施似乎影射着密斯设计的建筑仿照的先例。森林上方也许笼罩着穹顶，但这个钢铁结构的穹顶却是为了在里面创造一片森林。讽刺的是，看起来是这些柱子支撑着屋顶，但是由于钢铁结构的力量，其实只要外围的8个柱子就够了。大厅中央留出了一片空地。

第4章 多柱式建筑

最后……多柱式建筑——是神秘森林还是感官框架

20世纪30年代,意大利建筑师朱赛普·特拉尼为意大利最伟大的诗人但丁·阿利吉耶里设计了一座建筑。但丁纪念堂本应坐落在罗马市中心（北纬41.892 991°,东经12.488 479°）,却从未建成。这是一个拥有复杂几何结构的华丽篇章,还是一座会讲故事的建筑,它用抽象的空间结构展示了但丁最伟大的诗篇《神曲》。这里本来应有两个多柱式建筑：一个展示了故事的开始——本章开头处的引文前几行中提到

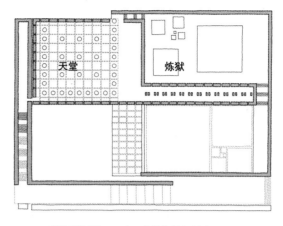

顶层平面图——《天堂篇》的场景在这里

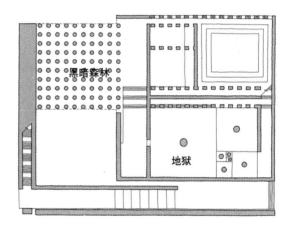

入口层平面图

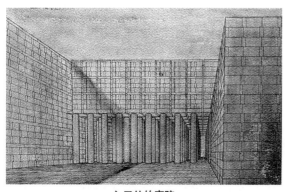

入口处的庭院

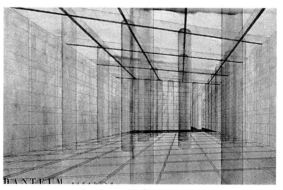

天堂

的"黑暗森林";一个展示了故事的结局——《天堂篇》(最终目标)。在第一个建筑(黑暗森林)中,立柱都是由石头做成的,且柱体较粗。这个多柱式建筑会让人产生困惑——也就是但丁提到的迷失"正确的路"。在讲述《天堂篇》的区域,柱子选用玻璃做材料,且柱身细长。在玻璃屋顶的映衬下,但丁纪念堂的"天堂"区域里一切都是光明和理智的。这里的多柱式建筑经过了微妙的变化处理,它的结构既要能使人们感受到黑暗中的绝望,也要能对人们形成启蒙开化。建筑的其他部分打造了地狱和炼狱这两层之间的旅程。

另见:西蒙·昂温——《建筑学基础案例研究25则》,2015年版。

协和神庙，阿格里真托，西西里岛

第 5 章

神庙

历史上最有影响力的十类建筑：建筑式样范例
The Ten Most Influential Buildings in History: Architecture's Archetypes

神庙

"我心里涌动着一股激情。我们是在上午11点到达雅典的……帕特农神庙那巨大的身影一出现，就让我像挨了当头一棒似的愣住了。我刚刚跨过神圣山岗的山门，就看见孤孤单单、方方正正的帕特农神庙耸立在眼前，用那黝黑的立柱高高地举起它石制的盖顶。神庙下方，有二十来级台阶充作基座，将其拱抬。天地之间，除了这座神庙，以及饱受千百年损毁之苦的石板阶地，别无他物……神庙下方的台阶太高了，不是为人类量身打造的。上了那些台阶，我就踏着第四与第五根凹槽柱之间的中轴线，进了神庙大门。我转过身，从这个从前只留给诸神和神职人员的位置，把整个大海和伯罗奔尼撒半岛尽收眼底……你把头埋在掌心，无力地倒在神庙的一级台阶上，听凭那诗意将你猛烈地摇撼，于是你周身开始震颤……正是日薄西山时分，响起一声尖利的汽笛，驱走观光客，四五个已经在雅典朝圣过的游人跨过山门的白色门槛，从三个门洞中间的一个出去，在台阶边停下来，吃惊地打量脚下，就像观察一个光线幽暗的深渊。他们耸起肩膀，感觉海面之上漂浮而来熠熠闪光的、来自往昔的幽灵，这是一种无法逃避、难以言说的存在。"

勒·柯布西耶——《东方游记》（1966年），
MIT出版社，坎布里奇，马萨诸塞州，
1987年
（中文译本：管筱明）

在混乱无序的世界里，我们需要有参照点。他们说："心之所在即为家。"家，不仅仅是我们的情感认同最强烈的地方，还是我们的精神世界的中心，是其他地方的参照点。一个人需要一个家，一个家庭需要一个家，一个群体需要一个家，一个群体信仰的神灵也需要一个家。

温布尔登中央球场（第217页）被称为网球圣殿，因为它既是典型的网球运动场地，又是网球运动的总部。对英国而言当然如此，对世界而言可能也不例外。从建筑方面来讲，环绕着比赛用草坪场地的看台可能称不上是"圣殿"，但是整个建筑的中心的比赛场地却是当之无愧。这里就是网球之神的家。

因为常规（理想）的几何形状和在世界各地建立的轴线，建筑学意义上的神庙通常以参照点的身份确立自己的权威地位。神庙的几何形状使其从周围普遍存在的不规则中脱颖而出，或者说为网球比赛中的不规则行为提供了一个稳定的框架。它们的轴线使其影响力远及天边，或把它们与一些超然的权威联系起来：太阳、某个神圣的网球规则……神庙里的固定轴线就是一个基点，它就像隐形的扶手。我们紧紧抓住它不放，好让我们在这个不守规则的世界里筑牢自己的位置。从这些方面来看，神庙不仅是代表着宗教信仰或提供仪式的场地，它们还像工具一样，通过空间组织和投射，体现和维护着宗教信仰（或网球运动）给人带来的心理和思想上的安全感或使命感。

以第163页的协和神庙为例，这样的神庙看起来就像精心建造的石棚。它们在有些方面是相同的，但也存在很大程度上的差异。典型的石棚就像人造的洞穴——一个隐蔽的类似于地下的空间，而建好的神庙在给自己定位时要求人们在很远的地方就能看到它的存在。神庙和石棚一样，它们都能保护结构内部的一切，也还在向外界表达自己。无论祭坛在建筑外面还是里面，神庙里供奉的都是生动形象的人们理想中的神灵，而不是已逝之人的遗骨。石棚由粗糙的大石块堆砌而成，而神庙一般结构严谨，表面整洁，装饰精美。神庙是这里供奉的神灵权威和理想的外在可见形式，是一个城市或群体的身份代表。

沙滩上的神庙

所有的建筑都起源于人，神庙也不例外。我们每个人身上都有神庙的元素。当你站在一片开阔的沙滩上时，实际上你就是一座神庙……至少是一座萌芽中的神庙。神庙建筑就是对我们自身的阐述和表达。我们可能建一座神庙去供奉神灵，但我们这么做时其实就是推测神灵拥有和我们一样的躯体，即使她/他根本不住在这里。因此，神庙的架构与我们的轴向对称和四个基本方向（还有上、下两个方向）以及我们对世界的感觉和体验契合。

历史上最有影响力的十类建筑：建筑式样范例
The Ten Most Influential Buildings in History: Architecture's Archetypes

一张椅子也许就是一座神庙。如果这是神灵坐的椅子，那它就是宝座。早期的佛教寺庙以空椅子为焦点，营造出佛祖不在的感觉（第176页）。简单的脚印甚至也可以是神庙，它既代表着神灵的存在，又代表着神灵的离开。

同样的建筑结构也出现在下图的例子中。在这幅图中，神庙的位置被固定在地面本来就有的一块岩石上，这块岩石也成了祭坛。地上的毛巾代表着缺席人的位置。这座神庙的入口也形成了一条直通大海的轴线。

图中的人正在为自己的伙伴建造一座神庙。这座神庙的架构是从沙滩上挖出来的，浅浅的沙沟就是神庙的外墙。它四四方方，有一个小小的象征性的入口，形成的轴线直达大海。

第5章 神庙

有时候,我们在沙滩上搭建神庙会花费更多的心思,会使用身边现有的零件:防风物、帐篷、遮阳伞……还有椅子、毛巾或沙滩垫等。

上图中的沙滩营地有着经典的"神庙"结构,尽管这个营地只存在短短的一天,而且搭建的人心中根本没有神庙的概念,但是它堪比摩西为了保护至圣所中的约柜而在沙滩上建造的圣所。

左上图中的沙滩营地还可以比得上一座印度教寺庙,如上图。(这是位于喀拉拉邦特里凡得琅附近的Kunnumpara寺庙,供奉着Subramoniam,北纬8.413 837°,东经76.973 876°)尽管这些神庙的组成部分变化多样,但是它们根本的空间结构顺序依然是相似的。它们都具有我们人体的轴向对称属性。

神庙通常被人们看作供奉神灵的地方,但它们也可能是抑制某些力量的地方。我们希望神庙能"锁"住无法预知的"邪恶灵魂",这样我们就知道它们在什么地方,可能的情况下还能抑制它们的恶行。

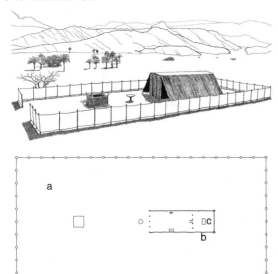

海滩棚屋(下图)是一个临时的家——一个属于我们自己的神庙。它是一个固定地方,我们可以以它为参照物确定自己的位置。即使我们走得远了,它也能缓解我们因空旷的沙滩而产生的广场恐惧症。在海滩棚屋中,我们知道自己处在安全的地方。神庙既是神的家又是供奉他们的地方,那里也可以称为庇护所。不过我们更喜欢坐在里面欣赏外面的风景。

神庙的基本要素从外到内依次是:
a 包围圈——神圣的区域或神圣围地。
b 一个小房间——至圣所——有一片固定区域,入口处前方有走廊或柱廊。
c 一个焦点、雕像、祭坛、宝座或开口(象征着入口或窗户)……或者只是神灵或圣灵的存在。

历史上最有影响力的十类建筑：建筑式样范例
The Ten Most Influential Buildings in History: Architecture's Archetypes

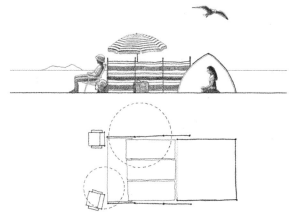

中央大厅

我曾经在收音机中听到过一个农民谈论他怎样在拍卖会上买公羊。他说头小的羊比较好，因为这样的生理特征表明它们的下一代更容易繁殖，除此之外，他还说决定是否在一头公羊上投入大价钱的主要因素是动物自己的"存在感"。羊也应该有存在感。例如，它应该傲慢地回头看你一眼，让你知道它的重要性。好吧，也许在遥远的过去的某个时候，部落的酋长们也是这样看待自己的，看待显示并放大他们的存在的建筑。

中央大厅被看作希腊古典神庙的先驱。它是迈锡尼文明时期宫殿里的中央正殿，建筑历史可以追溯到公元前2000年，即希腊神庙建筑的古典时期前的500年到1000年。第170页展示了其中一些迈锡尼文明时期的宫殿的部分平面图，它们的规模大小不一。每个宫殿里的中

第167页左上图中的海滩营地（上面是营地的剖面图和平面图）和有着类似空间结构顺序的神庙代表着一种建筑布局，它是我们的空间基因的一部分。封闭的庇护所和前院能看到周围的环境，这样的结构可以追溯到史前时期，那时我们还生活在洞穴里（左上图；威尔士的猫洞，北纬51.589 881°，西经4.112 388°）。

央大厅都非常明显，这里是唯一的轴向空间。派罗斯宫殿和梯林斯宫殿里（第170页左下图和右下图）都有两个中央大厅，一个较大，一个较小。较小的那个通常被认为是供皇后使用的。

中央大厅的标准构造与上页右上图中的印度教寺庙非常相似。菲拉科皮的中央大厅（第170页左上图）结构最简单，里面只有一个内室（内室里有壁炉，王座可能也在这里），内室外面的走廊朝向庭院（图片中不显示）。其他宫殿的基本布局也是如此，不过在内室和走廊之间又增加了一个额外的空间——门厅或者客房。所有空间都面朝封闭的庭院。

在下页的左下图和右下图中，你可以看到这里的庭院也有特殊的入口，——两个背靠背的大厅走廊。在梯林斯宫殿中，人们在抵达中央大厅前面的主庭院之前，要穿过两个入口和一个介于入口与主庭院之间的庭院。我们可以打造一条有等级之分的行进路线，最终在国王所在的中央大厅处结束。

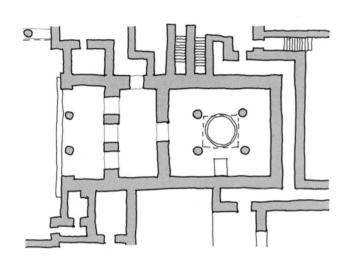

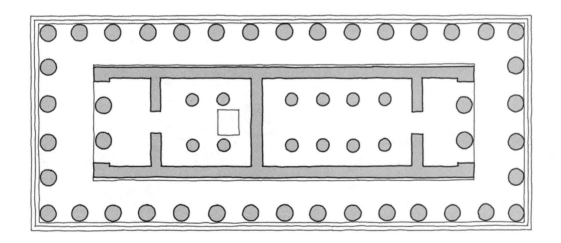

上图是位于特尔斐的阿波罗神庙的平面图（北纬38.482 299°，东经22.501 161°；在第222页的插图中可以看到这里的遗址）。从图中可以看到希腊神庙的平面图与出现时间更早的中央大厅（上上图；这是梯林斯宫殿的中央大厅，另见下页右下的宫殿平面图）之间是有相似之处的。这两种建筑的主要组成部分都是内室和走廊，镶嵌在两面支撑着屋顶的平行墙面之间。尽管如此，它们之间还是存在着显著的差异。中央大厅中的王座放置在中央壁炉的一侧，但是希腊神庙中代表着宗教信仰的雕塑（此处以阿波罗神庙为例）会直接坐落在入口处的轴线上。

历史上最有影响力的十类建筑：建筑式样范例
The Ten Most Influential Buildings in History: Architecture's Archetypes

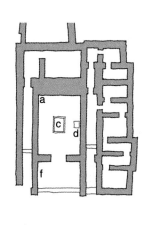

菲拉科皮的中央大厅，爱琴岛上的米洛斯岛（北纬36.755 450°，东经24.505 209°）。

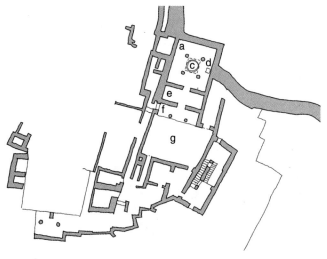

迈锡尼，阿伽门农的宫殿（北纬37.730 283°，东经22.757 827°），迈锡尼文明即以此命名。

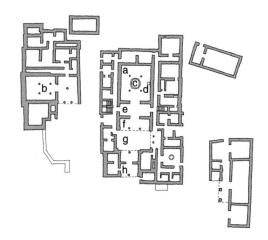

派罗斯宫殿（北纬37.027 210°，东经21.694 579°），是涅斯托尔的宫殿；涅斯托尔是《奥德赛》（第三卷）中忒勒玛科斯（奥德修斯之子）拜访的人。

（右下图）梯林斯宫殿（北纬37.598 909°，东经22.800 290°）。

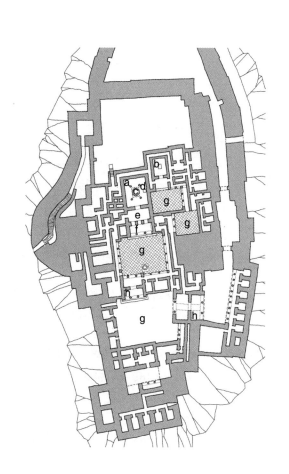

中央大厅的组成部分	
a 中央大厅	e 门厅
b 皇后大厅	f 走廊
c 壁炉	g 庭院
d 王座	h 入口

第5章 神庙

作为对象的神庙

雅典卫城（北纬37.971 505°，东经23.726 606°）建立在一个大型的岩石山丘上，坐落在现在雅典城的中心（下页上图）。这里很有可能是最早的雅典居民栖息地，整个城市从这里起源。待发展到一定的阶段，大约3500年前，这个栖息地发展成为一个类似于我们在上页插图中展示的迈锡尼文明下的宫殿，宫殿的心脏位置是中央大厅，里面有壁炉和王座，这里还是国王露面的地方。最后，宫

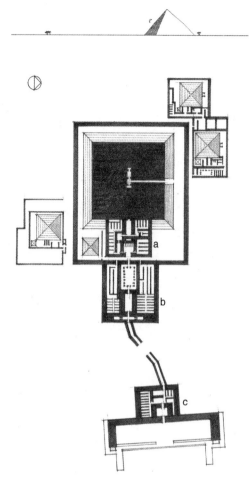

尽管古埃及宏大的墓葬金字塔让人站在远处都难以忽视，但是起着辅助作用的神庙却是主要作为内部的复合式建筑而修建。上图是位于塞加拉的培比二世金字塔的平面图（另见第129页）。黑色的方形区域是金字塔所在的位置，四周环绕着一个长方形的封闭空间，墓室在中心位置附近。紧贴着金字塔底层的是主祭庙（图中a处），祭司在这里为死去的法老留下食物，不过这里不是金字塔的入口（入口在金字塔的北面，图中右侧部分）。在主祭庙的外面，与这个封闭空间一墙之隔的地方是另外一个神庙（图中b处），这里是葬礼前停放法老的遗体并为葬礼做准备的地方。神庙最初就建在尼罗河畔，与另外一个神庙（图中c处）之间连通着一条堤道（图中展示的堤道距离被缩短），这样可以通过驳船把法老的遗体运送到此处。这里同埃及其他地方一样，金字塔就是可见的对象。

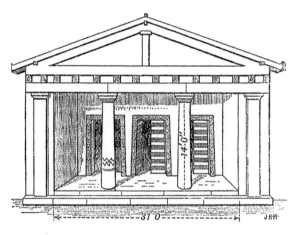

迈锡尼文明的宫殿的中央大厅都深处宫殿内部。站在庭院里，人们只能看到大厅外的走廊，尽管没人知道它们的真正模样，但有些重建工程还是还原了典型的神庙走廊。它们的前脸也许更简单。显然，中央大厅主要被当作内部空间（定形的人造洞穴），对外形和装饰的兴趣只能循序渐进地发展。上图是人们根据推测重建的梯林斯中央大厅的正面，收录在海因里希·谢里曼1889年出版的书《梯林斯：梯林斯诸王的史前宫殿》威廉·德普菲尔德博士执笔的章节"梯林斯的建筑"。从上面的正视图中我们可以看出，把中央大厅看作希腊神庙的先驱更多是从概念上来讲，而不是依据考古学发现的证据。

171

殿被信奉雅典娜的宗教圣地取代，一尊代表着宗教信仰的女神雕像被安置在帕特农神庙中，而帕特农神庙是雅典卫城的主体建筑。

随后，建筑的主要侧重点也发生了巨大的改变。由于迈锡尼文明中宫殿代表着力量，所以它们的外观可能对人产生震慑的作用。但是从建筑学的角度来看，我们最好把它们看作被杂乱地摆放在防御地形中的多样化建筑。尽管中央大厅被定格在宫殿的中心——空间布局中最高处的轴线上，但是我们首先会把它看作一个内部空间，像洞穴一样镶嵌在为其服务的宫殿迷宫中。只有站在封闭的庭院里才能看到它的正面（上页左图）。

主宰着帕特农神庙（北纬37.971 505°，东经23.726 606°；上图）建筑架构的主要因素与中央大厅不同。迈锡尼的国王露面的地方——在中央大厅内壁炉的附近，也是整个宫殿的中心位置——对应着帕特农神庙供奉女神雅典娜的地方。作为一种保护力量，神庙选取的建造位置必须在雅典的任何地方都能看到。建筑开始关乎其外观形态，不再仅仅是为人们提供住宿的地方。帕特农神庙并不是绝无仅有的例子——抛开祭庙（上页右上图）不讲，埃及法老修建金字塔作为陵墓的目的就是借助一种永恒的形式来显示他们不朽的存在。而早期的希腊神庙也被建造成了风景点缀物。

建筑的主要目的是显示里面居住的人的身份，这个观点主导着我们对建筑的理解。把建筑当作一种宣传手段如今可能已经达到了前所未有的程度，比如"城市之光"。如果一个城市或一个国家想要吸引国际关注,那么它就会建造一座"标志性建筑"。

位于阿塞拜疆共和国首都巴库的阿利耶夫文化中心是扎哈·哈迪德在2012年设计的(下图,北纬40.396 129°,东经49.867 478°)。虽然它的形状与帕特农神庙不同,它没有固定的几何形状,但两者的意图却是一样的:作为一个国家(城邦国家)的象征,表达独特的身份。

神庙的正面性

神庙的几何形状与我们人类身体的构造有共通之处。你可能听说过有人把人的身体比作神庙。通常他们想表达的意思是我们要怀着敬畏之心善待自己的身体,关注身体健康、运动锻炼、食用对身体有益的食物等。然而,从建筑学的层面来说,我们的身体也可以成为神庙。更确切地说,神庙是人类智慧的创造物,我们在创造神庙的过程中也使其同人类与世界的关系保持一致。因此,人体与神庙的基本形态存在相似之处。神庙虽然看起来和人体没有什么共同点,但是它的正面性和对称性与我们人类形体的正面性和对称性产生了共鸣和对抗。作为一个建筑作品,这一点使神庙成为极其强大的祈祷工具。

神庙还与我们对内心世界(我们自身的内心世界,我们的头脑、思想和身体)和外部世界(外面的一切)的感觉产生了共鸣。神

历史上最有影响力的十类建筑：建筑式样范例
The Ten Most Influential Buildings in History: Architecture's Archetypes

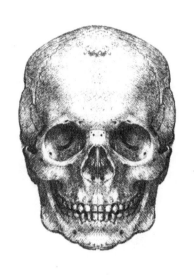

庙的开口——入口——反映着我们自己的（正面的）开口——眼睛、嘴巴，还有受孕的通道——这不是指字面上的意思，也不是指弗洛伊德式的精神层面，而是从简单的意义去看，我们的视线穿过入口才能看清内部，公告一般也是张贴在入口处。我们跨过入口，要么是为了到外面融入这个世界，要么是为了进里面逃避这个世界。

我们总是从外观和表现力上去评价建筑，就像我们评价别人那样。神庙的结构遵循入口—轴线—焦点的顺序（第107~109页），这是对我们感觉到的自己的中心和向前迈进的能力的影响和回应。就像音乐的节奏应和着心脏的跳动，神庙的架构也在潜意识地应和着我们身体的形态以及我们的情感回应和体验。

我们站在那里静止不动，从正面直接看去，人类是一种对称的生物，我们直视时的样子和士兵立正时的姿势就是对此肯定的、权威的回应——如上图莱昂纳多·达·芬奇的画作（还有第168页提到的农民眼中最理想的公羊）。

我们的肉体拥有理想的几何形态和轴对称性，有人声称这都集中体现在理想的层面上，比如达·芬奇的作品《维特鲁威人》（上图，另见第30页）。神庙也通常具备理想的几何形态和轴对称性。

第5章 神庙

传统的神庙就像我们的头脑和身躯，它们也有正面性和对称性。神庙笔挺地立在那里，直勾勾地盯着我们。当我们面对面地和神庙处在同一条对称轴上时，我们会感觉到情感的共鸣。

神庙还与我们按照自己喜好创造出的神灵形象的正面性和对称性相适应，并与之产生共鸣。

因此，神庙是在人与神灵之间斡旋的强大工具。入口即支点，或者说是那耳喀索斯的镜子。我们可能因为这种对抗而感到被挑战或不适，就像我们被权威人士注意时的感觉。

自拍照的空间结构与神庙一样。我们与从相机/智能手机看到的神面对面站在一起。手机屏幕就是神庙的入口。

历史上最有影响力的十类建筑：建筑式样范例
The Ten Most Influential Buildings in History: Architecture's Archetypes

对抗的体系结构

弗兰兹·卡夫卡在小说《审判》（1914—1915）开篇描写了这样一个场景，主人公约瑟夫·K醒来后发现屋里站着前来逮捕他的警察。没过多久，他被告知"主管想要见你"，然后被带到另外一个住户的临时被征用的房间里。在这个房间里，他看到主管端端正正地坐在屋子中央的一张桌子后面。

我的描绘可能不是非常准确，但这就是我想象中K第一眼看到的主管的样子。这就是K与一个他毫不了解的权威人士之间发生第一次对抗的场景，这种剑拔弩张的气氛起初在入口处得到了缓解，然后又得到了房间中布置的几何场景的缓冲。这个对抗场景与古往今来世界各地的宗教建筑中使用的方法类似。典型的神庙（清真寺、教堂、印度教和佛教圣地……）的架构在我们与焦点之间建立了对抗，无论焦点的位置被什么占据：一座神像或调解人、通往上层的入口、具有宗教象征意义的祭坛、也有可能是什么都没有。这里是我们应邀去对抗（回想）神力、权威、死亡、我们自己……的地方。建筑的架构不仅表现在此——作为价值中立的避难所，它还为这里进行的一切提供了一个有效的、有用的空间架构。

早期佛教徒敬奉的焦点是一张空椅子（上图），代表着他们敬奉的存在的缺席。

第5章 神庙

玛丽娜·阿布拉莫维奇的作品《艺术家在场》（上图；现代艺术博物馆，纽约，2010年）的背景堪比约瑟夫·K和"主管"见面的场景。阿布拉莫维奇神秘地静默地坐在那里，人们依次过来，坐在桌子的另一侧，也就是她的对面。（另见《建筑练习》，2012年。）

下图是位于美国田纳西州首府纳什维尔的雅典娜雕像（北纬36.149 674°，西经86.813 347°），一比一地复制还原了（公元前5世纪）帕特农神庙里的雕像。位于雅典的原始雅典娜雕像现在已经了无踪迹。

绿色清真寺，布尔萨，土耳其

清真寺、教堂、印度教和佛教圣地……这些建筑都采用了入口—轴线—焦点的空间顺序（另见第107~109页），为朝拜者和他们眼中比自己更强大的力量之间的冲突对抗提供了一个空间架构。

Kunnumpara寺庙，喀拉拉邦（另见第167页）

凝视着印度教圣地里的一团漆黑（上图），朝拜者希望能得到福音，这是一种对内在神性的回应。在所有列举的例子中，入口（米哈拉布或拱门）都充当着朝拜者和神灵之间的支点。

177

历史上最有影响力的十类建筑：建筑式样范例
The Ten Most Influential Buildings in History: Architecture's Archetypes

大教堂，咖啡馆，西西里岛

上海附近的一座佛寺，中国

罗通达别墅，维琴察

罗通达别墅（它还有其他名字——卡普拉别墅、阿梅里克别墅、阿梅里克·卡普拉·维马拉纳别墅、圆厅别墅；北纬45.531 532°，东经11.560 327°）建于16世纪下半叶，坐落在意大利北部维琴察市外的一座小山上，由安德烈亚·帕拉迪奥设计。在这里可以欣赏周边乡村风光的全景。也许这个别墅是帕拉迪奥为了某个特别的客户而建的，至于这个客户是谁在这里根本不重要，但是他把这个别墅构思成了神庙，一个属于普通老百姓的神庙。（另见《解析建筑》，第四版，2014年，你可以看到这座别墅的基本理想几何形状。）

在设计罗通达别墅时，帕拉迪奥受到了罗马神庙外观的影响，而且他参考的很可能就是位于罗马的万神殿（第97～100页），但是1500年后，关于人类在这个世界上的位置，罗通达别墅表达出的态度发生了很大的改变——可以说是完全相反。正是由于这种差异，罗通达别墅本身成了历史上最具影响力的建筑之一，在许多国家，功能各异的建筑都采用了帕拉迪奥在设计中展现的古典风格（在这个建筑以及其他建筑中）。

如果说罗通达别墅在外观上与神庙相似（或者说它就是四个神殿——房子四面的中心位置各有一个），那么它与神庙之间最大的不同就在于我在前四个章节中所说的对抗。如果所有的神庙都有些孤芳自赏的意味（我们在神庙中供奉的神灵身上有我们自己的影子——虽然他们拥有更强大的、知晓一切的力量），那

第5章 神庙

么在罗通达别墅中，这种自我欣赏已经到达顶峰，成为典范。房屋中央耸立着一个维特鲁威人的雕塑（右上图，又见第30页左上图莱昂纳多·达·芬奇的作品）。主宰这个神庙的神就是理想的人。事实很可能是这样，这座建筑的客户渴望追求完美，因为自己的地位较高，希望尽量减少和平凡人交往的次数。神庙本是人面对一种说不出的权威的地方，但帕拉迪奥颠覆了这一理念。在罗通达别墅中，人类就是权威的担当。

比起冲突对抗，罗通达别墅更多的是一种投射工具。古代神庙中的神通过神庙的入口向世人展示他们的权威，也许还和旭日或远处某个神圣的地方联系在一起。罗马的万神殿虽然是圆形的，但它也只有一个入口，所以也只有一条入口轴线。而帕拉迪奥设计的罗通达别墅则有四个入口，因此四条轴线沿着四个方向向外延伸：东北、东南、西南、西北。圆形的屋顶上还有一个圆孔，穿过圆孔建立了宇宙之轴——一条直通苍穹的垂直轴线。以此为通道，人们接收到来自信仰中的天堂的力量，而这种力量又通过英雄人物从各个方向投射到世界各地。罗通达别墅的架构是人文主义在空间形式上的表现。它不仅是风景中的一物，还是设想和规划力量的工具。

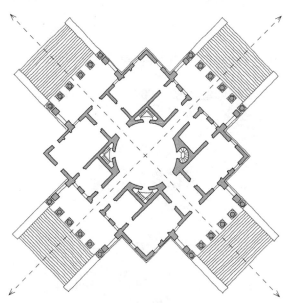

这个房子不是朝向正北、正东、正南、正西，它的四面方位分别是东北、东南、西南、西北。

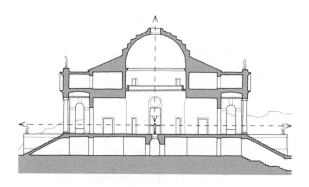

历史上最有影响力的十类建筑：建筑式样范例
The Ten Most Influential Buildings in History: Architecture's Archetypes

双亲别墅，韦威

就在结束了东欧、中东、希腊和意大利这几场传奇之旅后（1912年，见第164页的引文），勒·柯布西耶在瑞士蒙特勒附近的日内瓦湖畔为他的父母修建了一座小房子（北纬44.468 404°，东经6.829 424°）。在旅行的过程中，他对钻研仿古建筑和传统建筑表现出极其浓厚的兴趣，而这座房子就可以看成是勒·柯布西耶在20世纪对迈锡尼文明中的中央大厅的新理解。这样说来，他从一开始就是要为父母修建外形朴实的神庙。

平面图

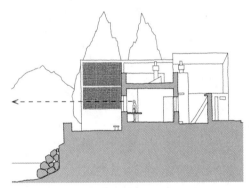

剖面图

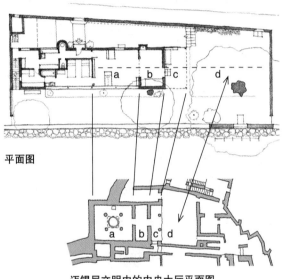

迈锡尼文明中的中央大厅平面图

从右侧的平面图中，我们可以看出双亲别墅和迈锡尼文明中的中央大厅的布局很相似。别墅的起居室（图中a处）相当于中央大厅里的内室。开口设在起居室的房间（图中b处），相当于中央大厅的门厅。两个空间共有一个门廊（图中c处），门廊前面是庭院（图中d处）。双亲别墅中，房间（图中b处）的作用就像中

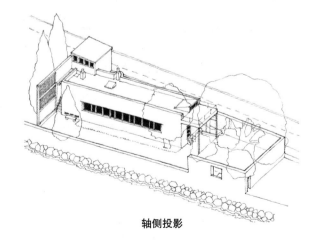

轴侧投影

另见：西蒙·昂温——《双亲别墅》，2014年。

180

央大厅的门厅,这里可以摆放一张供客人使用的床。

勒·柯布西耶不仅模仿了迈锡尼文明中的中央大厅,他还做了一些改动。中央大厅能提供的生活条件不能满足他父母的居住需求,此外,还需要一个私人的卧室,所以他延长了两堵平行墙体,扩展出了需要的空间。他用热水采暖散热器取代了放置在起居室中间开放的壁炉。虽然起居室和房间之间的开口暗示着中央大厅有一条中心对称轴,此外从入口通道到起居室的路也印证了它的对称性,但是从房间到门廊的入口的不对称位置打破了整体对称性。(房间里面还可以放一架钢琴,而勒·柯布西耶的母亲是一位音乐教师。)同时,这座房子的主要方向也旋转了90°(与中央大厅的坐落方向相比),站在别墅南面狭长的窗户前(上页左图),湖面风光一览无遗,还能欣赏到勃朗峰的壮观风景。

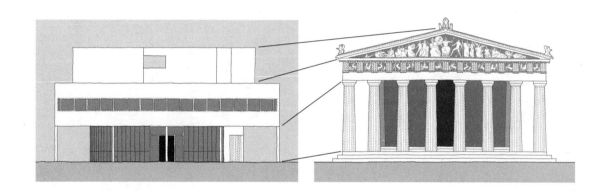

萨伏伊别墅,普瓦西

1912年,作为勒·柯布西耶《东方游记》中的一站,他拜访了雅典卫城。帕特农神庙对他产生了非常巨大的影响,以致影响到了他余生设计的所有建筑(见第164页的引文)。其中一个受到帕特农神庙设计思想影响的建筑就是位于巴黎郊区普瓦西的萨伏伊别墅(北纬48.924 436°,东经2.028 315°),修建于1929—1931年。它的外形与帕特农神庙并不相似,但如果你对它进行分析,你就会发现勒·柯布西耶在这座建筑中向神庙致敬的方式。这座建成于2500年前的神庙给他留下了深刻的印象,萨伏伊别墅可以被当作能用古老的音乐主题谱写变奏曲的当代作曲家在建筑界的等价存在。(想一想勒·柯布西耶的母亲,她是一位钢琴教师,勒·柯布西耶为她设计了双亲别墅。)

同罗通达别墅一样(第178页),萨伏伊

别墅也是个神庙,不过不是供奉神的地方,而是人类生活的家。在分层结构上,萨伏伊别墅主要的生活楼层(像罗通达别墅的设置一样,昂贵的钢琴就在这一层)相当于希腊神庙中的柱上楣构(上页图)。楼顶露天的日光浴室在三角山形墙处——相当于希腊神庙中神的领域。

萨伏伊别墅一楼的平面图(本页左图)与半个帕特农神庙的比例设置相同。它们都有一个列柱廊形成的走道(侧路——萨伏伊别墅中这条路是为了车辆通过)。如果把其中一个平面图叠加在另一幅(平面图)上面(本页右图),我们会看到勒·柯布西耶的萨伏伊别墅平面图内部的宽度与帕特农神庙的内殿一致。对应帕特农神庙主入口门道的是有四根立柱的萨伏伊别墅门口,入口处突出部分就是门廊(内廊)的一种变形。

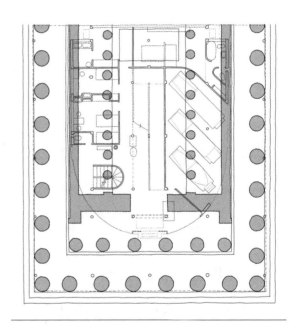

另见:西蒙·昂温——《建筑学基础案例研究25则》,2015年。

巴塞罗那馆

勒·柯布西耶不是20世纪20年代唯一一位深受古代神庙建筑影响的建筑师。最能影响毕加索的是古代神庙建筑外立面的细节,最能影响密斯·凡·德·罗的是迈锡尼文明时期的中央大厅。毕加索在其立体派画作中解构了人的面部,然后又从不同角度使视图重新组合。在巴塞罗那馆(1929年;北纬41.370 566°,东经2.149 982°),密斯·凡·德·罗解构了作为古典希腊神庙建筑原型的古代迈锡尼文明时期的中央大厅。不过,勒·柯布西耶对古代神庙建筑的演绎变化（双亲别墅和萨伏伊别墅）可以看作对古代神庙建筑的一种敬仰，而巴塞罗那馆体现的则是对古代神庙建筑的一种挑战。密斯没有通过变化来重新解释神庙的结构，他做的是打破这个结构、反驳这个结构。

通过反复比较巴塞罗那馆的平面图和迈锡尼文明时期的中央大厅（阿伽门农的宫殿）的平面图（右下图），人们可以看到它们二者的布局结构存在根本的相似性。巴塞罗那馆里有一个内室（图中a处）、一个门厅（图中b处）、一个门廊（图中c处）和一个庭院（图中d处），即使是入口点的位置（图中x处与y处）也是相似的。但是密斯反驳了中央大厅和神庙中的一些关键特征：巴塞罗那馆中的门厅成了封闭的小房间，光源来自屋顶，使墙面可以反光。这里的布局不受入口轴线的影响，也避免了出现我所说的对抗的体系结构（第176～178页）。此外，这座建筑里面也没有哪个地方明显等同于中央大厅中心处的壁炉。因此，虽然巴塞罗那馆受到了中央大厅和神庙的影响，但是密斯把它建得更像一座迷宫（见本书后面的章节）。这里有较强的空间流动性，而不是为我们提供一个特定的基点，形象地说，我们在设计整个建筑时必须紧紧抓住这个基点不放。

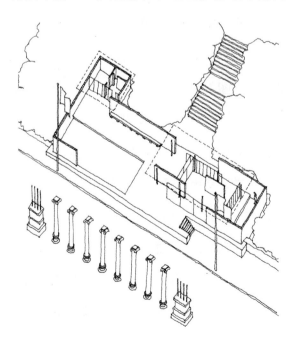

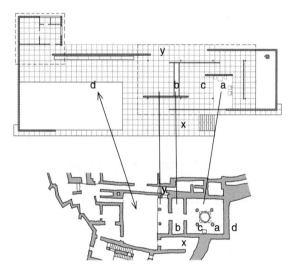

密斯·凡·德·罗设计的巴塞罗那馆的构思源自古代迈锡尼文明时期的中央大厅。但是，在改善中央大厅的几何形状并使其构造更加现代化的同时，密斯还彻底打破了它的空间句法，这种古老的空间句法以封闭、中心（壁炉）和入口轴线为基础。通过这种方式，他创造出一种破坏了对抗性且颠覆了（抑制性）权威的建筑形式。

历史上最有影响力的十类建筑：建筑式样范例
The Ten Most Influential Buildings in History: Architecture's Archetypes

也许，古代中央大厅最重要的作用就是在不确定的世界里建立一个稳定的中心和基点。密斯·凡·德·罗打破了封闭、中心和入口轴线的结构基础，创造出了另一种风格的中央大厅。它属于人，并且打破了建筑的确定性。人们在时间和空间里游荡，没有明确的或可靠的参考点，"没有来自更高权威的支持，也没有摆脱更高权威的压制。"

另见：西蒙·昂温——《建筑学基础案例研究25则》，2015年。

范斯沃斯住宅，福克斯河，伊利诺伊州

如果说柏林的新国家艺术画廊（第134页）是一个正式的、技术成熟的石棚，巴塞罗那馆是一个解构的中央大厅，那么范斯沃斯住宅（北纬41.635 204°，西经88.535 732°）就是一个技术成熟的钢结构神庙。这三座建筑都出自密斯·凡·德·罗之手，它们都探索了把钢和玻璃用作主要建筑材料的可能性。但每个建筑都代表着密斯对空间句法的不同态度。范斯沃斯住宅位于美国，建造时间比巴塞罗那馆晚大约20年。在这座建筑中，密斯用钢结构形式复活了古代神庙的（至少是外在的）确定性。

范斯沃斯住宅（右上图）就是把希腊神庙（右下图）中有横梁的石结构转换成了钢结构。因为钢铁更坚固，所以建筑中使用的立柱变少了，立柱的间隔变大了。地板和房顶还可以在末端使用悬臂。这里的连接处也有所不同：神庙里的柱上楣构位于立柱上方，而在范斯沃斯住宅中，密斯把它们焊接在一起了。

范斯沃斯住宅的平面图（下页左上图）与典型的希腊神庙的平面图（下页左下图）间

第5章 神庙

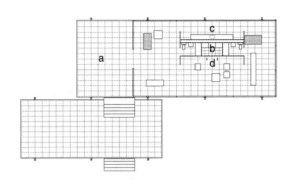

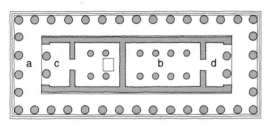

范斯沃斯住宅是密斯为其好友艾迪斯·范斯沃斯设计的一个"神庙"。"神庙"曾被用来推销某种特别限量版的商品,该商品由玻璃纸和纸板包装,而不是平板玻璃和钢铁……在这时,洋娃娃就是女神。

的关系如下:立柱的数量和足迹比石头结构的神庙少,列柱廊的两侧镶嵌着玻璃,形成室内的生活空间,位于轴线上的入口门厅外面是门廊。在建筑里面,内堂(左上图中b处)收缩、拉伸并旋转了90°,以容纳房间和盥洗室,厨房(左上图中c处)和壁炉(左上图中d处)位于内堂的两侧。除此之外,其他功能空间的位置可以自由灵活选择。

另见:西蒙·昂温——《建筑学基础案例研究25则》,2015年。

最后……那耳喀索斯神庙

我们为自己尊敬和崇拜的事物建庙修祠:为自己,为我们崇拜的神,还有宝物。我们把自己的想法投射到神庙之中,又借助它们表达出来。我们的房屋、卧室、厨房、汽车以及停放汽车的车库……它们都可以被看作神庙。

我们在这些地方居住、睡觉、烹饪、驾驶……就像神灵居住在建筑提供的理想空间里。

典型神庙的建筑结构超越了它的背景,表达了它的内容,但这并不是说神庙与背景无关。它与背景之间的关系是一种对比和对位,而不是一种衍生反应。它的轴对称型和理想的

历史上最有影响力的十类建筑：建筑式样范例
The Ten Most Influential Buildings in History: Architecture's Archetypes

几何结构（或者是用计算机软件制作的复杂的几何结构）与周围环境（乡村或城市）的不规则、不对称形成对比。它的地面被抬升，成为一个平台，并被打磨成了平坦的构造，与周围崎岖的地形分离、区别。最重要的是，它的内部为人们提供了远远地规避广场恐惧症的地方。这种恐惧的感觉可能是由一直延伸到无法触及的苍穹之下的地平线引起的。神庙在不确定的世界中为我们提供了一个稳定的、防护的、使人安心的参照点。

传说中的神或精灵也许只有在神庙和他们神秘的居住地才能被感知到。然而，神庙的建筑架构也是人类希望和成就的一种表达，是人类在复杂而又混乱的世界中引入安定和完美的能力的一种表达。这种对完美的渴望可以理解为一种崇拜——不受人类控制就能发挥作用的全能力量。但是它也很容易被解读成骄傲、赞美等与生俱来的人类潜能。神庙可以充满神学色彩，也可以充满人文主义色彩，甚至可以是一种自我崇拜。它们可以是给神灵建造的房子，也可以是为人、为人们的财产、为人们强大的体系、为人们的形象……建造的房子。神庙证明了其建造者对完美的渴望和他们的集体英雄主义。

神庙还可以是人类存在中不那么理想化的证明，比如那耳喀索斯神庙象征着人类的极端自恋与虚无妄想。艺术家翠西·艾敏创作了许多可以被称为神庙的作品。《我对你说的最后一件事是不要留我在这里》（左下图）发生在一个破旧的沙滩小屋里（艾敏购买的第一

《我对你说的最后一件事是不要留我在这里》（1999年）——艾敏把偶然出现的破旧的海滩小屋当成了神庙，她赤裸裸地蹲在那里，她是反乌托邦式的神庙中脆弱的女神。

《和我一起睡过的人1963—1995》（1995年）——上面绣着所有和艾敏一起睡过的人的名字——这是展现她的混乱性行为的神庙。

《我的床》（1998年）——代表落魄的神庙，里面都是我们通常不想让外人看到的我们的生活中凌乱的方面。有人会为这幅生活自画像贴上放荡的标签，而对艾敏来说，这是另一处表明她是有瑕疵的女神的神庙。

处房产），艾敏赤身裸体地蜷缩着，像一个接受惩罚的孩子或落魄女神那样把脸朝向墙角。《和我一起睡过的人1963—1995》（上页下中图）展示的是一个绣满了与艾敏发生过性关系的对象名字的帐篷。《我的床》（上页右下图）选用的背景是一个对称的、被抬升到平台上的床，上面凌乱地散落着生活的碎片，这个神庙中展示的是我们躲避、隐藏、通常不愿示人的那些方面，隐藏了这些，我们便可以给他人留下一个更礼貌、更高雅的形象。艾敏设计的这些神庙都颠覆了神庙建筑中常见的关注重点。它们没有向人们展示一个完美的形象——就像第185页右上图中玻璃纸包装下的完美的洋娃娃——它们投射甚至赞美的场景是我们通常认为肮脏、不得体、粗鲁、凌乱、不整洁的消极、负面的生活部分，而它们代表着世界上的落魄、混乱和冷漠。

另见：西蒙·昂温——《解析建筑》，第四版，2014年。

斯特拉托斯　希腊

第 6 章

剧院

历史上最有影响力的十类建筑：建筑式样范例
The Ten Most Influential Buildings in History: Architecture's Archetypes

剧院

> "在一个游戏场所进行游戏或活动，其意思即'划分出来'……一个神圣空间、真实世界暂时被彻底划分出来。但随着游戏的结束，它的效力并不持续，只在外面平常世界继续放射光芒，指导神圣的游戏季节，一种健康有力的劳作信心、秩序和兴盛在整个共同体当中再次降临。"
>
> 约翰·赫伊津哈——《游戏的人》（1944年），Routledge & Kegan Paul出版社，伦敦，1949年版

古希腊管弦乐团的力量非常强大，能够轻而易举地在剧院的消亡中存活下来。如果说到现在为止有什么变化的话，那就是这股力量变得越来越强大。剧院的环形扁平空间这一纯粹的几何结构与周围地面的粗糙不平形成对比，并把自己与周围环境隔离开来。

在《游戏的人》这本书中，约翰·赫伊津哈指出（见左侧的引文），对所在社区来说，表演场地（游戏场所）即使没有被使用也自有价值。但是，一个希腊管弦乐团的力量足以使其在原始社区消亡的情况下延续自己的生命。两千年过去了，它依然令我们着迷，无论我们是演员还是观众。管弦乐团的存在就像被柏拉图称为"chora"的一种标志性建筑形式——"一个容器，可以说是所有形成和变化的沃土"（《蒂迈欧篇16》），可以恒久地流传下来。

我们已经在这本书中看到过chora的建筑形式。石圈——作为集会和庆祝场所的布罗德盖石圈以及作为葬礼仪式举行地的巨石阵——是chora的建筑表现形式：一片确定的区域，与周围其他地方泾渭分明，适时、适事地被人们使

用。整个世界就是一个无极限的复杂chora，万事万物出现在不同的时间和空间，但建筑师创造出了超级迷你的chora：这个小世界有自己的特殊规则，盛行着一种与普通世界不同的超自然感（或非理性），这里的一切看起来无比复杂，让人难以理解。

从这个意义上来说，希腊剧院中管弦乐团所在区域就是石圈的例证，不同的是（除非是像巨石阵这样的石圈里的巨石被当作看台使用）这片特别区域的内外部是专门为观众准备的。分层的座位在地面上形成了天然的圆形结构，为"观看者"创造了一个过渡的位置，与固定区域中的"表演者"共存，以欣赏他们的表演。有了希腊剧院里正式的座位安排，观看者的角色因为其专门设定的位置而成为观众和评委，人们要么作为参与者被古老的石圈囊括在内，要么作为无关者被排除在仪式活动之外。剧院通过建筑的方式协调了不同的人群。

圆圈内（据赫伊津哈观察，见右边的引文）是一个有着特殊规则的世界。同样，希腊剧院里为观众专门设置的中间地带也有自己的规则。在这里，演员和观众因建筑而紧密联系在一起，而圆圈则把里面的人和外面的人区分得清清楚楚。希腊剧院展现的是在聚光灯下演出的演员和观众以及评委之间更为微妙的关系，而古老的石圈这种建筑结构体现的是对特权者和卑微者的区别对待。

> "时空的限制更易激起人的兴趣。所有的游戏开展都应具有一个场所。这个场所有意无意，或从理想上或从实际中都被预先标画出来。正因为游戏和仪式之间没有形式上的差别，所以，'圣地'在形式上与游戏场所并无区别。竞技场、牌桌、巫术场、庙宇、舞台、网球场、法庭等，在形式和功能上都是游戏场所。游戏场所包含特殊的规矩，如禁止污损、互相隔离、划分禁地、神圣化等，这一切是普通世界中的暂时真实的世界，用以举行一项活动。在游戏场所内，一种绝对的、特殊的秩序当道。我们于是接触到游戏的另一个相当重要的特征：它创造秩序，它就是秩序。它把一种暂时而有限的完美带入不完美的世界和混乱的生活当中。游戏要求的秩序完全而又超然。"
>
> 约翰·赫伊津哈——《游戏的人》
> （1944年），
> Routledge & Kegan Paul出版社，伦敦，
> 1949年版。

那些被排除在石圈之外的人从某种程度

上来说可以随意自由地活动，而希腊剧院的座位等级分布也建立了属于自己的空间规则（根据破坏规则的规则，这些规则都可以打破）。其中第一条规则就是，像我这样作为观众的一员应当集中注意力（除非感到无聊）。第二条规则是我要安安静静地坐着，不要打搅或打断神圣不可侵犯的演出（除非从我口中蹦出的话机智诙谐），除了鼓掌叫好，不能打搅其他观众。第三条规则是观众区的建筑结构就是一种控制工具（除非我是身处逍遥音乐会的一位逍遥人士），它用一个带数字的座位把我固定在特定层特定排的特定位置上。因为它能给我们带来有益的影响，让我们和平地观看和享受戏剧这种集体活动，所以我们坦然接受了这种控制框架，好像它就是一部社会法，直到我们忍不住取笑一些质问者的诙谐评论。第四条规则是观众不能无端闯入表演者的神圣领地，如果有人像足球比赛中的闯入者那样做，那么靠着表演区的边界营造出的魅力就被打破了。

如果表演场所是个"气泡"，虽能保护表演者但无法阻止侵入者，那它的外层一定还有一个更大的"气泡"把观众也包围在内。同样，跨过剧院的门槛，进入乐队演奏处，你会变成"一位演员"。而从剧院外面的某个门道进入观众席会让你成为"一名观众"。剧院就是众多门槛的组合，这些门槛都是标识身份、进行分类和明确关系的工具。它们为门槛内外的人、表演的人和欣赏的人建立了不同的区域。它们还为那些准备扮演剧中虚构角色的人开辟出隐蔽的地方——更衣室，还有演员登台前的等候区。观众席上也有明显的区分：为那些想要离舞台更近的特权人群保留的座位；评委的座席；为普通观众准备的阶梯式座位；还有为那些无法负担座位费用的观众设置的站票区。

希腊剧院在其容纳的表演者和观众的结合体与众神生活的环境背景之间发挥着传达作用。它的几何形状把人类的演员和观众包裹在一个强大的建筑结构中，那里容纳、创造、强化、展现的是一个团结一心、秩序井然的共同体。

启蒙

毫无疑问，希腊剧院的建筑雏形起源于一个最初发现的、还未改变的景象：一群人围看另一个人表演（右上图）。事实很可能是，人们经过几次试验后选定了一些特定的地方，因为这些邻近斜坡的地方相当平坦，适合作为表演场地，观众的视线可以越过或穿过那些坐在他们前面的人，拥有更好的视野。这是一个仅靠使用功能标识位置的例子——经由识别、选择和使用的步骤，没有产生任何物理改变。这样的建筑形式在每一次有人在他人面前进行非正式表演的时候表现得很明显。

对地点的选择是建筑学的一个主要行为，

必须确认这个地方是否拥有适合预期用途的固有特性。在非正式的表演场合下，适当平坦的地面更适合表演，如下图中所示。观众占据了旁边的斜坡。所有的一切都发生在视野所及的圆圈内，并得到了天空的庇护——它的光和

天气的力量、神灵的力量，在这里都得到了显现。表演者站在聚光灯下，展示自己的表演，等待观众的评价……而每一位观众则都处在人群的庇护之中。

重复使用一个特定的地方进行表演，很可能促成有益的改变和提升，或者可以使演员在观众面前表演时变得更热情。表演能创造出自己独属的空间：舞蹈演员摆动肢体，因此有了自己的舞池，甚至也许，一个不需要走动的演讲者或说书人都能为他自己营造一个气泡空间，把观众的身体隔绝在外，同时把观众带入故事中的虚构世界里，发挥想象。通过对一片区域进行建筑结构改进来构建表演场地，就是用地上的一个圆圈区域作为气泡状的叙事空间（上页下图）。这个圆圈不同于我们在第2章中讨论的石圈。乐队表演处的圆圈表明了交流的界面，它并不是把这个地方与其他地方隔离开。外面的人、观看者、里面的人都很重要。

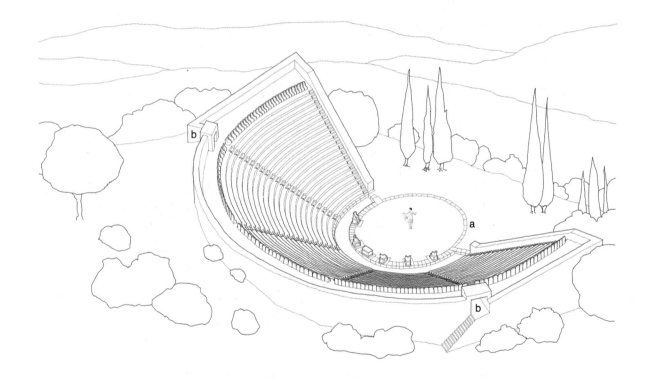

演变发展

表演处是能用于表演的一片固定区域。表演中的语言和行动都在这里徐徐展开：它是chora——变化形成的地方——勾勒出空间和时间的先天必需品。为了保证演员们能够根据表演要求自由使用这个地方，在没有活动时这里必须被清空，不能被占用，没有人来人往。只有当表演正在进行的时候，演员和他们的道具才会填补这里的空间。表演处是神圣的。非演职人员的闯入——外人——会扰乱这里的秩序并形成错觉，打破维持剧院神秘感的集体想象的气泡空间。表演处的圆形区域就是一种建筑工具，围绕着某个空间形成一种心理上可延续的力场，从而保护着这片空间，赋予其传播虚幻与想象的许可。

一旦表演处确定下来，通过物理改变去提升其功能的空间就很小了。这本就是它自己最纯粹的力量，除非改变它的水平高度或铺设几条路，如此一来人们在这个充满魔力的圈子里活动就不需要花费太多的气力，表演处也不会在雨后变得泥泞不堪。这两种功能的增强更加中和了空间固有的空白状态，使其变得更加灵活，更容易产生预计的错觉。我们很难在坎坷不平、满是泥泞的表演场地上装扮出一个平坦的沙漠，更别说在一个又平又干的表演场地上布置出山丘了。选择表演处的前提是要选择一处没有色彩的地方——对于建筑来说就相当于一块空白的画布，什么样的故事都可以在这里发生。

空白区域的位置一旦确立，对剧院这个整体进行有益的改进便只能发生于边缘地带了，即只能改进表演处周边地区。首先是观众就座区域。表演处的边缘地带可能为在这里举行的戏剧比赛的评委准备几个座位（上页下图）。周边斜坡上的常规分层座位让普通观众在观赏的时候觉得更舒服。这样安排的座位还能让与众不同的观众——多是那些到处游荡、制造混乱的人——遵守秩序，将他们置于控制之下，局限在特定范围之内。每个男人（在古希腊，人们认为女性不能出入剧院）都坐在特定的座位上，即入场券上标注的位置。古希腊剧院中的分层座位也许就是用建筑去确定位置的最早例子：为个体找到了位置，也维持了人群的秩序。

最初选择的位置在属于人的建筑结构组织中发挥着一定的作用。例如上页最下面的图（借鉴了普里埃内剧院的结构——该剧院现位于土耳其西部；北纬37.659 355°，东经27.299 852°），这片碗状的地方空间宽敞，适合观众观赏表演。它在结构和形态上被

历史上最有影响力的十类建筑：建筑式样范例
The Ten Most Influential Buildings in History: Architecture's Archetypes

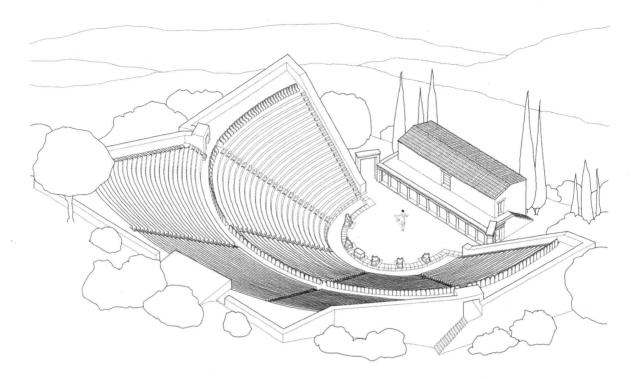

设定成了一个倒置的、顶部被切割的圆锥，分层的座位呈阶梯式排列，通道是整齐的、间隔分布的楼梯，围墙既做了这里的边界，又将其与普通的地形或外面的世界分开。正如我们之前所说，门槛对古希腊的剧院而言意义重大，在后来的剧院中也是如此。在如今已经发展成熟的剧院里，除了表演处，对观看者和表演者而言，外面的世界和剧院之间又形成了一个统一整体。所有建筑的门槛都具有转化作用：以表演处的门槛为例（第194页图中a处），穿过这个门槛就把一个人的身份转变成了剧中的人物角色；从外面的世界进入剧院的门槛也是如此（图中b处），它使日常的平凡的人变成观众，成为剧院群体的一员，聚集在这里欣赏和评判一场演出。这样的转变不会让观众觉得被动，纵然他们到此的目的是观赏（娱乐）而非表演。事实上，我们被这种转变抬高了，不只是身体上被分层座位抬高，身份也随之被抬高。借助建筑的结构以及这种结构造成的各种关系，我们摇身一变成了重要的评委。在整个演出过程中及演出后，我们将会和朋友讨论、评价剧作家建构故事情节和表词达意的技巧，我们会评论演员在表达意义和表达方式方面的技巧以及他们在演出中呈现给我们的肢体动作。

古希腊剧院的第二个主要演变发展是后台。这里的"后台"意为"帐篷"，曾是处于外面的观众视线之外、供演员做准备的地方，也称"演员用房"。可能他们在准备完毕后就在表演处的外围等待，等着剧本中他们的角色上场。当他们跨出这里进入圆形的表演处时，就神奇地变成了剧中的人物。

最后，后台变成了与表演处关系密切的一处永久性建筑（上页图，这幅图中还包含了在斜坡上方提供的额外座位）。永久固定下来的后台不仅为演员们做准备工作提供了场地，也对其他建筑的设计提供了颇多的可能性。其主要入口（见下页右侧的两张平面图）位于中轴线上，在中轴线上方可以建造更多引人注目的入口和出口（见第201～203页对埃斯库罗斯的作品《阿伽门农》的讨论）。出入口被圆柱组成的中间可以固定戏剧面板的拱廊遮蔽（希腊人似乎不习惯主要的入口没有遮蔽。神庙中的入口也同样被柱廊掩藏在后面）。镜框式台口的上面就是我们今天所说的舞台——为了表演而升高的平台，不同于表演处，且和表演处不在同一水平面上。一旦后台升级成为剧院永久的组成部分，侧方的出入口就与被称为背墙的侧门廊组成了新通道。

剧院能为人们提供一种有序的、稳定的空间，调和着外面那个由善变且易嫉妒的众神创造并掌控的世界与里面这个由剧作家写出来的、演员们演出来的戏剧世界。这片稳定的空间又被细分成演员区域和观众区域地盘。观众区域再被进一步分成达官显贵的区域、正式的有资质的评委的区域（像神父一样）、普通观众的区域，也许还有属于不方便登上陡峭楼梯的人的区域。座位的分层排列也显示了地位的等级。特殊座位是留给那些权威评委的，他们能将戏剧表演分出高低上下。表演处附近的那些低层高价座位可能是为重要人士预留的。顶部的座位可能是留给不方便登上陡峭楼梯的人准备的，这样他们就不必攀登楼梯了。剧院的建筑形式不仅为演员表演和观众欣赏表演提供了框架结构，也为安排人们的座位以维持社会秩序提供了框架结构。

希腊剧作家通过叙事性的戏剧来表达他们对道德水平和历史条件的感觉，尽管感觉不一定也不可能与事实完全一样。建筑师利用剧院为戏剧表演创造了条件，使其结构适应被观赏者与观赏者之间的关系，所有一切都被包含在一个按照几何结构组织的气泡空间里。剧目可能引起混乱，打破混乱才能实现最终的解决方案。剧院的结构虽然简单，但是在其内部显然还不成熟的不规则地形中仍然有着独有的空间解决方法。在这里，观众可以领略这个世界以外的时间和空间，像时空旅行者一样消遣和评价它们。希腊剧院似乎能把凡人抬升到无所不能的神灵的地位：一个人——剧作家——决

历史上最有影响力的十类建筑：建筑式样范例
The Ten Most Influential Buildings in History: Architecture's Archetypes

定着还没有展开的故事；另一个人——建筑师——决定着故事展开的环境。有一些人——演员——被转变成剧目中的人物；还有许多人——评委和观众——享受表演带来的乐趣，评价演出的优劣。

希腊剧院的组成元素

希腊剧院就是建筑基本要素的明确组合，它明确了地面固定区域、门廊、正厅后座、舞台、墙壁、立柱和小房间。早期正式的剧院可能不像第196页图中显示的那样精致、复杂，但人们认为那里的地形却是可以改变的，就像那张图中显示的那样（在后台把这些地方都覆盖，将其与周围空间隔离的历史进程开始前）。

右上图是普里埃内剧院充分开发后的平面图，包括斜坡上方附加的几层座位（由于实际困难的限制，并不能做到四周都设有座位）。右下图则展示了这种剧院的主要组成元素。每种元素都有各自的用途，且都有自己的微妙之处。

如前文所述，表演处是一个神奇的地方，就在这个小小的空间里，演员改变了身份，观众也看到了一个虚拟的世界。

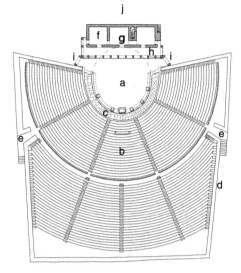

普里埃内剧院的表演处是椭圆形而非圆形。可以看到，椭圆形的观众席环抱着中门，里面是剧院的后台、评委席和中轴线上的祭坛。

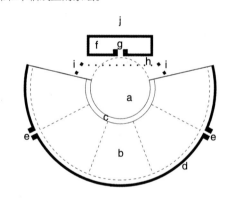

a 表演处
b 观众席（虚线显示的是进场路线）
c 缓冲带
d 围墙
e 观众出入口
f 后台
g 后台主入口（用作主要的出入口）
h 镜框式台口（背景面板可固定在立柱之间）；顶部还有一个平台——舞台——供错层表演使用，这个舞台有自己的（多个）入口
i 背墙（用作侧边的出入口）
j 周边风景

表演处周围是弧形的阶梯座位，这里是观众席，容纳和组织着前来欣赏表演的观众。

表演处和观众席之间通常有个缓冲带，防止太过热情的观众闯入表演处，扰乱虚拟的世界，影响表演的进程。这个缓冲带可能是个水坑。

围墙充当着整个剧院和外面的世界之间的隔离带，但仅仅是从观众入场的方向。另一个方向是一片壮丽的开放的景色，例如，舞台和后台的后方也是整个古希腊剧院建筑的一部分，那里通常被认为是诸神所在的位置。

围墙需要有狭窄的开口供观众出入。穿过这些有时昏暗且如迷宫般的观众出入口，观众就离开了他们生活的普通世界，这就增强了他们进入剧院的场景感。从狭窄通道的黑暗中走出，进入明亮开阔的剧院，坐在陡峭的台阶上，这种兴奋感如今依然强烈，就像两千多年前的观众感受到的那样。

后台为演员提供了一个远离观众视线的地方，他们可以在那里做演出前的准备工作。后台也可以在叙事性的戏剧中代表一座城市或一座宫殿。

后台主入口是这里最强大的元素，它可以象征性地代表许多东西。最显著的就是它可以代表虚无与存在之间的界线，这一点和所有的出入口一样（见第201~203页对埃里库罗斯的《阿伽门农》的讨论）。

这个令人生畏的出入口被一排柱子挡住了，这排柱子就是镜框式台口。这里显然作为了固定背景板——上面描绘着适合戏剧需要的背景。镜框式台口的顶部也可以当作舞台使用。正是这种设计元素后来演变成了剧院台口的舞台。

最后，乐队从背墙方向的入口处（供合唱团入场使用，甚至"远道而来的"四轮马车也可以从这里通过）进入表演处。这样的出入口有两个。

最终，我们可以看到一个由多种建筑元素构成的清晰有力的实例，它是由许多复杂的地方（表演处、观众席、缓冲带、出入口……）相互作用而构成的一个整体。古希腊剧院不是只有华丽外表的建筑，也不仅仅因为功能强大而声名远播。建筑师通过对空间的利用组织起剧院内部复杂的结构，从而建立起各个地方之间诗意的联系，通过建筑手段在不同的人群之间（演员、观众、评委……）以及各类人群与周围的世界之间建立了联系。观众可能只是表演的观赏者，但所有置身剧院的人不但都是这个建筑的观赏者，还互为观赏者。对于表演和表演发生的建筑架构来说，他们都是融入其中的一部分。

历史上最有影响力的十类建筑：建筑式样范例
The Ten Most Influential Buildings in History: Architecture's Archetypes

门槛和情感

"当我们坐在观众席上等待时，通往舞台的门缓缓打开，一个演员进入明亮的地方。在这个特殊的时刻，我总是很好奇。或者，从另一个视角来看，当一个演员在半黑暗之中等待，看到同一扇门打开，在灯光、舞台和观众都显现出来的那一刻，他也总是会很好奇。几年以前我就认识到，无论一个人采取什么观点，这一时刻所具有的那种移动的性质，是一种新开端的具体体现，是通过某一门槛后的过程和具体体现。这个门槛把一个得到保护但有限的掩蔽所与一个处在现实之外的世界、之前可能存在过的世界、危险的世界等分离开来。"

安东尼奥·R.达马西奥——《感受发生的一切：意识产生中的身体和情感》（1999年），Vintage Books出版社，伦敦，2000年。

我对其他学科的哲学家和学者经常在插图和隐喻中使用建筑及其元素解释和引入他们的论点的方法一直很感兴趣，但是他们却从不曾认识到建筑本身的力量和重要性。在上面的引文中，达马西奥承认通道的力量类似一道门槛，这是一种和分娩差不多的过渡。他也认识到，这一通道可以刺激那些通过它的人和那些目睹通过过程的人的情绪，但是他并不认可为这些通道选址以使其在空间序列中有存在意义的建筑师（在上面的例子中，这样的通道位于隐藏的后台和观众能看见的前台之间）。通常情况下，心理学家和哲学家在和他人打交道时，通常把自己看作这个令人困惑的世界里的目击者、感知者和体验者，而建筑师不只目睹、感知和体验着这个世界。对建筑师来说，世界必然改变，经验必然传播。

即使这样，达马西奥引用的例子里仍然体现了与希腊剧院相关的一点。例如，门槛的转化能力，以及由此形成的情感力量。即使没有出入口通道（以风景为选址的简易希腊剧院里的表演处只有四周的界线），只要演员出现在舞台上，就是一个被门槛这种建筑手段赋予力量的事件。

观众到达和进入剧院的一刻也是被剧院建筑赋予力量的一刻。在某些希腊剧院里，观众或游客可能通过一条狭窄昏暗的通道进入观众席，也许还要上上下下几个台阶，使人从令人窒息的黑暗里进入宽敞明亮处，这本身就是一种戏剧性的体验，周边风景变成了剧本的背景。西西里岛的塞杰斯塔、土耳其的帕加马（北纬39.131 733°，东经27.183 716°）和约旦的杰拉什（北纬32.276 673°，东经35.889 455°）等处的剧院都是可参考的例子。

古希腊的建筑师似乎意识到建筑作为一种

手段时具有引发情感回应的力量，尤其是出入口通道。通往舞台的出入口（正如达马西奥所说的"进入明亮的地方"）是发展成熟后的希腊剧院里后台的一部分。随着历史的发展又加入了另一个通往镜框式台口的出入口通道，这是观众栖身的黑暗空间和演员出现的明亮虚拟世界之间的分界线。

《阿伽门农》里的通道（埃斯库罗斯，公元前5世纪）

阿尔戈斯的王阿伽门农在特洛伊战争后回到故土（迈锡尼；见第170页阿伽门农的宫殿的平面图）。为了平息天神之怒，他以长女伊菲革涅亚献祭。他的妻子即伊菲革涅亚的母亲克吕泰涅斯特拉在阿伽门农远征时与埃癸斯托斯（阿伽门农的堂弟）发生不伦恋情，且出于种种原因（不单纯是因为伊菲革涅亚的死）对阿伽门农恨意难消、杀气腾腾。悲剧就此展开。

在埃斯库罗斯写下《阿伽门农》之前，后台——演员在进入角色前停留的地方——已经发展成一座永久的建筑，而不再是临时搭建的帐篷。隐藏的后台和表演区域之间的通道具有一定的戏剧性，而埃斯库罗斯就是最早尝试和利用这种戏剧性的剧作家之一。在他看来，这部作品中通往台口的通道代表着阿伽门农在迈锡尼的宫殿中的中央大厅。剧本后面的例子表明，《阿伽门农》中的通道本身就是剧本里持久不变的角色，虽然沉默不语、纹丝不动，但被赋予了强大力量和多重意义。

在此，我们要为这个故事增加另外一幕，这幕讲述了埃癸斯托斯如何以阿伽门农的死邀功，阿伽门农的父王阿特柔斯又如何谋杀了埃癸斯托斯的兄弟，并将其砍碎喂食给他们的父亲梯厄斯忒斯——阿特柔斯自己的兄弟的故事。因此，家族复仇一代代地传了下来……同样的悲剧又出现在索福克勒斯的《伊莱克特拉》中，克吕泰涅斯特拉和埃癸斯托斯受到了被献祭的伊菲革涅亚的妹妹伊莱克特拉和她们的弟弟俄瑞斯忒斯的报复，他们要为父亲的死复仇。在索福克勒斯的剧本结尾处，埃癸斯托斯从宫殿的通道处被带回，接受死刑。"为什么我必须从这里走？"他问道，"这好事需要遮遮掩掩吗？"（E. F. 沃特林译，1953年）

埃斯库罗斯和索福克勒斯的作品影响了两千年后威廉·莎士比亚的作品。在莎士比亚的悲剧《哈姆雷特》中，克劳迪亚斯谋杀了国王（哈姆雷特的父亲），迎娶了王后乔特鲁德。哈姆雷特在仇恨中痛苦挣扎，意外杀死了心爱的奥菲利亚的父亲……奥菲利亚的哥哥雷欧提斯又返回来向哈姆雷特复仇……

历史上最有影响力的十类建筑：建筑式样范例
The Ten Most Influential Buildings in History: Architecture's Archetypes

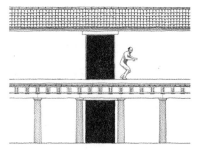 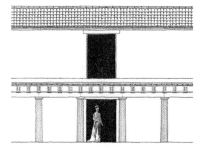 

1. 表演一开始，一名守卫站在官殿的房顶上盯着灯塔，他带回了特洛伊战争胜利的消息。其余的场景将会在"这座（被诅咒的）房子"*的门内外展开，"如果这里的墙壁会说话，那它会清清楚楚地告诉我们这里发生了什么"。守卫（他代表着剧作家，即埃斯库罗斯自己）完成了他的介绍，然后宣布："我只和理解我的人说话，对其他人我的大门紧闭。"由此，在典故的承接下，官殿的出入口通道像"嘴"一样将下面的故事娓娓道来。

整个剧目活动的动态阈限——永恒的时刻——占据着通道的静态门槛，其台口——乐队演奏处就在前面。因此，剧本本身就是时间和空间上的界线范围，投射在坐在远处台阶上的人类观众和剧院周围的诸神。承载着剧目叙事情节铺陈的开口——通道——是无知（还未可知）和有意（我们所知道的）之间的门槛。这个通道时刻提醒着人们莫忘当前的瞬间。

2. （几天后）一个传令官的到来再次确认了这场战争的胜利。克吕泰涅斯特拉站在官殿的通道上回应了她的丈夫即将班师回官的消息。此时这座房子代表着女性孕育新生命的子宫。

克吕泰涅斯特拉用谎言粉饰了阿伽门农征战期间她犯下的不忠。这时通道构成了事实（在太阳底下，在众目睽睽之下）和虚伪（虚伪下隐藏的黑暗）之间的界线。通道——象征着子宫的入口——暗示着克吕泰涅斯特拉犯下的通奸行为。这是她向自己的丈夫之外的男人打开的不忠的口子。

3. 阿伽门农胜利归来时，克吕泰涅斯特拉下令在通道的前面铺上红布——一块红地毯——欢迎丈夫回家。脚下踩着昂贵的纤维布料，阿伽门农感到很不舒服，他说自己只是普通人，不是神。红色的布料代表着他们被献祭的女儿的鲜血，阿伽门农必须在愧疚中走过去。它还代表着受到诅咒的、白色的房子，以及因失去女儿而受伤的心，预兆了随着故事的推进和复仇的展开而飘洒的大量鲜血。

通道是存在与虚无之间的界线，遍布所有依附着它的象征物品：在生和活之间（登上表演区的演员的出生以及一个人在这个世界的诞生）；在生与死之间（那些从这里穿过的人的逝去）。

* 英文版的引文出自1956年菲利普·韦拉科特翻译的版本，Penguin出版社出版。更多关于埃斯库罗斯及其戏剧作品中对通道的运用的实质性讨论，请参见奥利弗·塔普林的作品《埃斯库罗斯的舞台艺术：希腊悲剧中对出入口的戏剧性运用》，Oxford出版社，1977年。

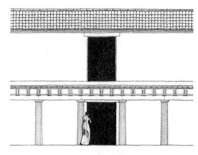  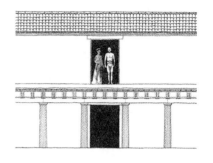

4. 卡珊德拉，阿伽门农从特洛伊带回来的一个奴隶，预言了将要上演的悲剧，她自己也在这场悲剧中被谋杀。犹豫了不久之后，她最终还是走进了代表着自己死亡的通道，嘴里念着："哦，黑暗世界的大门啊，我来迎接你！"

当卡珊德拉走进通道，就听见了阿伽门农濒临死亡的哭喊从这座被道德拷问的宫殿的通道里传来。

5. 宫殿的大门敞开着，里面是浑身是血的克吕泰涅斯特拉和被谋杀的阿伽门农，卡珊德拉的尸体横陈其上。克吕泰涅斯特拉承认她对"为阻止色雷斯风"而献祭女儿的事情非常愤怒，也气愤于丈夫和卡珊德拉的关系。她还公布了自己与埃癸斯托斯的关系。

此时，通道又成了审判地（就如古代城市中门楼通常起到的作用）。克吕泰涅斯特拉在充当审判员的观众面前为自己和自己的行为辩解。如果不是有观众在场的话，她绝对可以令自己无罪。阿伽门农和卡珊德拉的尸体就在地狱的门口，他们也要在这里接受诸神的评判。

6. 这幕剧以克吕泰涅斯特拉公开她的新丈夫埃癸斯托斯结束。在婚礼上，他们两人穿过通道一起出现，这个场景意味着他们形成了联盟。

克吕泰涅斯特拉和埃癸斯托斯认为他们实施的复仇是正义的。作为标志改变的工具和对身份的确认，他们进出时经过的通道也使其对阿尔戈斯的统治地位达到顶峰。

随着演员的退场，剧目也到达了终点。观众们穿过那些狭窄的通道，离开剧院这个魔法国度，每一位观众又回到了他们自己的日常生活中。

历史上最有影响力的十类建筑：建筑式样范例
The Ten Most Influential Buildings in History: Architecture's Archetypes

先驱

20世纪早期，考古学家阿瑟·埃文斯在克里特岛发掘了一座宫殿遗址——克诺索斯宫，就在宫殿外面他发现了一片铺砌过的区域（见第268页的宫殿平面图），两侧分别修砌了很宽的台阶（北纬35.298 594°，东经25.162 675°）。一条狭长的小路通向这里，且穿过这里继续向前。另一条小路从一侧绕过。埃文斯最初认为这里是米诺斯的宫殿，是人身牛头怪物米诺陶洛斯迷宫般的家，米诺陶洛斯最后被忒休斯杀死。米诺斯的女儿阿里阿德涅以其绝技——迷宫般复杂多变的舞蹈——成名。埃文斯觉得他发现的铺砌过的区域应该是阿里阿德涅跳舞的地方。旁边的台阶是克诺索斯人民站着或坐着欣赏她跳舞的地方，也是米诺斯引以为傲的地方。这处容纳着观众以及表演者的建筑架构（右图）起源于公元前2000年，被视为是几千年之后的古希腊剧院的先驱。

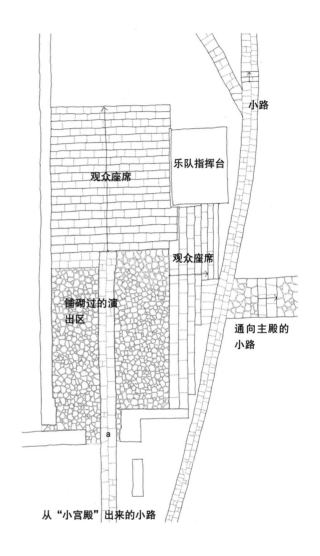

关系

在世界各地不同的文化背景中，古希腊剧院除了有"先驱"（上页），还有许多"后代"以及相仿的建筑。顺着它的家谱往前追溯几个世纪，它们自己的故事就足够编写一本书了。这里仅仅讲述其中的几个范例。

与古希腊剧院相仿的建筑的共同点主要有：首先，中心地带都有一片专门辟出来的区域，通常这里有明显的界线，里面会发生一些不寻常的（人工的、仪式的、对抗性的）或危险的（生理或心理上）事情，这些都被神奇的圆圈安全地控制在区域范围内；其次，周围（或一面或多面）有许多座位可容纳观众；最后，它们通过周边的界线明确了外部与内部之间的过渡，这种界线通常是某种形式的障碍物（如拳击场四周的绳子）或通道。

克诺索斯宫里用石块铺砌过的区域也许是阿里阿德涅的舞池（上图），也可能是公牛在进入主殿庭院里的角斗场表演牛跳前向观众展示的地方（中图），如克诺索斯宫壁画中描绘的那样（下图）。

从克诺索斯宫的遗迹中，我们尚不清楚那里是否有个通道与剧院区域相关。如果有，那它一定就在上页右图中的a处。虽然如此，通往这个重要地方的前行路线、进入这个重要地方的入口以及到达的点都清楚地表明，在建筑起点西方200米处的一条独特的道路上，坐落着我们所知的"小官殿"。

剧院上演的戏剧故事中包含冲突。作为体育比赛的场地，它们也可能暗含无脚本的冲突。例如，相扑这种运动就发生在边界明确的相扑赛场上。当一方选手被扔出赛场，比赛就宣布结束（上图）。

历史上最有影响力的十类建筑：建筑式样范例
The Ten Most Influential Buildings in History: Architecture's Archetypes

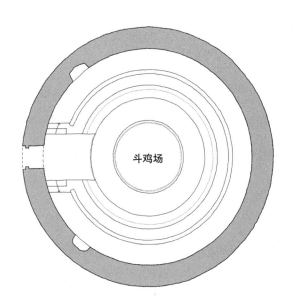

许多建筑都包含冲突，但参与其中且评判好坏的观众可以安全欣赏，还有可能对比赛结果小赌一把。这样的地方包括有规则控制的游戏和运动的竞技场：足球场、板球场、斗牛场、网球场、高尔夫球场……战区和战场也可能被纳入其中。

这里展示的小剧场原本是一座斗鸡场，左下图是它的平面图。剧场的中心有一个面积不大的圆形平台，周围有两圈可以坐的台阶，第三层没有座位，人们在这里观看斗鸡比赛，把赌注压在这场小公鸡之间的生死大战上（左上图）。如今，斗鸡在英国属于违法活动，所以这里原本的斗鸡场已经不复存在，它被转移到了威尔士的圣费根国家历史博物馆（北纬51.487 583°，西经3.277 364°）。现在人们把这里当成了为家人即兴舞蹈的地方（右上图），它真正地成了人们的表演场所。这个"魔法圈"四周的石墙又高又厚，阻挡了外界的视线。无论是表演者还是观众，我们每个人都会对关注的或被选定和划分出来用作特别活动的地方做出反应。希腊剧院及其相仿建筑就是观众和表演者这两种身份之间的分界线的建筑表现。

206

第6章 剧院

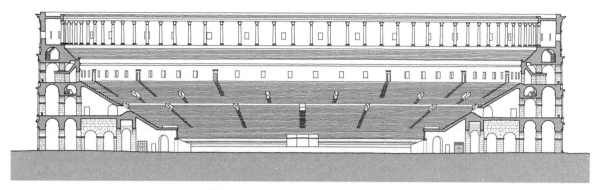

罗马圆形大剧场的剖面图（地下部分未显示）

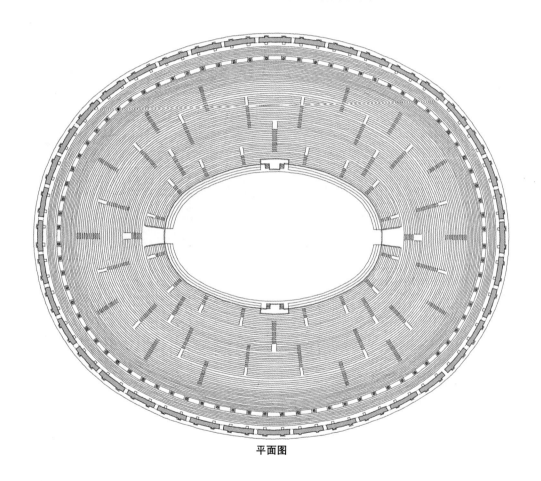

平面图

罗马作家朱文纳尔（公元2世纪）在他的一部讽刺诗集中曾说，与他同时代的罗马市民只对"面包和马戏"动心。作为一种集娱乐、统一和巧妙地控制（抚慰、分散注意力、影响意见）人群为一体的手段，建成于朱文纳尔出生前不久的罗马圆形大剧场（上图；北纬41.890 210°，东经12.492 231°）和罗马帝国其他许多圆形剧场一样，都是剧院展示政治力量的代表。罗马的帝王也许想自己娱乐一下，但他们更想用公认的价值体系从思想上约束臣民。这种政治渴望（需求）被以圆形剧场的建筑形式表达了出来（下图）。

历史上最有影响力的十类建筑：建筑式样范例
The Ten Most Influential Buildings in History: Architecture's Archetypes

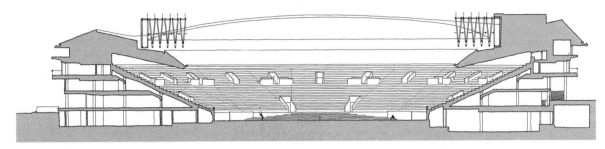

到了21世纪，因为范围有限，宏伟的圆形剧场已经不再是通过娱乐手段发挥政治影响的主要方式，人们把这种影响转移到了电子通信手段上（电视、收音机、网络……）。

尽管如此，罗马圆形大剧场的建筑形式却在现代体育场馆中得到了发展，比如温布尔登1号球场（北纬51.435 310°，西经0.214 771°，上图为该球场的剖面图）。

罗马剧院

罗马剧院的建筑形态广泛借鉴了古希腊的先例，但更加强调封闭性（与周围环境各为一体）。表演处的面积变小（罗马剧院的表演处是半圆形的，而希腊剧院中的表演处则是圆形或椭圆形的），多层的舞台后立面设计更精良，与分层座位的范围融为一体（不再被入口分开）。在希腊剧院中，本用作镜框式台口和两个表演层之一（与表演处结合）的地方在罗马剧院中变成了演员大展身手的主舞台。

希腊剧院保留了周边风景（下页右上图）元素，而罗马剧院则尽可能将其排除在外。有人把这种情况解释为罗马人道主义精神在建筑作品中的体现——专注于人类和人类行为对我们称之为自然的支配（或征服）。相比而言，希腊剧院看起来更像在用建筑表达人类与

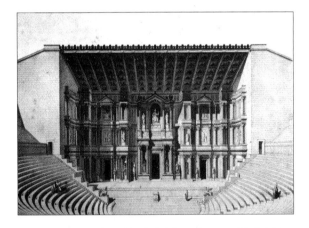

1856年，奥古斯特重建的奥朗日古罗马剧院（上图；法国；北纬44.135 869°，东经44.135 869°）也许可以和希腊剧院（这里指的是塞杰斯塔剧院，下页右上图；北纬37.941 125°，东经12.843 870°）与景观（如没有后台）的原始关系相提并论。

自然界（的神）之间更复杂（有人可能用"尚未解决"来形容，其他人则用"更微妙、互动性更强"来描述）的关系。

这种关系——人与自然之间的关系——是建筑的核心。地球上所有的建筑在有意无意中

都"弥散"着人们对存在与发生的事情和人类之间的关系的某种态度。（有关建筑中人与自然之间的相互影响，见《解析建筑》，第四版）在使剧院内部空间尽可能与外面世界分离和孤立的方向上，罗马剧院实现了进化；而现代剧院和影院发展自15世纪的欧洲，已经终结了这一进程。如今的观众席是一个独立的世界。尽管如此，一些剧院主管还在试图重建表演与自然界的联系，就如试图打破观众和演员之间的界限那样。

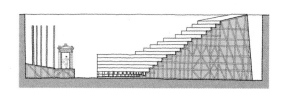

庭院剧场剖面图

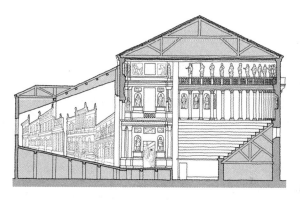

奥林匹克剧院剖面图

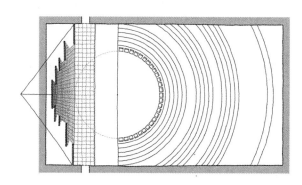

庭院剧场平面图

为了扩大观赏角度，塞里奥的庭院剧场（上图是其剖面图，下图是其平面图）和奥林匹克剧院（右中图是其剖面图，右下图是其平面图）高度扭曲了观众席的维度，使上演的虚拟世界看起来比真实情况更宏大。

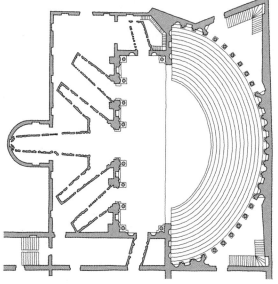

奥林匹克剧院平面图

历史上最有影响力的十类建筑：建筑式样范例
The Ten Most Influential Buildings in History: Architecture's Archetypes

假山

古希腊人借助自然、真实的小山丘来支撑剧院里的阶梯座位。随着所需承载量的增大，他们开始在山坡上建造人工结构作为补充，例如普里埃内剧院（第196~198页）。建筑师在做建筑设计时，需要面临的挑战之一就是在没有自然山坡的情况下提供必要数量的阶梯座位。人们不愿看到剧院的选址局限在山地上，因此建造假山势在必行。

举例来说，16世纪意大利建筑师塞巴斯蒂亚诺·塞里奥记录了（在《建造第八书》中）在一个皇宫庭院中建造的庭院剧场（上页左上图和左下图）。他竭尽所能，在矩形的庭院里建造了一个非常富有希腊—罗马风格的剧院。从图中可以看到，两边的半圆形座位都被压缩。尽管如此，他还是借助木质框架——放在宫殿正交结构内部的假山——的支撑，在表演处设置了阶梯座位。

时间悄然过去了半个世纪，在16世纪80年代，安德里亚·帕拉迪奥成功在维琴察维森茨城堡的一处现有空间中加入了一个剧院（上页右中图和右下图；北纬45.550 148°，东经11.549 270°；这个设计完成后不久，帕拉迪奥就逝世了）。同塞里奥一样，帕拉迪奥在已有的墙壁和屋顶构成的空间里重新创建了一座希腊—罗马风格的剧院（该剧院在这个范例中被涂成了灰色）。这意味着圆形的座位分层结构必须被压缩。

几何学上的冲突并没有对最初的古希腊剧院产生影响。在打造屋顶和上面楼层的时候，建造于自然风景中的剧院是社会几何学和结构几何学没有发生冲突的建筑实例。当然，这样的实例并不多见（见《解析建筑》，第四版）。古希腊剧院没有屋顶。塞里奥的庭院剧场也没有屋顶，但是它的几何结构却受限于周围的宫殿结构，这大概是受到建造时结构的限制。

罗马圆形大剧场（第207页）和温布尔登1号球场（第208页）都把假山当作阶梯座位的支撑，世界各地还有许多剧院和体育场也是如此。这样的设计使剧院能够建在相对平坦的地面和城市里。假山的存在意义不只这一方面，它不仅能变身成阶梯座位下的支撑，而且还能在自身结构的内部设置流通空间和其他附属设施。虽然在帕拉迪奥的奥林匹克剧院中的座位的下面确实有一个房间，但这种设计在塞里奥的庭院剧场里却不存在。罗马圆形大剧场

为了加强视觉效果，使舞台看起来比实际上更深邃，塞里奥设计的庭院剧场和帕拉迪奥设计的奥林匹克剧院都扭曲了风景原本的面貌。奥林匹克剧院的舞台布景由文森特·斯卡莫齐设计。

淋漓尽致地展现了假山内部可设置附属空间的能力，且这种设置在现代体育场、剧院和音乐厅的布局中依然常见。

在伦敦皇家节日音乐厅（1951年由伦敦郡委员会的罗伯特·马修和莱斯利·马丁设计；北纬51.505 806°，西经0.116 629°，下图），假山这种实践行为得到了进一步发挥。整个音乐厅的人造景观被抬升到柱子顶上一个形状不规则的盒子里，而盒子下的空间则被门厅和其他公共区域占据（下图是简化后的设计，灰色区域是服务区、附属区和实体结构）。

泰晤士河旁的另一处建筑——环球剧院（最初建于16世纪末，1997年重建，重建后的新环球剧院严格复原了有限的考古信息，新环球剧院如右上图及右下图所示；北纬51.508 164°，西经0.097105°）在假山设

新环球剧院（重建后）面向舞台部分的剖面图

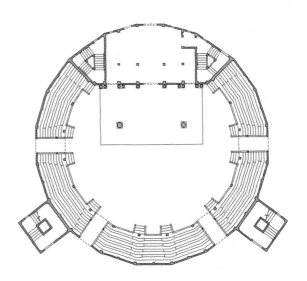

新环球剧院（重建后）平面图

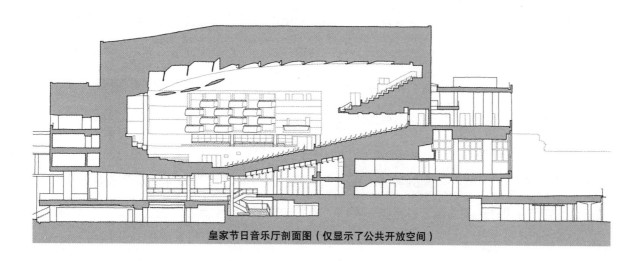

皇家节日音乐厅剖面图（仅显示了公共开放空间）

计上采用了另一种不同的策略。这里的阶梯座位沿着剧院的圆形外墙铺开,共分三层,层层叠加而上。

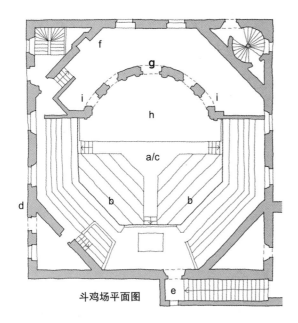

斗鸡场平面图

将虚拟与现实剥离

如果我们把古希腊剧院中的组成元素的关键点(见第198页右下图和第213页左下图)应用到后来的剧院建筑中,那么我们便可以发现细微的区别是如何定义和局限着观众与演员之间的关系和互动的。

左上图是17世纪初依理高·琼斯设计的一个剧院平面图,这里原本是个斗鸡场。虽然在布局上不算完全相同,但是它的结构形式与塞里奥的庭院剧场和帕拉迪奥的奥林匹克剧场相似。它们在设计上都仿照了古希腊—罗马剧院的风格,但是在具体表现手法上又有所区

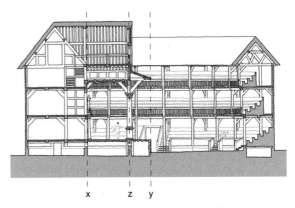

新环球剧院(重建后)穿过舞台的剖面图

座位周围的墙壁分开了戏剧中的国度和外面的世界,舞台结构本身组成了演员和观众之间的层层分隔。

别。在这三个剧院里,观众都被安置在(从概念上来看)半圆形的阶梯座位上,主要的表演节目在舞台上进行,而表演处的区域成了观众和表演者之间的缓冲地带。它们都有后台,虽然在塞里奥的庭院剧场中,后台被简化成视角扭曲的平椭圆形,但是在琼斯设计的剧院中,它是弯曲的,呼应希腊剧院的表演处原本的圆形结构。无论是在哪个剧院,表演的位置都在镜框式台口的中间地带,虚拟世界(表演处)与现实世界(观众席)之间那条清晰的界线就是舞台的边界,"隐藏区"和"展示区"之间的分界线就是后台主门的门槛。

它与同时代的环球剧院在布局上同中有异。在新环球剧院(下页左下图),表演处挤满了站着的观众,因此舞台边缘便成了观众与

演员之间仅存的缓冲带（上页右上图及本页左下图中y线标注的位置）。后台的主门（x线条上的g处）标志着演员从在后台候场到出场表演的界线。但是，还有另外一条界线也比较明显：这条界线是由支撑着舞台上方屋顶的柱子形成的（图中的z线），原始的镜框式台口分布在这里，表演围绕着这里展开。

在环球剧院建成后的十余年后，意大利帕尔马的法尔内塞剧院（下页左上图；北纬44.804 917°，东经10.326 608°，该剧院在第二次世界大战中被炸毁后又重建）首先出现了在剧院设计上一个重大且具有影响力的改变。法尔内塞剧院是1618年乔瓦尼·巴蒂斯塔·阿里奥蒂在现有空间基础上设计建造的。剧院里有历史学家眼中最早的镜框式台口。台口就在演员营造的虚拟世界和观众所在的现实世界之间的分界线上，这个创新产生了强大的影响。在这个平面图里（下页左下图），你可以认出之前讨论过的剧院里出现的几乎所有元素。但在舞台的边缘创造一个独特的垂直矩形框架（平面图中用虚线标记的地方）强化了这样一种意识，那就是演员所在的是另外一个世界，一个与观众所在世界不同的世界。总是出现的后台主门已然不在，从某种程度上来说，镜框式台口取代了它的位置。随后几个世纪建造的绝大多数剧院都采纳了这些创新思想。即使这样，法尔内塞剧院还是把大面积的乐队表演处当作了通用的表演处。

这种布局后来发展为风靡20世纪的标准剧院结构。作为其中的一个例子，下页右图是罗伯特·斯默克设计的考文特花园剧院（1809年）的平面图，图中所示原本是乐队表演处的地方现在已经挤满了座位，而乐队（音乐家）表演的场地被挪到了观众席下面，就在舞台前面的

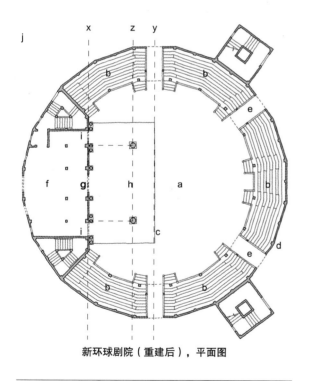

新环球剧院（重建后），平面图

a 表演处
b 观众席
c 缓冲带
d 围墙
e 观众出入口
f 后台
g 后台主入口（用作主要的出入口）
h 镜框式台口
i 背墙（用作侧边的出入口）
j 周边风景

地方（乐池；图中c处），因此这里又成了观众和舞台之间的缓冲地带。同时，这里还是舞台前区，在镜框式台口内（平面图中的虚线z和y之间），演员和观众之间的微妙关系可能与新环球剧院舞台上的中间地带一样，不过演员被放在了镜框式台口清晰的垂直架构里面。请注意，观众进入观众席的路线变得更加复杂。门厅（平面图中的k处）变成了观众自己的表演场地，观众在这里扮演着他们自己的叙事剧中的演员。

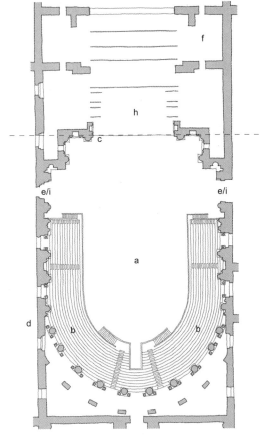

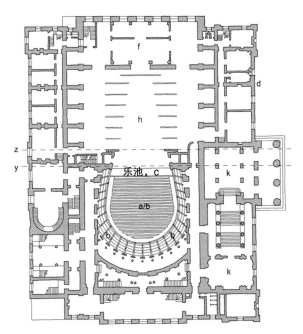

坐在洞穴的阴影下,看着海滩上发生的一切、望望大海,也是一件快活的事。

当我们坐在房间这个"洞穴"里,透过窗户向外看时,场景和左图描述的差不多。

框架的创造

根据我们的主要能力和血统,人类学家创造出了许多检索词来标注人类以及我们的祖先。这些词通常源于拉丁文:直立人、能人、智人、尼安德特人等。正如我们在前面提到的(第191页),约翰·赫伊津哈认为,鉴于我们都是游戏玩家(从我们生活的许多方面来说,不仅仅指运动),所以人类可以被归类于游戏中的人。许多作家(如亨利·伯格森、汉娜·阿伦特……)都选择了"工匠人"这个词来形容人类,他们关注的是人类制造东西的能力。

最后一个标签"工匠人"看起来最适合形容我们作为建筑师对这个世界所做的贡献。毕竟,大楼就是建筑物,是我们制造出来的(尽管建筑师也是游戏玩家)。但工匠人还不足以确切地标注我们在设计建筑时所做的一切,而剧院就是表明这个形容不够恰当的主要例子,无论是什么形式的剧院。尽管我们会把建筑看作一种物质存在——一座静止不动的大楼,像

历史上最有影响力的十类建筑：建筑式样范例
The Ten Most Influential Buildings in History: Architecture's Archetypes

雕塑一样的物体——但它总是不止于此。建筑能确定地点的存在。建筑总是离不开框架的制造。事实上，拉丁语中可能也没有合适的词，我们需要的是一个可以描述人们作为（不只是物体的创造者）框架的制造者（实体和概念）的词。其中的框架是指容纳和明确地点的框架，地点是指物体、活动、想法、气氛、行为所在的地点，我们通过它们认识这个世界。

我们就生活在框架的世界里。所有的框架都出自人类之手，可能是偶然也可能是刻意。就算我们只是坐在某个洞穴的阴影里（上页左上图），让它的形状包围着坐在沙滩上的我们（不对洞穴的结构做任何实质的改变），我们也创造了一个框架。因为洞穴满足了我们的需求或渴望，所以我们已经把它变成了一个框架，甚至变成了一个建筑作品。建筑就是各种各样的框架。通常来说，建筑行为实际上就是要建造一个框架——比如一所房子，但是有时候不需要。对于存在来说，一个地方就是一个框架，无论这个地方是复杂的建筑物，还是只是空无一物、未曾改变的洞穴。

即使当人们在使用"建筑"这个词的引申义时，它还是离不开框架——智力结构的框架。例如，一条政治政策的"建筑师"建立意识形态规则的框架时通常会通过使用有声语言和概念性框架，使其区别于（在框架内部）所有可能的令人困惑的、复杂的和不确定的政治思想和意识形态。

框架调和着建筑内容和环境之间的关系。它们设定了我们赖以生存的空间、概念、政治、宗教、道德等的规则体系。框架是我们认识世界和赋予其意义的工具。在政治学和哲学中，我们用语言来完成。在地面上和空间里，我们通过建筑来实现。

框架给了我们一种心理安全感。我们喜欢制造一个框架（我们的家，不管是借用这个词的引申意义还是实际意义），从那里我们可以看向外面的世界，勇敢地走出去冒险。它可能是我们生活的家园。它可能是我们自己的（也许是偏执的）政治思想。它也可能就是沙滩旁的那个洞穴（短期来看）。我们享受着从一个（确定的、安全的）框架（庇护所）望向另一个框架，那里可能充满了危险或欢乐等不确定性因素。剧院、体育馆、音乐厅、电影院，或者画框、电影幕布、电视、智能手机……这些都是人类作为框架制造者所做的活动的主要例证。有些是空间行为，有些依靠电子屏幕。"建筑"不只是用其结构组织生活的象征性比喻——它实实在在就在做这些。

第6章 剧院

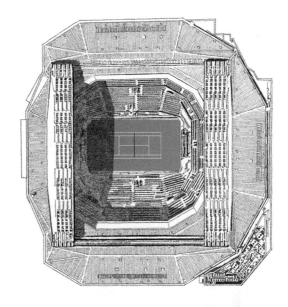

拿一个网球赛场的框架来说——比如温布尔登中央球场（北纬51.433 754°，西经0.214 019°）。第一，比赛发生的场地框架——草坪（对应乐队演奏处）、白线（用于确定球场范围）和球网（对应墙壁）——是球赛的规则体系的基本部分。第二，球场周围环形的阶梯座位（罗马剧院中这样的座席叫作cavea——拉丁语中cave"洞穴"的词根），观众就坐在这里观看比赛。第三，露天体育场的外墙把这里与其他地方隔开，增强了球场晶状体结构的聚集力量。第四，电视摄像机把比赛的场面传送到世界各地的电视屏幕上。第五，本页图片中的图像和文本就发生在我所说的网球场框架的结构中。第六，这里还有你处理这些信息的思维框架。我们就生活在一个自己创造的框架世界里。我们正是通过框架才创造了这个建筑。

再举一个例子，即另一种风格的法庭——审判庭，法律案件在这里辩论，那些被指控做下错事的人在这里被审讯。这也是一幕话剧，它的空间结构可以比得上古希腊剧院，只不过这场话剧中演职人员的角色被严格分工。下页右上图是19世纪英国法庭的平面图，普雷斯廷法庭（北纬52.273 868°，西经3.005 216°）。在这个房间里，律师——原告的律师还有被告的律师——一一列席，并在"乐队演奏处"的位置（图中a处）发表陈述。"正义必须得到伸张"，所以这里有为公众设置的阶梯座位（图中b处）。在座位和被告席之间是一个缓冲带（图中c处）。外面的墙壁（图中d处）把"戏剧"（审判）的场景与其他地方隔开，增强了焦点的效果。公众有

我可以通过智能手机观看一场希腊悲剧。

217

历史上最有影响力的十类建筑：建筑式样范例
The Ten Most Influential Buildings in History: Architecture's Archetypes

自己的入口（图中e处），他们从那里进入正义的圣殿。这里还有相当于后台的地方——后面隐藏的法官做准备的房间（图中f处），下面还有囚禁犯人的牢房。法官从"后台"的通道（图中g1处）戏剧性地出现在法庭上，这时每个人都要站起来以示尊重。被告从下面的牢房到出现在被告席（图中g2处）需要跨上几步阶梯。这里还有其他类似于剧院通道的地方：证人通道（图中g3处），他们有自己的列席区；还有陪审团的通道（图中g4处），他们再次进入庭审现场宣读有罪或无罪判决时需要走这里。最后还有镜框式台口（图中h处），这里是法官就座的地方，顾问——法庭的书记员——就坐在前面。审判庭里还有为媒体划分的位置——就好像现代版的古希腊合唱团从乐队演奏处的位置转移到了他们现在所在的像盒子一样的隔间。审判庭是建筑——空间组织和智力结构——为特殊人群和他们的角色标识构建地点的清晰有力的证明，并为处理不同人群之间的关系建立了规则。

第三个例子，请看威尔士波维斯城堡里的这间卧室（下图；北纬52.650 161°，西经3.160 229°）。它可以被称为第三种框架——君主或被视为（自己或他人）特殊人物休息的地方、国王"上朝"的地方。这个卧室——据说查理二世曾在这里待过——建造于16世纪60年代，这时候帕尔马的法尔内塞剧院（第213~214页）完工后不到50年。它的设计师采用了镜框式台口这项发明，这里不是为了框住戏剧演出场景，而是为了突出某个特殊人物的存在。尽管如此，它们产生的效果是相似的。镜框式台口在特殊人物和观众之间生成了一道遮挡门槛。这个分隔因一道栏杆而被加强——栏杆相当于观众和演员之

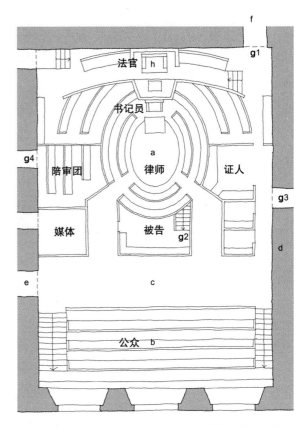

间的缓冲区。舞台里面的区域还是一个镜框式台口，从某种意义上说它呈现了（建筑上）通过隐藏区域的通道连接特殊人士的私人公寓——相当于后台（演员用房）——这一形式。

这个图片中出现了许多框架。其中有一个我在之前的文字中没有提到的框架，即把这幅图片嵌入本页排版的框架。

建筑总是关于互相关联的框架的复杂组合，它们相互连接，有时又会有一个凌驾在其他之上。这幅图片（左图）中有许多框架：镜框式台口的框架，这个框架中的四柱床又构成了另一个框架；还有墙上大型画作的外框；在画框之下的壁炉是另一个框架，壁炉里面是火堆。而把两个空间从视觉上联系起来的镜框式台口的拱门也是框架。在这个框架里，国王坐在他的床上，其他人是获得接见的观众。你可以说椅子也是框架，它框住了坐在椅子上的人；灯罩也为光线提供了框架。

希腊剧院的非正式等价物

希腊剧院的建筑架构不是对世界的抽象强加。它源自人类行为本身，又以具体的几何形式展现了人类天生的行为。非正式的剧院可以在特殊情况下（右下图）自我生成。当许多观众（这里指的是一群媒体摄影师和记者）想要看到和听到一些他们觉得特别的事情（此处指出自政治家之口的事情）时，人类社会行为的先天离心力和向心力之间的动态平衡似乎才会发挥作用。非正式的剧院类似于希腊剧院的结构，不过没有正式地改变这个地方的物理结构，比如提高这个地方，把它变成铺砌过的表演处和观众席。你可能在学校操场的打斗中看到过这种"没有架构的建筑"的相似例子，围观的人想看这场打斗，又不想离得太近，免得被不长眼的拳脚伤到。同样的事情在街头艺人的身上也能看到，观众会自发地保持距离，希望不要被选中，他们并不想参与到表演当中。

不过，有时候在正式场合表演的艺人也会借用少许建筑……

之前讲述立石的那一章阐释了用立石标记与其相关的某个地方的方式，立石要么在其中央，要么在其边界上。非正式场合（比如无垠的旷野的表演者）可以通过大型道具用同样的方式明确他们的表演场地——属于他们的乐队演奏处，确定他们表演的地点。上图中的婴儿车围绕自己所在的地方形成了一个圆圈，小丑就在这个区域里表演。虽然从这幅图中看不到观众在哪里，但我的视角就代表着观众的视角，观众都停留在恰当的距离外，保持着一个类似于下图中摄影师围成的圈的动态平衡。婴儿车的位置是一个静止的中心，小丑围绕着它展开表演。这个圆圈没有确定的边界，地面上没有画线，只有周围观众无意中形成的包围圈。

古希腊剧院的基本架构源自观众（此处指一大群媒体摄影师）自发站在关注焦点（政治家）周围的方式，观众与关注焦点产生共鸣。古希腊剧场甚至没有正式的布置。这就是没有架构的建筑。

历史上最有影响力的十类建筑：建筑式样范例
The Ten Most Influential Buildings in History: Architecture's Archetypes

表演者可能对圆圈的大小施加一些控制（当然圆圈不需要是几何结构上的正圆形）。就像左图中这个魔术师一样，他可能想要阻止观众走得太近，这样观众圈可能更大，也可能是为了不让观众轻易看到魔术师手上的小动作。在开始表演前，他在地面上把线绳大致摆放成长方形。从左图中你就能看到，这个长方形（连同他运送设备的一些盒子）明确了"乐队演奏处"的范围，而他就是这里关注的"焦点"。他的桌子就是他表演的"镜框式台口"（也许这样使魔术师变成了自己的隐藏着魔法变化的"后台"）。

婴儿车、绳子还有魔术师面前像圣坛一样的桌子都是建筑元素，有助于认定和明确表演场地。

米纳克剧场，康沃尔

米纳克剧场（北纬50.040 849°，西经5.651 085°）建造于20世纪30年代，那时，莎士比亚的戏剧还在康沃尔海岸线上的自然圆形剧场演出。它的形状与早期以自然景观为背景的希腊剧院形成了强烈的共鸣，尽管那时还

不具备严格的圆形形状。同古代剧院一样，米纳克剧场与周围陆地的关系从渐进和特别的干预中演变而来。1932年表演《暴风雨》第一季时的米纳克剧场（本页左图）是在悬崖边上建造了一个圆形的表演场地，阶梯座位分布在崎岖的山坡上。多年以来，座位不断被扩展、改进，并增加了一些其他元素，其中包括两个柱子形成的通道（本页右图）。后台——隐藏的演员准备区——有时就是一顶帐篷（上页下图；让我们回忆起后台的起源）。加上墙壁下的区域，从这里爬过台阶可以到达通道处。表演的舞台背景就是背后的大西洋。

阿尔瓦·阿尔托

芬兰建筑师阿尔瓦·阿尔托曾在1953年画过一张草图。草图上呈现的是位于德尔菲的阿波罗剧院和神殿（见《草图集：阿尔瓦·阿尔托》，1979年）。阿尔托的草图在结构上与我临摹的画作（下页右上图）非常相似。草图也许比绘画更重要，阐释了作画之人的兴趣点所在。阿尔托在德尔菲画下的草图似乎传达了三个主要的兴趣点：其一，突出了与人类创造的剧院几何结构——乐队演奏处和阶梯座位——并列的自然场景天然的不规则形状；其二，剧院暗示了这里容纳的人群是一个整体；其三，突显了自然界与人类的共生关系。在他的草图中，阿尔托成功地传达了他从哲学角度在古希腊剧院的建筑架构中观察到的我们与世界的关系。

阿尔托对古希腊建筑的崇拜也影响到了自己的作品。我们已经见过他在1958年建造的沃克森尼斯卡教堂（第55页）。在他职业生涯的后期，即20世纪50年代到60年代，他

历史上最有影响力的十类建筑：建筑式样范例
The Ten Most Influential Buildings in History: Architecture's Archetypes

抓住一切可以利用的机会，在建筑中试验古代剧院的架构，无论是文化中心、音乐厅还是大讲堂。

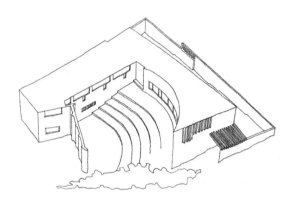

1954年，阿尔托刚从希腊回国不久，他在赫尔辛基郊外为自己建造了一个工作室（北纬60.198 122°，东经24.869 555°）。他在1930年设计的萨格勒布医院竞标方案中融入了简单的希腊剧院风格，把内部病房设置在一个简易外部剧院周围，这个剧院由地面上的阶梯座位构成。但是在设计自己的工作室时，他借用了地面的天然坡度。显然阿尔托想要重现缩小版的在德尔菲设计的剧院，尽管他没有用正圆的几何形状限定阶梯座位的造型。他还用一堵可用作电影屏幕的空白墙替代了剧院中的后台和镜框式台口；投影仪就安装在弧形墙面的空间里（上图和右中图）。演员进行的所有准备工作都是隐蔽的，不一定是在眼前的某个建筑中，比如后台，也许是在距这个观影地千里以外或很久以前的地方。这里的舞台景色和背景也属于其他地方、其他时间。阿尔托的设计融合了古人们对风景中的剧院结构的理念和当代电影技术的发展。因此我们不难看出，阿尔托打算通过这个剧院表达办公场地的统一性——这是一种建筑结构的一致性表达。

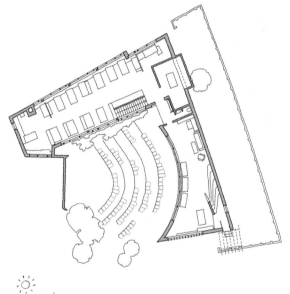

把图片投射到墙面上（就像屏幕）的想法也可以追溯到古希腊。柏拉图在比喻洞穴的时候（《理想国》，第七卷）就用到了这种方法，他在《理想国》中说未开化的人眼中的世界就是投在洞穴墙壁上的影子（上图）。

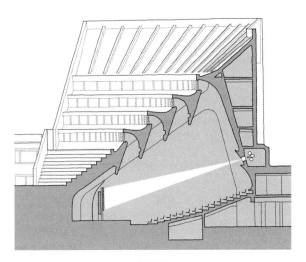

剖面图

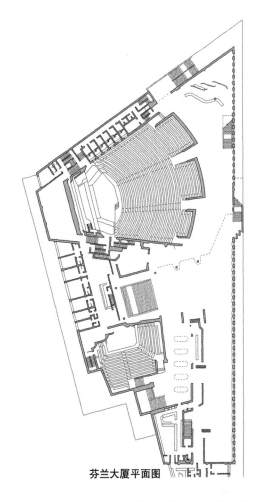

芬兰大厦平面图

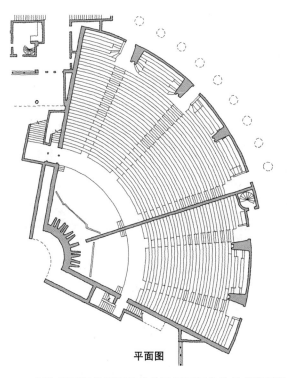

平面图

阿尔托还把希腊剧院的构造用到了传统的表演场地中。在赫尔辛基城外奥塔涅米的一座大学（北纬60.185 696°，东经24.827 575°）的主楼里，两个主演讲厅的位置好像一个内部被墙隔开的希腊剧院（上图）。大楼这部分的外部形状（屋顶）也像希腊剧院，一个象限形状的阶梯座位占据着靠近地面的斜坡的一角（上上图）。

希腊剧院的形状还出现在阿尔托设计的最后一座大型演奏厅——赫尔辛基市中心的芬兰大厦（北纬60.17 6271°，东经24.933 194°；20世纪60年代，上图）。这里和阿尔托设计的此类建筑一样，全部的座位呈现的圆形结构（或近似圆形）——包括实际演出中所有容纳观众的地方——与外面露天门厅的不规则形状共存；好像阿尔托觉得自己设计的建筑既能承载人类干预后的建筑形态，又能容纳周围的自然景观（这是古希腊景观剧院中必不可少的配置）。

阿尔托使用了希腊剧院的建筑形式的其他设计有：文化之家，赫尔辛基，1958年；歌剧院，埃森市，1959—1961年设计，但直到20世纪90年代才投入建造；沃尔夫斯堡教堂，1960—1962年。

历史上最有影响力的十类建筑：建筑式样范例
The Ten Most Influential Buildings in History: Architecture's Archetypes

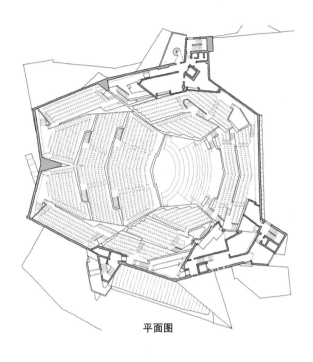

平面图

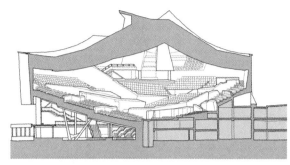

剖面图（灰色部分是服务区和构造带）

爱乐音乐厅，柏林

柏林爱乐音乐厅（北纬52.510 110°，东经13.370 098°；本页图）与芬兰大厦同属一个时期，其缔造者汉斯·夏隆在设计爱乐音乐厅时采取了与阿尔托不同的方式。这个音乐厅里到处都是人造平台，辅以上面波浪起伏的屋顶。平台上容纳着观众的座位。表演的管弦乐队坐在属于自己的小型希腊剧院里，这里是整个空间的焦点所在，四周被人们组成的景观环绕。

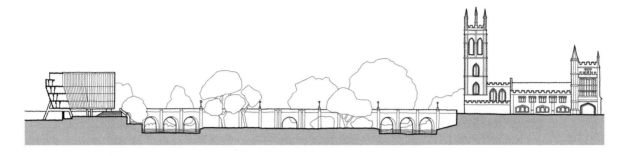

弗洛里大楼，女王学院，牛津

弗洛里大楼是位于牛津女王学院中的供学生们使用的一个宿舍楼（北纬51.750 848°，西经1.243 123°；上图左）。它由詹姆斯·斯特林设计，1971年完工。这座大楼共有四层，大楼里的房间环绕着一片中心空间和一个阶梯式的表演处，就像一个有明显角度的希腊剧院里的阶梯座位（下页图是其顶层平面图）。尽管斯特林期望学生们能够发挥庭院的社交功能，但是实际上，这里经常是被遗忘的角落。从这个礼堂望去，看到的主要场景就是河对岸牛津大学的风景。与我们之前介绍的其他例子一样，弗洛里大楼在当代建筑形式中融入了古希腊剧院的基本元素。这栋宿舍楼就像被混凝土管座支撑的假山。

阿布拉克萨斯住宅区，法国巴黎

阿布拉克萨斯住宅区（北纬48.840 102°，东经2.542 794°）由西班牙建筑鬼才里卡多·波菲尔设计，建造于1978—1983年。这座建筑从里到外装饰着希腊建筑风格的破碎或倒转图案。例如，左下图中较小的人字形入口用两个太阳光柱代替了固体立柱；后面巨大的曲面则采用了玻璃柱子而非石柱。

整个住宅区项目的一部分称为Le Palacio，另一部分叫作Le Théâtre。从第227页的平面图上我们可以看到，后者仿效了古希腊剧院的形状，包括表演处（图中a处）、阶梯式观众席（图中b处）、观众入口（图中e处）、背墙（图中i处）和一个替代镜框式台口的凯旋门（罗马风格而非希腊风格）。这样的结构把住宅区中的Le Palacio部分变成了后台（图中f处），而分隔了剧院空间和外部世界（图中j处）的周界（图中d处）摇身变成了一堵巨

历史上最有影响力的十类建筑：建筑式样范例
The Ten Most Influential Buildings in History: Architecture's Archetypes

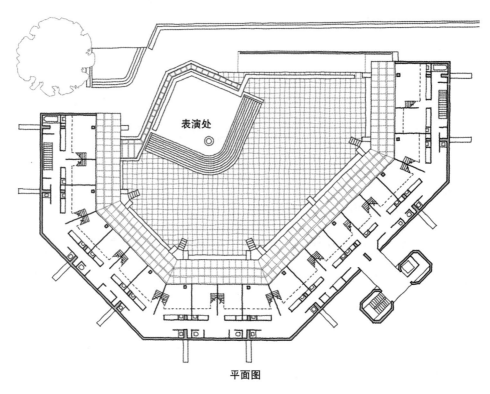

平面图

大的可居住的墙，包括九层公寓和一个栽种着庄严的柏树的屋顶花园。

项目的设计初衷是赋予这座大型住宅一种叙事的感觉，从而颠覆许多现代城市公寓赤裸裸的功能主义，使在阿布拉克萨斯住宅区生活变成一件有趣的事。这里选用的图案隆重、经典、充满英雄主义，之前常用于富豪和权贵人士的宫殿，暗示着自由、平等、博爱。居住在这里的人也可以被赋予同样的荣誉。

剧院的结构形式使这里的居民能进行表演，可以和朋友一起随意发挥，也可以有组织地进行。我不知道这里的剧院是否曾被用作正式的演出。不过我自己曾假装在那里表演，就站在表演处的位置。

颇具讽刺意味的是，阿布拉克萨斯住宅区曾出现在许多电影镜头中。其中就有电影《妙想天开》（1985年，特瑞·吉列姆执导），以反乌托邦的未来为主题。上页左下的图片选自电影中的镜头，取景时摄像机的位置就在反转的希腊剧院的顶部（下页平面图中的x处）。在这里取景的其他电影还有《谁杀了帕梅拉·罗斯？》（导演艾里克·拉缇戈，2003年）和《饥饿游戏3：嘲笑鸟（上）》（导演弗朗西斯·劳伦斯，2014年）。

第6章 剧院

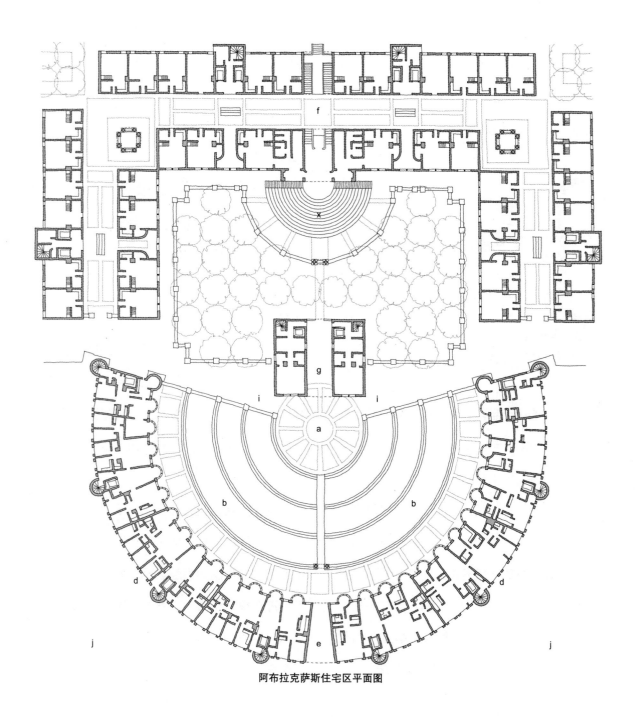

阿布拉克萨斯住宅区平面图

平面图中的下半部分包含一个较小的希腊剧院，弯曲的九层公寓自带屋顶花园，勾勒出这个剧院的存在，并将其与外部世界隔开。每层楼上的凸窗形成了与整栋建筑同高的玻璃材质的多利安立柱，每根柱子顶端都有一棵柏树。x处的阶梯也是一个反转的希腊剧院，这里的表演处在弯曲阶梯的顶部而不是底部。凯旋门（图中g处）像通道一样，耸立在两个剧院之间。

历史上最有影响力的十类建筑：建筑式样范例
The Ten Most Influential Buildings in History: Architecture's Archetypes

景观设计和表演艺术中的希腊剧院

希腊剧院能把人们聚拢在表演者周围，调和事件与周边环境的关系，它总是能塑造和影响景观设计和表演艺术。

克拉维克多元宇宙，邓弗里斯郡，苏格兰

克拉维克多元宇宙（北纬55.381 961°，西经3.933 193°）是位于苏格兰南部的一片土地，在查尔斯·詹克斯的设计下已然变成了"艺术乐土"。2015年夏，克拉维克多元宇宙以一场特殊的表演开放。克拉维克的"艺术景观"有许多组成部分，但其中心位置的土地综合了石头与类似于石圈和希腊剧院风格的建筑，连同一些石板路。下页左图是这个位于中心位置的多元宇宙的平面图。十字形的布局结构分别朝向罗盘的四个基本方位。本页左图是设计师的一幅画像，他斜靠着立石（代表他本人永恒地立在那里），站在那里俯瞰着这条路的尽头。

这里的石圈和剧院与史前时期和古典时期没什么不同，都是界限分明的表演场地。石板路是方向明确的前进通道。因此，人们心照不宣地认为这个组合明确了这里就是"重大事件发生的地方"。但我们并不知道发生了什么事情。我们不确定古老的石圈里到底发生了什么，就此而言这里指的是古希腊剧院，它充满了时间的迷雾——还有因那份神秘而增强的传奇感。克拉维克多元宇宙保留了这份神秘，续写了这个传奇。

除了后台建筑，克拉维克多元宇宙包含了古希腊剧院的所有元素——见下页左图——只不过它们的形状和相互之间的联系有所变化，不再那么具有说服力。就好像在一个句子中，当句子的语法被破坏，整个句子的意义也会变得混乱。

第6章 剧院

舞蹈"Aatt enen tionon"

有时候，剧院的传统空间秩序会因某种诗意的意图而被故意破坏。

"Aatt enen tionon"（下页右上图）是波依·夏玛兹1996年精心编排的一场舞蹈，在这支舞蹈中，三位舞者分别被放在了三个不同的楼层上。这个舞台可以建在任何空间大小合适的地方，无论是室内还是室外。观众虽然散落在三层舞台的周围，就像风景中（人造的或自然的）的古希腊人，但是舞者表演的地方必须被分隔成彼此看不见的形式。这场舞蹈不可能协调。夏玛兹这样介绍了自己的作品：

"'Aatt enen tionon'向我们呈现了一种质疑自我本身的舞蹈形式，即使它是在看起来不可能展现舞蹈的条件下表演的。"

"Aatt enen tionon"提醒着我们，自三千多年前（第204页）阿里阿德涅在克诺索斯宫那片剧院式的空地上惊鸿一舞之后，舞台就成为舞蹈的一部分。舞台确定了表演的范围，决定了舞蹈进行的条件，统一着也保护着舞蹈演出。如果这个架构变得支离破碎，舞蹈也逃脱不了这个命运，即使它仍保持着严格的几何形状。

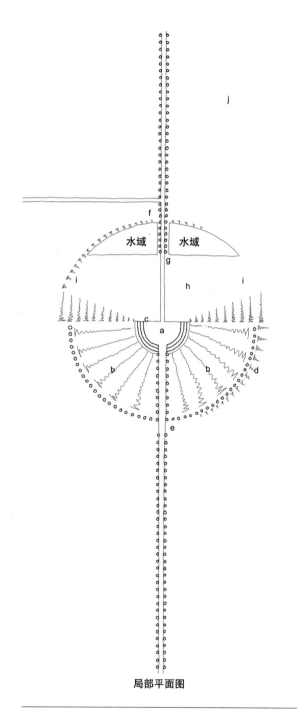

局部平面图

a	表演处	g	后台主入口（用作主要的出入口）
b	观众席		
c	缓冲带	h	镜框式台口
d	围墙	i	背墙（用作侧边的出入口）
e	观众出入口	j	周边风景
f	后台		

229

历史上最有影响力的十类建筑：建筑式样范例
The Ten Most Influential Buildings in History: Architecture's Archetypes

巨型红裙

有时候，剧院的传统空间秩序会被浓缩为它的统一的本质。

2004年，一位驻芬兰的韩国艺术家Aamu Song制作了一个巨型红裙（下图），这条裙子（直径20米）上有一圈同心圆的口袋，大到足以容纳一个人（或者一个大人加上一个孩子）。演出的时候，歌手或讲故事的人会从裙下隐蔽的楼梯爬上来。这个巨型红裙可以到处移动。尽管它的颜色似乎暗示了歌手或讲故事的人的性别，但是它还是把古希腊剧院的结构浓缩成了两个基本元素：被几何结构和有序排练统一成整体的观众与焦点处的表演者。此时，表演处、镜框式台口、后台以及通向后台的通道都合并到连衣裙自己形成的圆圈中心的上身部分——形成了叙事的框架。观众躺在红裙的口袋里，同时被裙子和故事包裹着。这个女性的连衣裙包罗万象的裙边就是观

众与外面的世界之间的门槛。

舞蹈"Aatt enen tionon"和艺术品"巨型红裙"都说明了建筑如何因其容纳的人而变得完整。在舞蹈"Aatt enen tionon"中，舞台决定了舞者的表演范围。在"巨型红裙"中，尽管观众是来看演出的，但他们同时也是建筑本身的组成部分。人与连衣裙搭建的架构之间是共生的关系。

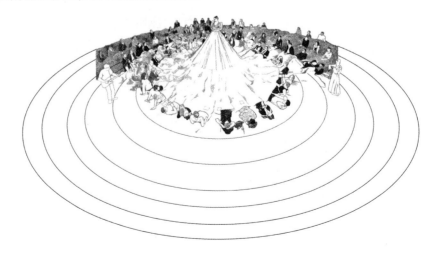

最后……剧院——虚拟空间的标志

剧场大师彼得·布鲁克在其作品《空的空间》（1968年）开篇这样写道：

"我可以选取任何一个空间，称它为空荡的舞台。一个人在别人的注视之下走过这个空间，这就足以构成一幕戏剧了。"

这就是说，剧院必不可少的种子（或者说核心）是两种人之间的互动，即演员和观众之间的互动，而建筑已经是其固有部分。当剧院和剧团试图打破演员和观众之间的物理界线，把这两种人混合在同一空间内时，它们必须用其他方式明确演员和观众之间本质的分化：也许通过服装，也许只是制订一种独属于演员的行为举止习惯。这样的方式很有趣味性，他们用否定的方式阐明了剧院的实地布局是如何帮助人们安心地待在自己所属的阵营里的。每个人都只能属于两个阵营中的其中一个。如果把一名观众拽到舞台上，他会变得紧张、不自然，因为在上台的那一刻他的身份就从观众变成了演员（当然不是自愿的）。

剧院的框架结构——希腊剧院、现代剧院、体育场、艺术馆等——总是离不开一个宗旨，那就是在周围环境的背景下借用建筑元素（地面上的固定区域、平台、门和窗户、墙、光线、声音等）管理演员与观众之间的分隔，但这些建筑元素之间的相互关系可以任意改变。不同的建筑师、不同的戏剧导演都想尝试体现这些元素之间略微不同的相互关系，其中就包括把演员和观众混合在一起。

在早期的古希腊剧院中，演员和观众之间的区分很简单，就是在地面上画一条线或一个圆圈，不相关的更外面的人都可以看见他们之间围绕这条线或圆圈展开的互动。在整个罗马时代，剧院因高耸的围墙而与周围的环境分隔开。到了意大利文艺复兴时期，即使是仿照了古代先例的剧院也依然被包围在封闭的空间里，与周围的环境完全隔绝。这样的分离确实产生了一些实际上的好处：不受外界天气的影响，提升了音响效果，可以控制灯光等，但同时也扩大了演员与观众心理上的孤立。封闭的剧院带给观众的感受更强烈，人们在这里受到的干扰减少了——没有鸟儿在头顶上叽叽喳喳，没有小猫在附近打闹……而且危险的虚拟世界也被局限在了剧院的保护范围里。

即使是在封闭的剧院中，排除了来自外面世界的影响和干扰，但是在如何利用建筑结构区分演员和观众方面，人们的观点也还是有很大分歧的。

20世纪70年代初期，彼得·布鲁克在创立国际戏剧中心（CICT）时，接管了巴黎一个

历史上最有影响力的十类建筑：建筑式样范例

The Ten Most Influential Buildings in History: Architecture's Archetypes

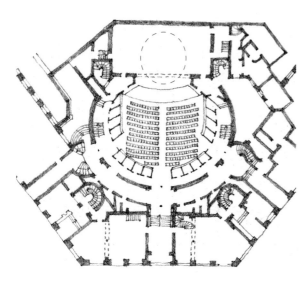
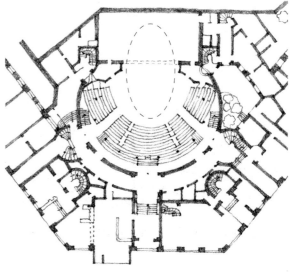

从未使用过的剧院——北方剧院。原来的剧院被改造成了镜框式台口剧院（左上图），重要的是布鲁克改变了它原本的结构（右上图）。在原本的结构中，可以看到表演区域（虚线围成的椭圆形）并不完全都在舞台上。舞台前区也是表演区域的一部分，但是与观众席之间进行了有效区分，观众们就坐在自己的包厢里或一排排的观众座椅上。人们把这样的剧院称为"两个房间"的剧院，观众在"其中一个房间里"观看"另外一个房间里"演员的表演；"两个房间"共享一堵看不见的墙。在这种剧院里，作为表演背景的舞台被灯光映照得如同白昼，而观众区则暗得如同深穴，两者形成了鲜明的对比。为了调节两者之间鲜明的对比，布鲁克拆除了舞台，破坏了镜框式台口的区分力。然后他又在已掏空的剧院内部加入了古希腊剧院的概念。通过对比改造前后的平面图可以看出，改造后呈现在人们面前的是这样的场景，表演区域——乐队演奏处——有一小部分横跨在先前镜框式台口形成的分隔区（隔离带）上面。此时演员与坐在简易的、呈放射状的阶梯木凳上的观众位于同一层。原来舞台的后墙上的锈迹代表着外面的自然风景，而不是实际上的巴黎街道。掩藏起来的更衣室就是后台。虽然后台没有明显的通道，但是这个建筑元素仍然在埃斯库罗斯的作品《阿伽门农》中发挥着巨大的作用，其衍生品被移走后残留下的痕迹代表了这个元素的存在，这里就是残存的镜框式台口拱门。

作为一种建筑类型，剧院的建筑趣味和影响表现在表演和欣赏、演员和观众之间的微妙关系中。其力量来自我们头脑之外、视线之前的东西的相互关系中：风景、天空、他人、神灵……剧院把深藏在我们内心的东西与周围世界中的东西放在一起，并以舞台建筑的形式呈现在人们眼前。

剧院的建筑动态不只出现在我们可能称为传统的或普通的剧院建筑中，还会影响其他建筑形式的设计：住宅、办公室、公寓楼、零售店等。它打破了人们通过建筑对世界的实际控制的传统，转而进入了电影院、电视机、计算机、智能手机之类的电子世界。电子世界的舞台是屏幕，世界各地的人们都可以透过屏幕同时欣赏斯特拉特福镇皇家莎士比亚剧院舞台上进行的表演或一个杂技演员穿过两座摩天大楼之间的钢丝的惊险表演。

剧院的空间结构力量——无论是从实体结构上看还是从电子器件上看——都是建筑的基本配置，展示了建筑对我们生活的重要性。剧院建筑的本质就是各种关系，它表达了我们的身份、我们与他人的关系、我们的行为和判断力、我们的行动和观察力。

当古希腊人想到建造阶梯座位去容纳万千观众，使观众能够很便利地欣赏舞台上几个演员的表演时，他们开启的是一个新篇章。最初他们用建筑的形式去表达自己的想法，这种方法一直延续至今并且没有出现消散的迹象。我们中的大部分人因此而变成了观察者、业余评委、消费者……随时可能受到少部分人如政治家、媒体人、社会名流的影响。建筑甚至还把整个城市变成了一座舞台，建筑产品本身就是城市舞台上的演员。所谓的标志性建筑不再只是钢筋混凝土搭建起来的框架，而是成了照片这个镜框式台口里的角色，成了人们的观察对象。剧院就是建筑动态的其中一种，从根本上讲剧院就是关于建筑的框架结构，再借助这种架构促成人们之间的互动。它使建筑产品的框架成为人们关注的对象，而建筑需要承载随之而来的使用建筑的人——以满足单纯的观众的需求。也许，这才是剧院对建筑产生的最重要的影响。

公爵官，乌尔比诺，意大利

第 7 章

庭院

庭院

> "三十辐共一毂，当其无，有车之用。
> 埏埴以为器，当其无，有器之用。
> 凿户牖以为室，当其无，有室之用。
> 故有之以为利，无之以为用。"
>
> 老子——《道德经》（公元前6世纪）

建筑具有互补的特点。有突出的建筑形式就有封闭的空间状态，有示范性的普遍概念就有因人而异的多变设计。需要建造的东西有整体项目也有单独房间。在连接技术中，不同的组成元素有不同的属性：螺母是"阴性"，而螺栓是"阳性"；一副耳机的插头是"阳性"，而它的插口是"阴性"。为什么会出现这样的理解，其原因不言而明。建筑之间的区别非常之大，维度也很广。依照属性来分，立石被认为是"阳性"的，我也曾认为古墓前的通道拥有"女性"特征（像女性腹部一样，第120页右上图）。"客体"建筑常常把人看作旁观者，它坐落在那里是为了被人们观赏，因此在建造这种类型的建筑的过程中，建筑师面临的挑战是如何给人留下深刻的印象。"空间"建筑把人视为建筑本身构成的一部分，它的构造宗旨是居住，在这类建筑的建造过程中，建筑师面临的挑战是如何提高人们居住的舒适度。

大多数建筑作品（尽管并非全部）综合了"客体"和"空间"的特性。"客体"的建筑特性主要表现为通过视觉方式欣赏建筑，用照片进行交流。"空间"的建筑特性则更多地表现在现象学方面（肢体和知觉体验、行动、舒适性、居住情况、情绪反应等），更难用纯粹的视觉方式表达，比如照片。用建筑"客体"作为宣传手段更为容易，不过建筑"空间"对人们紧急需求的考虑则更周到、更体贴。

庭院是"空间"建筑形式最明显的例子之一（通常是"阴性"的），它与"客体"建筑（"阳性"）的表现方式相反（从空间和形式上来说）。例如希腊神庙中的一个可见的雕塑就是"客体"建筑。从这个方面来看，神庙正在逐渐弱化其作为神灵存在的载体功能。

如果说远古时期的建筑是以立石开始的，那么建筑的起源就是"男性"的阳刚之力。你不必把它看作一种阳性的象征，不必非得用弗洛伊德的精神学语言去认识它拥有的展现建造者在整个环境中的存在意义的力量。但是，如果古代建筑开始于画在地面上的一个圆圈，那么它的容纳能力、适应能力便出自"女性"的本能。这并不是说"客体"建筑只能由男性建筑师创造，"空间"建筑只能由女性建筑师独揽。

"空间"建筑（"阴性"）在一个建筑作品的设计过程中处于被优先考虑的位置，庭院就是能够证明这一点的明显例子之一。它（从空间和形式上来说）就如同典型的神殿被像手套一样从里到外翻转。在本章标题页描绘的庭院里（乌尔比诺的公爵宫，下页左下图及右上图为其平面图），列柱廊在一个封闭空间内环绕，而不是像希腊神殿中众多立柱面向周围的开放空间那样。虽然在本章标题页呈现的我临摹的画作中，你只能看到周围建筑的墙、柱子和窗户，但是我想表达的主题（正如任何一个庭院的主要建筑目的）是我们触摸不到的封闭空间。那是我们作为建筑的使用者可能居住的地方。

历史上最有影响力的十类建筑：建筑式样范例
The Ten Most Influential Buildings in History: Architecture's Archetypes

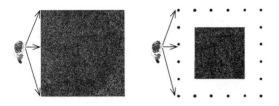

1图和2图——看着一个物体

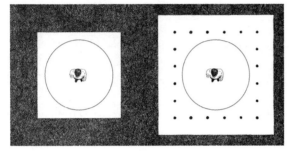

3图和4图——被一个空间包围

庭院所在层的平面图

建筑包含物质和空间两方面。我们无法离开物质去生活，而同时我们又生活在空间里。在描述"客体"的时候（上面的1图和2图），建筑产品被看作空间中的客体，我们是旁观者。在描述"空间"的时候（上面的3图和4图），建筑产品在包围我们的状态下生成了空间，我们就变成了居住者。有时候建筑中的物体会被列柱廊遮蔽（2图和4图）：在（希腊）神庙的建筑思想下，列柱廊处于物体的前面；在（哥特王朝和文艺复兴时期的）回廊或庭院中（4图），人们的位置由列柱廊确定。

乌尔比诺的公爵宫（意大利；北纬43.724 119°，东经12.636 491°）的庭院（上图中a处）是个基准空间，参照它你就知道自己处在这座宫殿的什么位置。它是游客穿过外面公共广场的入口门廊（上图中b处）到达宫殿的主要地点。庭院不仅能便于人们到达宫殿的每个角落，而且还是整个宫殿空气流通的重要组成部分。除此之外，阳光和空气从这里直接进入宫殿的中心。庭院正是通过这些方式让这座宏大的建筑物更容易被读懂全貌、更舒适、更亲和，否则这里将会变成一座迷宫。庭院是一种建筑理念，帮助我们（建筑师和使用者）去充分理解一座房间很多的复杂建筑。

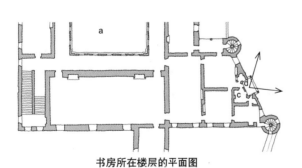

书房所在楼层的平面图

乌尔比诺的公爵宫是15世纪蒙泰费尔特罗公爵的官邸。在我们整体看待这座宫殿时，庭院营造的便于理解的秩序感为周围一系列长方形房间提供了基点，但是与楼上公爵书房（左图中c处）的小空间形成了对比。庭院的界域范围还与从书房的露天凉廊（左图中d处）处看到的乡间开阔风光形成对比。它为这些迥然不同的空间感受提供了一种微妙的、潜意识里感知到的基点。

早期的庭院

庭院是如何产生的？也许人们先建造了三四个入口相对的小屋，然后意识到它们之间的空间构成了一个独立存在的区域。如果人们想进入这些小屋，那么它们就要让出共享的界墙，在两个屋子之间留下缺口，这样人们就创造出了一个有独立入口的庭院。

右下图是以色列东北部一个村庄部分遗址的平面图，现在人们称这里为戈兰大门（北纬32.686 611°，东经35.603 256°）。遗址显示了一个由形状不规则的街区组成的村庄，街道穿横其中。每个街区有三到四所房子，每所房子结构相同：中间是露天的庭院，可从外面的街道上直接进入；庭院周围布满了房间。这是迄今所知最古老的庭院了，大约建成于8000年前。

抛开栅栏大门不讲，戈兰大门的庭院已经非常成熟了。它们的雏形一定发源于建成时期再往前推移的几千年前。庭院首先是一个群体产物。在建筑的演变过程中，庭院萌芽在房子之前。人们聚集在一起，无意中就形成了庭院，他们甚至从来没有意识到这一切。我们在沙滩上度假时，可以从自己选择的休闲场地中看到庭院的影子。

一个小家庭在享受野餐。他们共用一块小地毯，这也意味着他们五个人中有四个人要脸朝外坐着。尽管他们的腿可能（或者不可避免地）超过个人的地盘（他们的凉鞋就放在地毯外的沙滩上），这块地毯就是整个家庭的"房子"最直接的领地。从建筑结构来看，每个家庭成员坐着的地方就是个单人"房"，所有的单人"房"又围着一个中心"庭院"。"庭院"是所有人的共享资源所在——食物被放在这里，这样每个人获取食物的距离都大致相同。庭院是"房子"的重心（心脏）所在地，这就是我们熟知的群体的建筑结构。人们可以通过历史去追溯它的起源，其起源远远早于戈兰大门建造的时间。

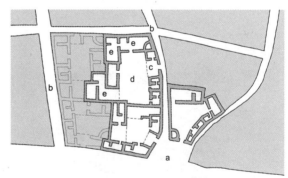

戈兰大门古村落的部分遗址向我们展示了三座被发掘出来的庭院式住宅。左边的两座庭院式住宅有时会出现在考古学家的图纸中，它们都是有大院子的独立住宅。我还思考过同一个街区另外两个庭院式住宅的结构（阴影部分）。从上图中人们可以看到这里的空间层次结构：从一个看起来像小镇广场的地方（图中a处），进入街道系统（图中b处），然后穿过入口（图中c处），再进入庭院（图中d处），最后进入庭院四周的房间（图中e处）。如果人们要寻找庭院式住宅的中心，就应该选择其中的庭院。

历史上最有影响力的十类建筑：建筑式样范例
The Ten Most Influential Buildings in History: Architecture's Archetypes

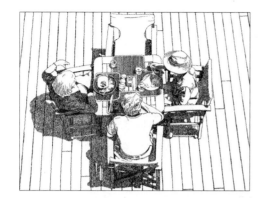

建筑属于社会安排。在上图中，一群朋友围坐在桌旁吃饭，我们从这个场景中可以看到相同的建筑系统。同样的情形还出现在高管们聚集的董事会上、玩桥牌的牌桌上以及其他许多需要多人共同参与的活动中。在这些情况下，情境的架构需要家具、桌子和椅子来补充。所有家具都是一种框架：椅子（就像"小房间"）以餐垫（每个"小房间"的前院）为界线把桌子（相当于"庭院"）旁的人圈进一个架构里。庭院是共同活动的围场。所有的因素集合在一起形成了一个既有人又有活动的地方，足以容纳和帮助人们一起在这里做任何事情。

类似的布局在世界各地的村庄和大家庭群居住宅中也很常见。下图是巴厘岛一个传统家族住宅的平面图。卧室和其他建筑都分布在公共庭院周围，四周是围墙，只有一个大门作为入口。

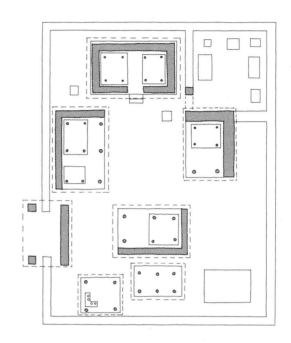

几个朋友家庭一起来到海滩（上图）。他们租来折叠式躺椅，但是自己带了地垫。他们把椅子摆成弧形——很像古希腊剧院里表演处周围的阶梯座位（见上一章），这样就在潜意识中建立了归属感。不过此时的地垫——相当于表演处——并不是用来表演的（一个男孩正在踩他姐姐在地垫外面垒的沙堡）。此时的地垫就像一个庭院，更多是作为保持椅子排成弧形的基准空间，同时为他们提供共用的焦点空间和重心。

另外几个朋友家庭也来到了海滩（上图）。他们带着帐篷和防风物，以及其他必需的随身物品。他们也把这些东西摆放成弧形——就像围绕着公共庭院的房间，只不过这里面向的是海面上辽阔的风景。就像老子描述的车所依赖的车轮中心的孔洞（见第236页的引文首句），这个小型的村庄原型可以依赖的是庭院的空间。

前面提到的沙滩露营模式与世界各地的传统村落布局几乎是相同的。而下图则是布基纳法索捷贝莱附近一个典型的Kassena居民区（西非，北纬11.014 771°，西经0.981 006°）。这里是一个时间更久远的定居点，所有家庭的房子组成一个群体，它们也是环绕着一个公用庭院分布，只有一处入口。为了保证群体的完整性，房屋之间的其他空隙都被围墙填满。

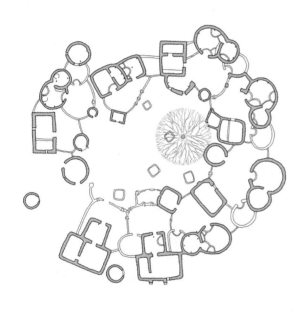

Kassena居民区请参考：
让·保罗·布迪厄——"上沃尔特的房屋"，1982年。

内部世界：公私两分法

庭院是一种社会机制，是展示建筑模式和社会结构相互影响的最好证明。社会结构产生了建筑模式，反之建筑模式又约束和规范了社会结构。庭院是一处公共领域——为家庭、朋友、部落、人群等而存在——由房屋、围墙和大门组合在一起后形成，是不同于世界其他地方的独立空间。

从一般环境中挖掘出一个特定的公共空间的做法在中国西北部常见的窑洞（洞穴式的房子）中有强烈的体现。下页右上图是窑洞的经典模式平面图。一个个房间都分布在庭院四周。所有空间都是从地面上挖出来的，中间（在这幅图中）这个方方正正的庭院朝向天空，一处L形的楼梯就是入口。庭院的地面通常比普通地面低大约8米，一侧被掏空建成独立的房间。这是一种没有外部扩展的建筑形式，严格说来就是本章开头处讨论的典型的"阴性"空间。窑洞表明我们可以在地球上的固体物质中挖掘空间。这种居所的使用情况和对人体健康的影响取决于露天的公共庭院和可以接收到的太阳光线。庭院是一个基准空间，是每个房间互相交流的空间，是从每个房间都可以看到的开展共同活动的地方。

空间也可能不是真正意义上从普通空间中"挖"出来的。例如，利用上页右侧两幅图上的围墙和防风物，或者按照圆形排列的住所（左上图）都可以达到创造空间的目的。挖空或者"比喻意义上的挖空"的结果是在所有的范例中形成了一群有凝聚力的人群独有的、专属的内部世界，庭院就是这个内部世界的中心。

专属和隐私也是每个城市都有的心理期

历史上最有影响力的十类建筑：建筑式样范例
The Ten Most Influential Buildings in History: Architecture's Archetypes

望。自古以来（第239页的戈兰大门是已知最早的实例），人们像拼图一样把住宅建在一起，形成一个以庭院为中心的专属私密世界，由此达到适宜的聚居地密度，实现了行之有效的公私两分。人们走出家庭的专属空间来到街上，做自己的事情，返回以后，他们可以避开外面世界的喧嚣，和家人一起在共有的、隐秘的庭院里享受静谧时光。庭院的建筑作用有一个心理范围，而且对公共活动来说庭院是一个具有实用价值的基准空间和竞技场。

家庭内部的庭院营造出不同层次的隐私级别。从社会层面上看，庭院是个中间地带，有一定的私密性，但又没有周围更靠里的房间那样神圣。熟人只能接到邀请后才能进入庭院建立的空间等级中。就这一点而言，庭院变成了房屋，主人开始担心它会给客人留下什么样的印象。不管是从大小还是装饰上来说，又或者把两者都考虑在内，庭院都可能成为展示房屋主人的地位、财富和社会担当的地方，又或者只是表明了主人的好客和热情。

古代的希腊房屋

在所有版本的《解析建筑》中，我把其中一个章节命名为"多功能的元素"。庭院就是一种具有多种不同功能的建筑元素的最好例

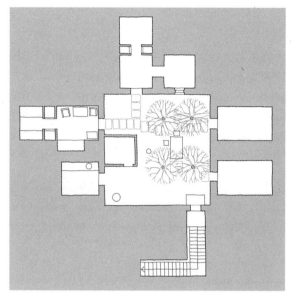

在上图这个中国窑洞中，庭院是一处私密的内部世界，四周从地球土壤中挖出来的房间都可以享用这处庭院。（请注意这里为居民遮阴的树是"母性的"。）

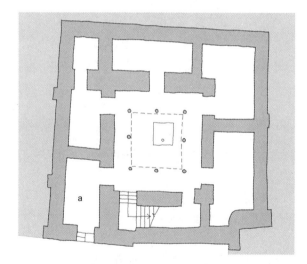

上图为在圣经之城的废墟中发现的一个两层小楼，大约建成于公元前2000年。这个庭院式住宅在建筑结构上有一片"挖掘"出的专属私有空间，但是它不是从地球土壤中挖出来的（就像上面提到的窑洞），而是利用了城市的基本构造，但是产生的效果与窑洞并无差异。我们可以想象人们是如何利用中心的露天庭院举行人人参与的家庭活动的。同时，请注意从外面的街道到建筑内部弯弯曲曲的入口（图中a处）很好地保证了庭院的隐私性。

证。在许多情况下它都具有多种属性。

到目前为止，我们已经见到了许多庭院的例子，周围环绕的小的生活单元决定着庭院的大小。庭院可能具有以下几种功能。（1）作为一个竞技场。（2）为家庭或群体提供一个社交中心。（3）它们让光和空气从这里到达一个住宅或村落的核心位置。（4）它们生成了一个基准空间——一个恒定不变的参照空间，人们可以以它为参照点在复杂的结构布局中找准自己所在的位置。（5）庭院是流通体系中央的一片空地，有助于在一个住宅或村落的不同区域之间形成多条路线。（6）从庭院这里还可以观察（保护）住宅或村落的入口，迎接来访宾客。大多数庭院都能实现一半左右的功能，这也是它们能够成为成功的建筑策略的原因。不过，庭院具有的功能远不止这些。

庭院的潜力在整个古希腊和古罗马时期都在不断发展。第243页到245页是一些古希腊房屋的平面图，这些房屋是爱琴海中间的提洛岛上残存的废墟，规模不尽相同。爱琴海的

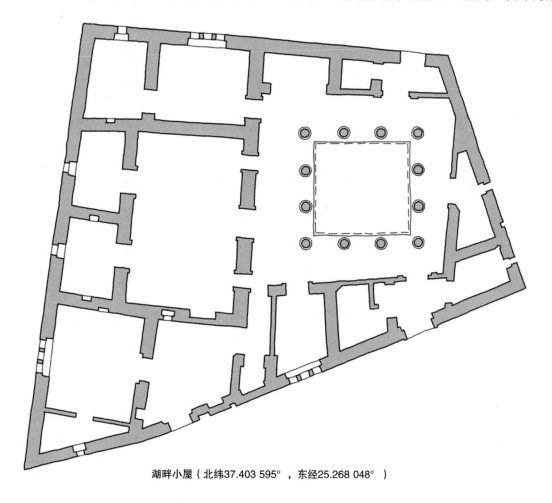

湖畔小屋（北纬37.403 595°，东经25.268 048°）

夏季非常炎热，这些房屋就展现了庭院如何让周围的生活单元在这样的环境中变得更舒适，这也是庭院的一种功能。它们有一部分躲在阴凉处，不是靠单斜的屋顶就是靠悬在上方的楼层，让下面的房屋能在通风的条件下躲避炙热的太阳。浅水池周围的柱子支撑着遮阴的屋顶或上面的楼层，雨水被收集在池子中，然后导入地下蓄水池中。水分从浅水池里蒸发的时候会冷却庭院里的空气，同时降低周围房间里的温度。

在古希腊时期，提洛岛是重要的政治中心，因此，这些房屋很可能属于权贵人士或在意他人怎么看待自己的人。在这些房屋中，庭院除了发挥前面提到的七项功能，还可能成为展示主人社会地位的地方。首先，私人庭院本身就是财富的象征；其次，柱子不同于简单的树干，它们可能取材于价格不菲的石头，并雕刻着经典图案；最后，庭院还可能成为展示艺术品的地方，这也是房屋主人品位的表现。

这些提洛风格的房屋还阐释了庭院作用于建筑结构的第九个可能具有的功能。在山顶小院（右上图）中，这种功能表现得不明显，因为整个房子更接近矩形，在提洛岛上并不常见。但是湖畔小屋（上页下图）中庭院的几何结构的功能就非常明显了，尤其是屋顶开口（天

剖面图（重建后）

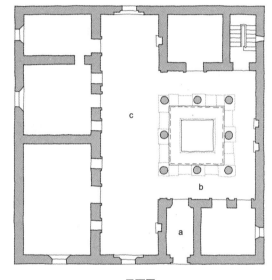

平面图

山顶小院（北纬37.403 482°，东经25.265 631°）

井）和浅水池四周柱子的排列。在不规则的非矩形区域，庭院将少许几何规律引入其核心，否则房屋的排列形状也会变得不规则，这就是庭院的第九个可能具有的功能。再来看《解析建筑》这本书，在几何图形这一章讲述一个中心六个方向的部分，我提到过一种观点，即我们人类在矩形空间中会感到更舒适，因为这样的结构与我们身体固有的正交性相协调（前后、左右、上下）。这些古希腊房屋深受正交概

念的影响,在庭院空间的组成中表现得非常强烈。在某些情况下,矩形甚至增强了方方正正的几何结构中庭院作为整个住宅的稳定中心的地位(就像沙滩上的地垫,第240页左下图)。

从这些古老的希腊房屋中我们可以看到,庭院就是几千年前人类用以实现密集住宅需求的建筑元素。就像戈兰大门(第239页右下图)等这些年代更早的房屋一样,可以说庭院促成了城市的出现。对每个家庭来说,庭院维系了他们与天空力量的接触,它使房屋之间的间隙更小,彼此之间只保留狭窄的通道即可。从僻静的小院中感受阳光、空气和雨滴比从窗户和门廊接触外面的街道更有魔力。这里不仅有平和的氛围,安全与隐私也更有保证(比如西班牙南部城市住宅里的天井,尤其是科尔多瓦的庭院)。

在提洛岛上,庭院式住宅与城市聚落的纹理之间的关系更加多样。有些像山顶小院那样(上页右上图),看起来自成一体(因此它的自由活动区域是矩形的)或占据了小块的城市街区,周围的发展会接踵而至。其他的庭院式住宅是湖畔小屋(第243页)的模式,它们占据了整个街区,但必须适合早期建筑之间留下的不规则地形。有时候,一个街区不只有一栋房屋,每栋房屋的占地面积基本相同,比如

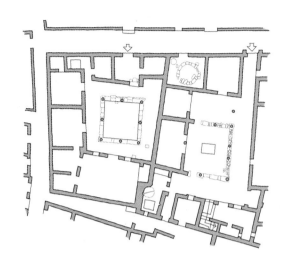

剧院旁的两个房屋(北纬37.397 630°,东经25.267 851°)

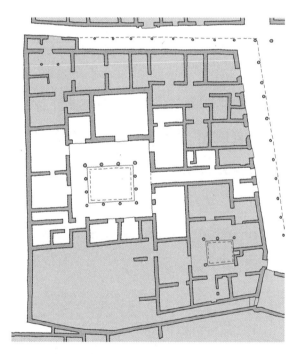

面具屋(北纬37.396 368°,东经25.269 401°)

我凭借大胆的推测从考古学角度完成了这个房屋的平面图的一小部分。主屋的房间被留白。其他将其与公共区域隔离开来的房屋和商店用阴影涂成了灰色。"面具屋"(上图)灰色区域的左下方不是一个大房间,而是一处因为无法解释的原因被抹去的遗址。

"剧院旁的两个房屋"（上页右上图）。然后，以"面具屋"（上页右下图）为例，还有一些宏伟的大房间占据了从中心向外的特殊区域，因外面的商店和其他一些较小的房间的存在而与外部世界隔绝。我们只能凭猜测去想象这样的房间是如何出现的，也许它的主人发现自己根本用不到这么大的地方，逐次把部分面积卖给了有需要的人，只剩下他们想保留的房屋。无论哪种情况，庭院的存在使这些有着细微变化的布置可以并肩而立，由此提升了城市聚落的密度。

这些房间对外在形式丝毫不感兴趣。例如，只有从与庭院靠一条狭窄的通道相连的小门处才能看见"面具屋"的庐山真面目。庭院在保护和维持这所房屋的时候，主要把它看作"空间"建筑（"阴性"），它所关心的是隐藏和保护自己的存在，而不是把自己展现给周围的世界。

古代罗马城市住宅

古代的罗马城市住宅从古希腊发展而来，也同样依赖于庭院在建筑方面的许多功能，争取在提升城市聚落密度的同时，保持实际使用方面、心理建设方面、向其他城市同胞展示自我方面的优越性。虽然罗马人在通过房屋特色向外面的世界展示自我方面不及希腊人外向，但是有雄心壮志的罗马人显然也会迎来各种访客，他/她也想要为其中的一些访客留下深刻印象。可以实现这个目的的第一个舞台就是房屋的庭院——入口处的天井、列柱廊以及更靠里的花园。

在庭院可以实现的建筑功能外，罗马城市住宅又额外增添了一些。到目前为止，我们已经了解了庭院的一些功能：在私人的内部世界为公共活动提供了场所；为房屋提供了社交和心理依托；使阳光和空气能进入房屋的核心部位，在整个房屋的空气循环中发挥着关键作用；在入口处的隐私性得不到保证的情况下充分利用空间，转而提供了一个接待场所；收集雨水，帮助改善房屋环境（通过阴凉、通风和水分蒸发带来凉爽）；通过艺术品、建筑细节的质量等形成一处展示地位和品位的空间；通过矩形的几何结构在一个相当复杂的空间（房间）布局中给人留下井然有序、有条不紊的印象；提升房屋密集度，在城市的起源方面做出显著贡献。

对单一的建筑来说，这些功能让人印象深刻，但现实远不止这些。罗马人在设计庭院时除了利用上面提到的功能，至少还萌生出了另外两个想法：次序和美观。

在庞贝古城银婚之家的透视图（下图）和另外一个宏伟屋舍潘萨之家的剖面图和平面图（下页）中可以看到，这两种建筑思想表现得都很明显。看得出来，古罗马城市住宅在发挥庭院作用时与古希腊房屋有许多相似之处——参见提洛岛"面具屋"的平面图（第245页右下图）——房屋的空间都同样被埋在城市街区的核心位置（孤点），通过商店和其他较小的房屋与街道的公共领域隔离。

"面具屋"所在街区最终的空间排列和财产所有权似乎以一种渐进的方式在发展，而下页的潘萨之家的主庭院沿着穿过街区中心的轴线铺开的发展方式看起来更慎重。不管怎样，我们能明显看到这里的布局经过了临时改变。大概格涅乌斯（维苏威火山喷发时这座房子的主人）收取了占据着他的房屋外围的商店和小房间的租金，在必要或机会来临的时候对它们进行了一些改造。

这是庞贝城一座大房子——银婚之家——的天井（北纬40.752 579°，东经14.486 434°）。屋顶已经被复原。走进这所房子，人们的视线可以穿过天井看到后面的列柱廊花园。

历史上最有影响力的十类建筑：建筑式样范例
The Ten Most Influential Buildings in History: Architecture's Archetypes

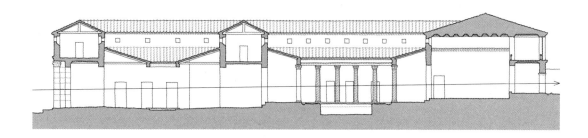

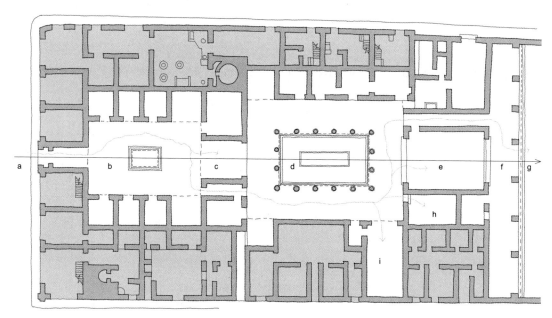

庞贝古城潘萨之家（北纬40.750 753°，东经14.483 380°）的剖面图和平面图范例说明了庭院在罗马民居建筑中的重要性。上图中，房屋的所有空间——房间、庭院和花园——都是白色的。填充了小岛（城市街区）其他部分的灰色空间是商店和其他稍小点的房间。这里和庞贝古城里的其他重要人物的宅邸一样，形象地说明了居住空间好像从小岛的中心位置挖出来似的。从外面很难欣赏到房屋的整体面貌——站在街上只能看到入口处的门廊。如果你是一位访客，从入口（图中的a点）进入房子后你就被带到了一个不同的世界，这里是房屋主人专属的私人领地。进去后你会看到一个接一个的庭院——天井（图中b处）和列柱廊（图中d处）直到花园（图中g处）。天井处有个小水池——方形的蓄水池，列柱廊处个长方形的池塘，也许这里就是给鱼儿安的家。大多数社交活动都发生在天井和毗邻的家谱室（图中c处），但是主人愿意让你进入他的领地的程度取决于你们之间的友谊程度、你的社会地位和他渴望对外界产生的影响。然而，按照顺序排列的庭院已经让所有访客意识到，就算不是理所当然地受邀而来，也有获得特权的可能性。在外人看起来，主人和他的家人生活在一个富足的、刺激的世界，不同的空间有不同的特性：宽敞却有私密性；明亮又保留着阴凉；有水有植物——果树、花、鱼，等等；有实用又适合商务会谈的空间以及娱乐空间。总之潘萨之家是可以闲逛闲聊的地方，是可以反思的地方，可以用来仔细思考商业构想。其中的穿堂或谈话间（图中e处）是接待朋友的主要场所，在潘萨之家，这个地方既能看到列柱廊又能欣赏到花园的风景，不过要想看到花园，视线必须穿过横跨房屋的凉廊或走廊（图中f处）。在这座房屋里，就餐的地方是冬（图中h处）夏（图中i处）分离的。丰富多样的空间类别全部包含在这片专属的私有领地内，而这一切都要感谢庭院的存在。庭院可能是最让人感到愉悦和舒适的地方了。

在提洛岛的古希腊房屋中，有种现象很常见，如果房屋的大门开着，街上路过的人也许能瞥见房子里面的（华丽）庭院。对房屋外面的人来说，庭院一直把自己标榜成"另一个地方"——一个欢迎你，把你当朋友一样请进来的地方，但是当你以陌生人的身份闯入时，这个地方也同样会引发恐惧和不适感。同样的效果存在于庞贝古城的许多房屋中。但是在更大、更宏伟的房屋中，比如潘萨之家或银婚之家，行人路过时能够瞥见的不只是一个庭院——天井，还有里面的另外一个庭院——列柱廊，此时的这种效果会被提升。而就潘萨之家来说，除了这两个庭院，最里面还有一个花园。第一个庭院（天井）的采光来自上面，但阴影面积相对较大；第二个和第三个庭院（列柱廊和花园）虽然封闭，但是有许多开口，所以宽敞明亮，阳光充足，绿意盎然，这种空间层次感以及光、影和颜色的交织产生的效果是所有建筑作品中最动人心弦、最博人眼球的特点之一，而能让这种效果实现的建筑手段就是庭院。

庭院的顺序不仅提升了从入口处可以看到的房屋内部的风景，而且精心安排了人们在房屋内部穿梭时的体验和感受。人们从具有一种氛围和特点的空间进入另一个具有不同氛围和特点的空间，所有的感受都会累积。房屋能提供给我们一种被勒·柯布西耶称为建筑漫步的感受（第282页和第285页）。在这种顺序下，一些空间有实际用途，而其他空间的存在只是为了视觉效果上更好看。列柱廊处的庭院就构成了这样的空间。在花园闲逛时人们会看到不断变化的风光，鱼儿在中间的池塘里游来游去——庭院里的花园被打造成了一件艺术品。而这一点——把一处空间打造成艺术品——正是庭院可以做到的另外一种功能。

伊斯兰房屋

正如古罗马城市住宅是从古希腊房屋发展而来，伊斯兰房屋看起来也发扬了古罗马城市住宅的优点。逐个来看，它们各自体现了社会差异。总体来看，关键元素就是庭院。然而有一点不同的是，出名的庞贝古城的房主喜欢给客人留下深刻的印象，而伊斯兰房屋的房主在意的是隐私。在古罗马城市住宅中，入口通常直通天井；而伊斯兰房屋的入口多具有迷惑性，像迷宫一样。在曼苏里住宅（设拉子，伊朗；下页左下图）中可以看到入口处一侧是小前厅，另一侧是两个庭院。其中一个庭院用来接待客人（图中a处），给他们留下好印象；另一个庭院供家人日常使用（图中b处）。除非房主邀请你进入，否则普通客人看不到任何一个庭院的风光。在达尔阿齐扎宫（右侧上、中、下三图；阿尔及尔；北纬36.785 064°，东经3.061 421°），两层高的主庭院（图中a处）位于第二层，就建在商店和存储地窖之上（地窖的冷气可以用来降低上面庭院的温度）。这座房屋的附属部分有自己的独立庭院：一个在小独立房内（图中b处），一个在佣人区（图中c处）。

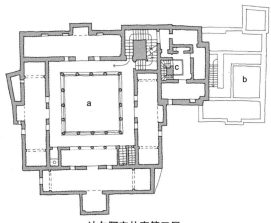

达尔阿齐扎宫第三层

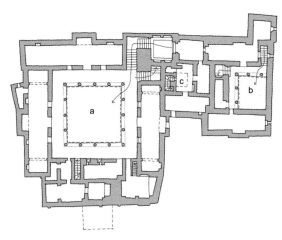

达尔阿齐扎宫第二层

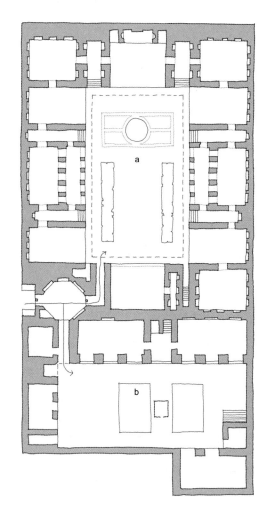

曼苏里住宅平面图

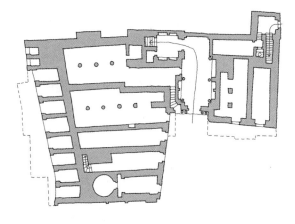

达尔阿齐扎宫第一层

构建活动、表演、生活的框架

古代房屋的庭院——庞贝古城、提洛风格的房屋以及时间更久远的戈兰大门——也可能偶尔用来演出。庭院特有的共鸣声无疑会增强演讲、歌唱或乐器表演的效果。另外，庭院里常见又必然的布局——中间的开放区域及其外围，也许正处在列柱廊带来的阴凉下，出入口和窗户都对着中间的开放区——与剧院的典型布局形成共鸣，即观众席簇拥着表演场地（见上一章）。

庭院轻轻松松就能把表演场地和观看场地结合在一起。重建后的伦敦新环球剧院（第211~213页）用案例向我们证明，庭院——此处指专门为表演而建的庭院——可以像建筑透镜那样集中焦点。服务于其他目的的庭院也能作为表演场地，而且是专业剧院（比如16世纪首建的环球剧院）的先驱。酒店的客人喜欢把马车房的院子——比如伦敦的白鹿旅馆（第253页左图，现已拆除）——当作临时的欢乐场。这类空间成为表演场地的适应性不仅源于两个并排的庇护所（周围的房间和长廊）和一个舞台（庭院本身），而且还源于庭院把一个特殊领域与周围世界有效隔离的方式。庭院把剧本中的虚假世界与外面平凡的世界分开，也许它的作用比镜框式台口的拱门还要强大。虽

无论是戏剧表演还是日常生活事件的演绎，都发生在城镇市集广场的舞台上。周围建筑的窗口就是普通舞台和每个观察者之间互动的基本支点。

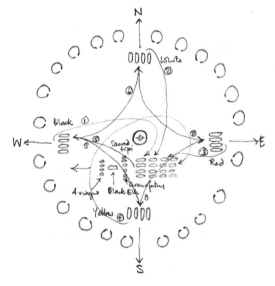

非都市区的庭院也适用于表演。上面的草图是我对一场美国本土举行的仪式的理解尝试，依照黑麋鹿的描述（记录在约翰·内哈特的作品《黑麋鹿如是说》中，1979年），仪式发生在圆锥形帐篷围成的圆圈内，且与这个几何图形本身也有关系。表演的内容细节与我们要讨论的内容没有什么关系，但是这个例子却阐明了建筑拥有一种地方识别的能力。圆锥形帐篷组成的环形创造了一个舞台，这个舞台就像大世界里的小世界，环形（就像庭院的围墙）就是边界线——小世界里的地平线。

历史上最有影响力的十类建筑：建筑式样范例
The Ten Most Influential Buildings in History: Architecture's Archetypes

庭院还能把天空框在框架内。在一个较小的庭院里，你抬头看到蓝色的天空，同时太阳围绕着庭院四周的墙缓慢移动，在地面上投下阴影（就像万神殿中的景象，第97～100页）。

詹姆斯·特瑞尔创造了一片天空（下图；令人想起罗马城市住宅中的天井——第247页下图），从屋顶的开口处望见的天空变成了天花板上一幅明亮的动态画卷，而太阳就像探照灯一样在这片空间里缓缓移动。

在一些传统的、富丽堂皇的中国房屋中，庭院作为表演场地的适合性因带顶舞台的存在而提升。这种组合的空间顺序与伦敦的新环球剧院相似（第211～213页）。

庭院里还能做运动。室内网球是一种特殊运动，必须在特别的庭院中才能开展，而现在这种场地已经不复存在了。后来的室内网球场地复制了原始庭院的形式。

然镜框式台口把听众变成了观众且观众一般并不会在舞台上,但是庭院却把观众包括在内,变成了庭院的组成部分,这一点与"客体"建筑("阳性")和"空间"建筑("阴性")的区别有关(同上所述,第236~238页)。

天堂

1445年,意大利文艺复兴时期的画家多米尼克·韦内齐亚诺完成了他的作品《新圣母堂》(右上图)。故事的背景里有两个相连的庭院,天使加百利就是在这里向圣母玛利亚宣布她将生下耶稣。我曾尝试过画一个平面图(右下图)。我们和加百利(图中a处)、玛利亚(图中m处)一起,站在两个庭院中的一个里面。不过站在这里也能看到另外一个庭院里的风景。蜿蜒的小路穿过庭院,一直通

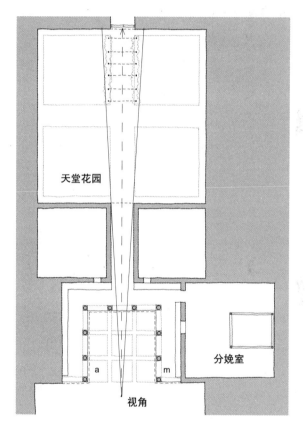

向大门口——天堂的入口,也是这幅画的消失点——庭院按照几何结构来布局,里面种满了花儿,美得像天堂花园。

一个被保护起来不受外界纷扰的庭院是反思的好去处,它能让我们远离社会和生活中没有吸引力的方面。这里是个能控制的、安静

历史上最有影响力的十类建筑：建筑式样范例
The Ten Most Influential Buildings in History: Architecture's Archetypes

的、有特权的地方。不愉快的事情——噪声、灰尘、混乱等等——都不属于这里。美好的事物——水果、芳香四溢的鲜花、药草等等——在这里生长（在庭院创造的有益微气候的帮助下）并按照几何结构的模型准则严格排列。天堂花园是一片平静、有序、迷人的绿洲。

在我们生活的时代，人们认为美与真属于自然。但是我们人类曾经也对它们有过责任。在建筑的帮助下，我们可以避开外面那个混乱的世界，开拓出一片美与真的空间。庭院就是实现这一追求的手段。我们可以把它看作人类思维创造的哲学库和知识库，它象征着人类思维的容量和能力、理性和情感。

封闭的花园、漂亮的回廊、四方的院落……庭院是我们反思和学习建筑时都会使用的建筑结构。修道院里有庭院，那些代表着智慧和知识的高校、代表着金钱与权力的豪宅也有庭院。庭院代表了我们的感觉，代表了我们的思维对所立身的世界的感觉。同样，庭院还为反思和合理的洞察提供了一个安全可靠的空间。

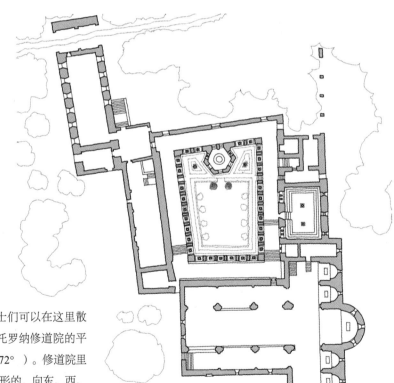

中世纪的修道院里有回廊，修道士们可以在这里散步、思考。右图是位于法国南部的勒托罗纳修道院的平面图（北纬43.460 577°，东经6.263 872°）。修道院里的回廊通常都是长方形的，甚至是正方形的，向东、西、南、北四个基本方向延伸的道路在十字路口处交汇，但勒托罗纳修道院的布局显然不是这样。通常在修道院的焦点上还有一眼喷泉指示着世界之轴（整个世界的轴线）。回廊是一处安静平和的地方，因与世界隔绝而引人驻足。

第7章 庭院

牛津大学参照了中世纪修道院的模型,建起四方的院落。上图是墨顿学院的平面图(北纬51.751 058°,西经1.251 917°),这里有许多四方院子。

苏格兰安格斯郡的埃兹尔城堡(北纬56.811 452°,西经2.681 435°)里有个庭院花园(左图)。这个花园建造于17世纪早期,不过它的绿植只能追溯到20世纪30年代。尽管如此,这里原本还有几何布局的精致的床,花园的围墙上装饰着象征艺术和科学的浮雕。这片被围起来的花园被建成了承载哲理和美的地方。从城堡的塔楼(图中的a处)望去,人们可以看到花园的整体布局(左上图),看到它远离四周的旷野。

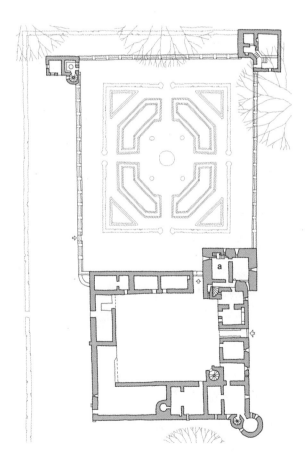

可以冥思的庭院不只出现在欧洲。日本的禅宗寺院里也有类似的岩石庭院——精心铺就的碎石海洋形成的岩岛。旁边就是供人们沉思不可言说的思绪的走廊。

255

历史上最有影响力的十类建筑：建筑式样范例
The Ten Most Influential Buildings in History: Architecture's Archetypes

巴瓦之家，科伦坡

1970年以后的十几年间，建筑师杰佛里·巴瓦在斯里兰卡的首都科伦坡（北纬6.901 380°，东经79.857 850°）为自己建造了一座房屋。这座房屋的前身是20世纪50年代巴瓦得到的一个现有住宅。最终的平面图在下页中间。且不说这里有一部分是上下三层的，还有屋顶花园——就在图上最右边靠近街道的地方（这里可以看见车库）——主要的单层生活空间填满了房屋中的一小片地方，一堵完好无损的围墙就是它的边界。巴瓦之家充满了古罗马风格（见第246~249页），这里自成一派，站在外面几乎看不到墙内的风貌。庞贝古城的房屋在布局时把庭院当成中心点，但是在巴瓦之家，那些曾是建筑中心的庭院因地域边界的原因而变得破碎、分散。这里有许多小庭院，有些甚至只有巴掌大——我们只能通过里面的植物来判断它们的位置——在科伦坡炎热潮湿的气候环境中，它们提供了光、通风和水分蒸发时带来的降温功能。巴瓦之家由光影交错后形成的不规则区域拼凑而来，绿植和艺术给了它生命。

某些情况下，巴瓦之家的庭院与有屋顶的房间是连着的，并没有被门隔开，如右下图所示。但是它仍然是安全的，因为围墙和已经使用的邻近地块的结合能够提供全局上的安全，这不是不可能。起居室及其附带的微庭院是一个整体空间，尽管后者既没有屋顶，地面上又铺满了吸收季风雨的碎石和沙砾。你可以想象一下，在热带大雨倾盆的天气条件下，待在这样的起居室里是什么体验？雨滴像瀑布一样顺着屋顶流下，敲打着庭院里的沙石。比这座房子的外形更吸引人的是它的居住体验。住在巴瓦之家的人是这里必不可少的组成部分，就像音乐会上的听众或享受珍馐佳肴前的就餐者，而在其他方面，巴瓦之家的布局也可以与罗马的房屋相提并论。从平面图中人们可以清晰地看到一条中心纵向轴线（图中有标记）。轴线从紧邻街道的佣人房处起，一直延伸到房屋另一端中心处栽种的一棵树。但是，沿着这条轴线看去，人们的视线却被墙挡住了，这一点和古罗马城市住宅的结构不一样。相反，只有人们在主建筑的入口通道处并且沿着北部的边缘——在平面

图上的最底部——闲逛，到达可以称为心脏的地方时（图中a处），才会邂逅这条轴线（或者至少能看到它的一部分）。在通往这个a处的路上，人们会看到一条交叉轴线，在图中可以看到的座椅处结束（图中的b处），并与从主卧室穿过三个通道延伸至中心处的那棵树的主轴线相交。在这座房屋里，a代表的地点是人们用来判断自己所在位置的基点，而在古希腊房屋、古罗马城市住宅和伊斯兰房屋（或其他庭院式住宅）中，唯有庭院有这个作用。

但是，巴瓦之家的轴线形成的规则被迎面遇到的各种小而精美的空间抵消了。这座房屋就是一曲美妙的建筑乐章，人们可以在任何方位、以任何拍子、在任何气候条件下体味它的美。巴瓦之家是一个集品位与热情好客于一身的地方，因庭院这一建筑元素而成为现实。

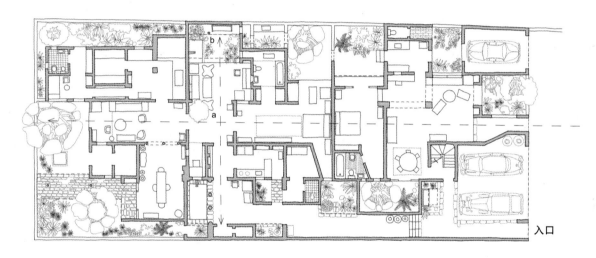

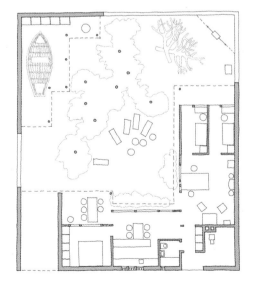

约恩·乌松的庭院式住宅

20世纪50年代中期，丹麦建筑师约恩·乌松参加了一场住宅设计大赛。他设计了一个可以在任何土地上复制的独立单层住宅。每个住宅的隐私和自主权都靠自己的围墙得到保证，围墙高于居民或路人的视线。左图是乌松报名参加比赛用的平面图。后来他又在丹麦的赫尔辛格（北纬56.032 040°，东经12.579 209°）

历史上最有影响力的十类建筑：建筑式样范例
The Ten Most Influential Buildings in History: Architecture's Archetypes

和弗雷登斯堡（北纬55.97 553°，东经12.393 454°）设计了类似的住宅建筑方案。

杰佛里·巴瓦的住宅（第256页）里充满了丰富而有序的体验，这里有一种特殊的生活，它虽简朴，却舒适高雅。巴瓦之家证明了建筑可以作为享受优质生活的工具。乌松设计的庭院住宅也被看作享受美好生活的工具。但是他们使用的术语——不同气候条件下的民族特征也是如此——不一样。这里的庭院是借由围墙和一个L形住宿区形成的，它承载着北海岛屿上具有代表性的丹麦生活。打鱼归来的小船停靠在角落里，供人休闲的森林公园仿佛只有口袋大小。这里属于郊区的浪漫、快乐、舒适的生活方式提醒着我们不要忘记在大自然中和海上的生活。

乌松设计的这座房屋以及其他结构相似的房屋显然是为了满足北欧核心家庭的使用需求。他在庭院花园内外设计了特定的空间让孩子们吃喝玩乐。无论是古希腊人的房屋还是古罗马人的城市住宅，或者文艺复兴时期的宫殿，他们的庭院一直都是孩子们尽显天真烂漫的安全之地。

密斯·凡·德·罗的庭院式住宅

20世纪30年代，密斯·凡·德·罗开始尝试设计庭院式住宅，但只有一个小范例落地成形。下页下图是三庭之家（1934年）的平面图。密斯设计的庭院式住宅不同于后来的范斯沃斯住宅（第184页）和50×50住宅（第132页），这两个住宅都有大玻璃窗与外界相通，而庭院式住宅更接近巴瓦和乌松的作品，围墙将里面的世界与外面的世界隔开。就像大多数庭院式住宅一样，它们提供了一个安全、隐蔽、私密的内部世界，能为主人/居住者带来心理上的舒适，在这里，他们的需求和欲望都是神圣不可侵犯的。

但是，密斯设计的庭院式住宅中有一个内部空间不同于巴瓦设计的有围墙的热带城市绿洲和乌松设计的封闭森林公园。如下页图所示，这个庭院式住宅的一切都按照几何形状排列。一些已经发布的三庭之家平面图确实让我们看到每个庭院里都设计有一到两棵树，它们不过就是纯粹的人类舞台上自然的代表。

所有的庭院都是属于人类的世界，就算那里草木葳蕤，或氤氲着热带的湿气。但密斯设计的庭院式住宅以柏拉图的理想世界为纲，旨在创造一个与自然分离的世界。巴瓦之家环境舒适，布满了艺术品，因此在这里生活会很舒心。乌松的庭院式住宅试图维持工业化以前陆地生活和海上生活的关系，而封闭的密斯世界则是为了不同于并最终优于不规则、多变、未开化的大自然的完美超然人类而设（在弗里德里希·尼采看来，它们是最高等级的存在）。

密斯的庭院式住宅与自最古老的时代起的其他庭院式住宅没有什么区别，其设计维持着我所说的"阴性"（包容性）建筑领域的理念（反之，后来的范斯沃斯住宅和50×50住宅明显属于"阳性"建筑）。但是三庭之家既不温暖也没有营养。它受到严格的控制，需要遵守严苛的规则和严厉的要求。尽管如此，这座庭园式住宅建成后，雨水会滴落，鸟儿会掠过，阳光会洒下，孩童会在这里玩耍，杂草会从小路旁的缝隙挤出来……即使是在这些清教徒的庭院里。

范曾艺术馆，南通，中国

范曾艺术馆（北纬31.975 067°，东经120.912 867°）由原创设计工作室设计，建成于2015年。从下页右上显示的剖面图中我们可以看到，艺术馆里的三个庭院在布局上看起来是一个"叠"在另一个上面（有点像表演舞蹈"Aatt enen tionon"时使用的舞

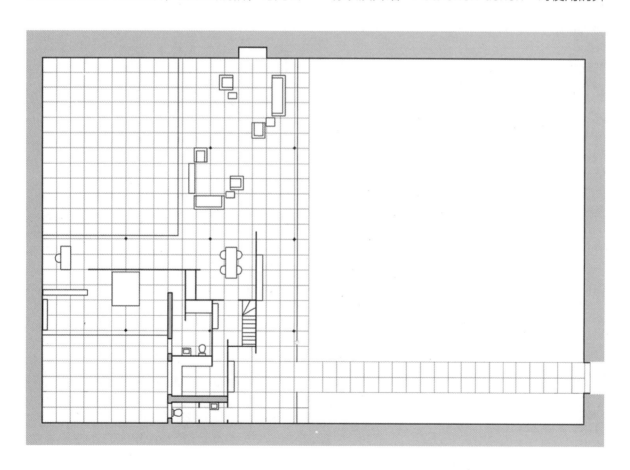

历史上最有影响力的十类建筑：建筑式样范例
The Ten Most Influential Buildings in History: Architecture's Archetypes

台，第230页）。每个庭院都有自己的用途和特色，让人想起了历史长河中庭院发挥的许多作用。

在地上一层（如左下图所示），入口中庭是接待、集合和分流的地方。这里是对角线道路上的一个节点，这条路一端穿过地面，另一端穿过水面。庭院的采光来自穿过屋顶开口处和中间两层天窗的日光，所以这里有些暗（见右上的剖面图）。与从古至今的庭院式住宅的功能一样，这里是个过渡空间，在来访者进入内部区域之前，先把他们迎进怀里。当然，这里也是送来访者离开时互道"珍重"的地方。

第二层的中央庭院是整个艺术馆的画廊。这样的设置满足了庭院作为展示艺术作品的空间这一传统角色定位。这里和第一层的庭院一

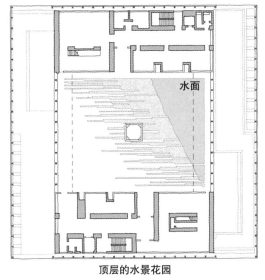

剖面图

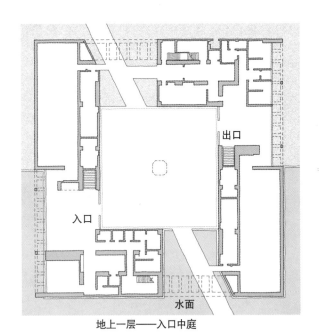

顶层的水景花园

地上一层——入口中庭

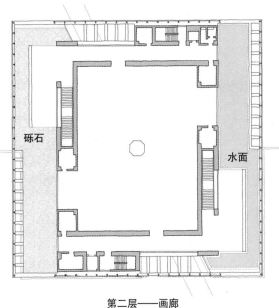

第二层——画廊

样,也是靠从屋顶开口处还有中间两层天窗透过的光线照明。从玻璃窗望出去,可以看到外面抽象的水景花园和砾石花园,玻璃上覆盖着和楼体一样高的百叶窗,但是两端可以看到城市风光。

顶层是一个抽象的水景花园,露天而建。这里的庭院组成了一幅完整的艺术作品,就像罗马的列柱廊,并承担起冥想焦点的重任。在这座建筑中,每个庭院都是独立的,它们不像古罗马城市住院中的庭院,需要依照顺序连在一起才能给人完整的体验。

最后……庭院——典型的建筑结构

如果人们要在范曾艺术馆中加入更多过渡型的庭院,想让它们发挥更多样的作用,人们会有很多种选择。本章内容已经表明庭院是功能最多的建筑原型之一。虽然建筑产品作为大众的关注对象在媒体上出现过铺天盖地的讨论——宜居雕塑、当代标杆、都市亮点……但是建筑的起源更多在于为人们提供了生活框架,而庭院就是一种典型的框架结构。

如果人们期望范曾艺术馆是一个进行日常活动、集体聚餐、围坐闲聊的庭院,那么人们可以开辟一块地方当作休闲咖啡馆。

如果人们期望范曾艺术馆是一个有露天

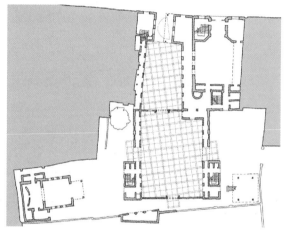

半月剧院,伦敦

20世纪80年代中期,建筑研究中心的佛罗莱恩·贝格尔设计了一个位于伦敦麦尔安德路的剧院(上图)。由于资金问题,1990年这个剧院关闭了,此时距剧院的开放日才过去5年。半月剧院的设计受历史上用作表演场地的酒馆和宫殿的庭院的影响。本来这里打算建成一个现代版的新环球剧院。

贝格尔设计了一个位于房顶下面像街道或城市广场的地方,代替座席区(观众)和表演区(舞台)之间的明确界限——这是传统剧院的布局。座位可以排列成不同的形式,表演者和观众可以混合,或者人们也可以仅通过四周墙上的窗户观看表演。半月剧院里有一个类似于城市空间的庭院式剧场,模糊了日常活动的公共领域和表演中特殊的虚拟世界之间的区别。

历史上最有影响力的十类建筑：建筑式样范例
The Ten Most Influential Buildings in History: Architecture's Archetypes

市场或市集广场的小镇，那么可以开辟一块地方，当作售卖图书、明信片和复制艺术品的小店。

如果人们期望范曾艺术馆是一个有板球场绿地的英国村庄，或者是一个有可以进行特别游戏（如室内网球）的庭院的皇室官殿，那么可以开辟一块地方当作游戏场地。

当然，如果人们时刻想着城市剧院的起源，可以在范曾艺术馆中开辟一块地方当作表演场地。这里的表演项目也许包括传统剧目或舞蹈。或者说范曾艺术馆可以为所谓的行为艺术提供一个空间。还记得吗？2010年玛丽娜·阿布拉莫维奇在纽约现代艺术博物馆的中庭——一个内部庭院——举行了大型回顾展《艺术家在场》（见《建筑操练》，2012年）。这里为表演提供了框架。

在"空间"建筑（"阴性"）的精神中，建筑空间总是为表演提供场地，无论这场表演是美食盛宴、购物狂欢、倒头大睡还是坐在火边的椅子上……庭院是适应生活的地方。庭院的特性是公共的、隐蔽的、有序的、舒适的（心理、生理和美学层面），它是一块"区地"或与外面世界的沧桑变化隔绝的一块绿洲。城市中的庭院（比如下页所述的布尔萨城的庭院）是最适宜、最美好的存在。

旅馆或客栈

画框是存放图片的框架，镜框式台口是表演戏剧的框架，电影屏幕是讲述故事的框架，棋盘是两方对弈的框架，而庭院是展开生活的框架。

第7章 庭院

布尔萨城是14世纪奥斯曼帝国的都城。它的城市布局别具一格（下图）。狭窄的街道两旁遍布着小商铺，偶尔路边会有一个不大的开口，一路向里延伸，带人们进入另一种空间——庭院或方形院子。其中一些地方可以追溯到14世纪。从下面的局部平面图中可以看到，布尔萨城内有各种大小的方形院子，它们沿着有拱廊的街道排列，上面有树荫遮蔽，提供阴凉，有些在中心位置的则是清真寺。有些方形院子是为了方便过往商人投宿而建的旅馆——驿站，如今它们变成了丝绸店和咖啡馆。

科扎汉（见下面的平面图；北纬40.184 377°，东经29.063 499°）建于15世纪末期，出自建筑师阿卜杜勒之手。科扎汉共有两层。人们可以坐在一层的树下，也可以靠在楼上拱廊的某个拱门上。科扎汉通过自己的设计证明了庭院界定一个井然有序且与外隔离的世界的力量，这里的小气候已经被改良，人们可以身心安全地在这里享受城市的公共生活。人性化、舒适度、善交际……科扎汉是世界上最成功的城市区域之一。在其他城市人们也可以看到类似的建筑，比如法国巴黎的孚日广场（北纬48.855 603°，东经2.365 585°）、英国的哈利法克斯大会堂（北纬53.721 955°，西经1.856 915°）等。

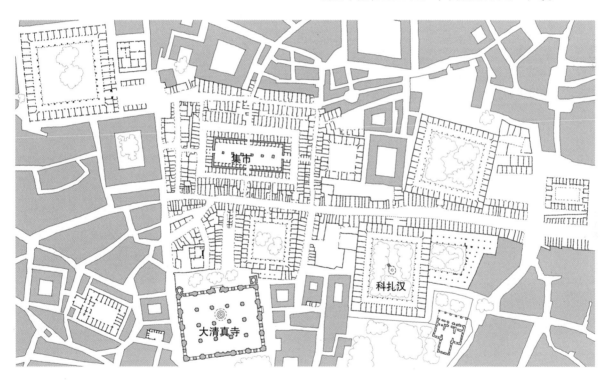

第 8 章

迷宫

历史上最有影响力的十类建筑：建筑式样范例
The Ten Most Influential Buildings in History: Architecture's Archetypes

迷宫

"巴比伦国王（为了嘲弄憨厚的客人）把他骗进迷宫，阿拉伯国王晕头转向，狼狈不堪，天快黑时还走不出来。于是他祈求上苍，让他找到了出口。他毫无怨言，只对巴比伦国王说，他在阿拉伯也有一座迷宫，如蒙天恩，有朝一日可以请巴比伦国王参观。他回到阿拉伯之后，召集了手下的众多头目，大举进犯巴比伦各地，势如破竹，攻克城堡，击溃军队，连国王本人也被俘获。他把巴比伦国王捆绑住，放在一头骆驼背上，带到沙漠。他们赶了三天路程之后，他对巴比伦国王说：'啊，时间之王，世纪的精华和大成！你在巴比伦想把我困死在一座有无数梯级、门户和墙壁的青铜迷宫里；如今蒙万能的上苍开恩，让我给你看看我的迷宫，这里没有梯级要爬，没有门可开，没有累人的长廊，也没有堵住路的墙垣。'然后替他松了绑，由他待在沙漠中间，他终于饥渴而死。"

豪尔赫·路易斯·博尔赫斯，赫尔利译——《两个国王和两个迷宫》（1952年），收录在短篇小说集《阿莱夫与其他故事》中，Penguin出版社，伦敦，2000年。

建筑是一趟旅程。 前面的七个章节阐释了建筑原型在这个不断变化、令人困惑的世界里建立了相对静态的地方：立石是地面风貌中一个静止的点；石圈确定以及固定了与无限的空间和从不停止的时间有关的地方；石棚围成了一片静态的内部空间；多柱式建筑形成了静态的立柱网格（坦诚地说你可能在里面迷路）；神庙是神灵存在的静态容身之地；无论是在水平位置还是在垂直高度，剧院都搭建了一个静态的框架，内里承载着剧本的叙事场景；庭院是一个静态的基准空间，框住了整栋房屋或整个城市的生活。

除了立石，也许还有作为坟墓存在的石棚，这些建筑都包含运动，但是它们都把运动圈在了一个可以即刻理解的静态框架内。然而建筑也能造就一段旅程——跨越时间和空间的运动，在这趟旅行中，人们会沿着一条路一直走下去，做出一些选择，遇见并离开很多地方，留下难忘的经历。虽然建筑的框架是静止不动的，但是我们的旅行经历却是不断变化的。

就像听音乐和讲故事那样，建筑带来的旅

行也许就是沿着一条路向前（单行），或者类似于我们的人生旅程，过程中有机遇、有选择，机遇和选择来临的时候也是人们分道扬镳的时候（多条路——有时因为有路标才不同于迷宫）。

第265页章首页的图片是只有一个出口的迷宫，画在法国沙特尔大教堂的地面上（北纬48.447 803°，东经1.487 837°）。美国加利福尼亚州的旧金山格雷斯大教堂复制了这个作品（北纬37.791 824°，西经122.413 723°）。虽然整幅图看起来迂回曲折，但是从入口处到中心位置只有一条路。

迷宫自带故事性。因此，人们常用迷宫作为一些错综复杂的故事背景。如今，迷宫常见于计算机游戏中的网络世界。但是它们仍然拥有把人们带入真实世界中的城市、建筑、花园、房屋等地方的力量。

古代的迷宫

在《希腊罗马名人传》中，公元1世纪的古希腊作家普鲁塔克重述了埃勾斯之子忒休斯的故事，他在克里特岛上的迷宫中杀死了人身牛头怪物弥诺陶洛斯。有人认为这个迷宫就是米诺斯王的克诺索斯宫的一部分（北纬35.297 869°，东经25.163 167°），克诺索斯宫的布局见下页上图。普鲁塔克生活在米诺斯王朝的几百年后，而在克诺索斯发掘的与普鲁塔克同时期的货币上印着一个迷宫的图案（右图），不过这是个单行道迷宫——从入口到中心位置只有一条路，然后向后转才能退出来。然而，忒休斯在杀死弥诺陶洛斯之后，需要借助阿里阿德涅的线团才能找到出去的路，所以螺旋式迷宫必须有不止一条路。尽管有些人怀疑克诺索斯宫是否是迷宫，就像许多建筑

克诺索斯出土的货币上印着经典的迷宫图样——7条同心通道通往一个中心，并可返回。

会变得越来越完善，规模越来越大，但是这座宫殿的布局确实像个矩形迷宫，宫殿内的通道狭窄且转弯多，有很多死胡同和小房间。

单行的迷宫和多通道的迷宫就像隐喻一

历史上最有影响力的十类建筑：建筑式样范例
The Ten Most Influential Buildings in History: Architecture's Archetypes

舞池（见第205页）

样，可以有不同的意义和解释。单行道的迷宫代表宿命论：虽然生活有很多曲折坎坷，但我们都沿着一条为我们设定好的路前行。相比而言，多通道的迷宫就包含着选择，暗示着我们可以根据自己的意志发挥作用。如果沿着相同的路，那么每个人将会有同样曲折坎坷的一生。但是既然前行的路会有分叉，有不同的路径供人们选择，那么我们做出的每一个决定都会影响我们的命运。

在古代，人们建造迷宫很可能是用来对抗各种"恶魔妖怪"的。克里特岛上的迷宫也许就在克诺索斯宫内，里面关着弥诺陶洛斯，防止这个恶魔四处乱窜，危害人间。

公元前14世纪，克诺索斯宫被毁。大约在此前一千多年，培比二世的金字塔墓在埃及的塞加拉落成（第129页和第171页）。从祭庙（停尸神殿）的平面图（下页左上图）来看，这里也设计有迷宫。祭庙的第一部分围绕着中轴线分布，但是第二部分里通往内部密室的路——死去的法老的灵魂进出时走的假门的位

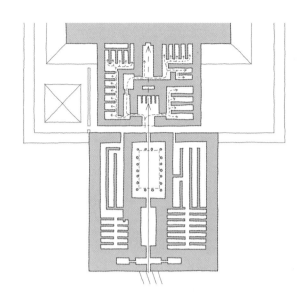

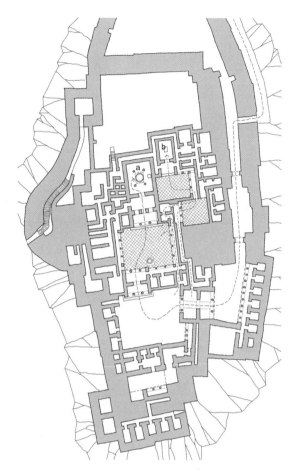

置——偏离了中轴线。古埃及人认为灵魂无法通过迂回曲折的路,因此当时设计这个迷宫的目的大概就是为了阻止死去的法老的灵魂逃到现实世界来制造麻烦。

大约与克诺索斯同时代,希腊出现的迈锡尼文明建造的宫殿里也有因周期性扩张而存在的迷宫的身影。在梯林斯宫殿中(右上图;另见第170页),主要的中央大厅(图中a处)被一条穿过走廊、大门和庭院的弯道置于保护的羽翼之下,而通往皇后大厅(图中b处)的许多条路绕过了弯道和其他看起来是刻意为之的转角,想必是怕皇后和她的随从受到外界的打扰。

克诺索斯宫毁灭的八百年后,波斯国王大流士在波斯波利斯建造了库务署(右下图;另见第150页)。这座有着许多立柱的迷宫是一个陷阱,为了困住潜在的窃贼而建。多柱式大厅是个神秘的地方,连接着许多蜿蜒曲折的通道,其中许多通道都是死胡同。没有一个入口可以直接通往主厅,从这些入口人们只能进入有许多转角和窄门的走廊。它的平面图就像计算机游戏的界面。

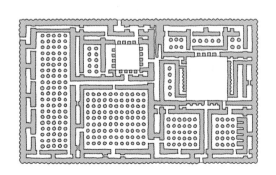

历史上最有影响力的十类建筑：建筑式样范例
The Ten Most Influential Buildings in History: Architecture's Archetypes

迷宫式入口

建筑（还有花园和城市）的设计为人们在其中穿行的运动轨迹制订了规则。也许人们会认为设计不变的目标之一即优化运动流通的路线，使不同的房间、空间或者说室内与室外之间的衔接尽可能直接和便捷。然而，楼层可以通过同样的方式变得更有乐趣，建筑内或通往建筑内的道路可以为人们带来不同的体验。有时候，建筑师的设计目的不是为了提高效率（从时间和行动上考虑），而是为了扩大过渡面积，延长到达时间，精心安排或控制身处其中的体验。

从古至今，世界上许多文化中都有这样一些建筑，它们的入口本可以只有一个门口或一条笔直的通道，但却偏偏设置了弯道或迷宫，打断、扩大或延长了从外部到内部（或从内向外）的过渡。有些时候迷宫式的入口可能是为了迷惑灵魂，防止它们逃到外面的世界造成混乱，比如上页提到的情况；也许是为了阻止外面的人看到神圣的内部空间，保持内部的隐秘；也许是要延长行进的路，这样本就神圣的内部空间看起来会更加神圣；还有可能是采用阻止骚乱的方法迷惑入侵者，让他们在防卫面前更加无所适从。

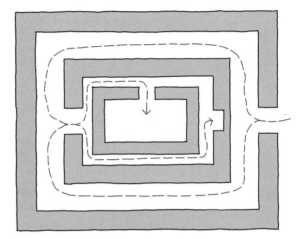

在伊拉克的乌鲁克，考古学家发现了一座大约存在了六千年之久的石庙（在北纬31.324 341°，东经45.638 851° 附近）；公元前27 000年，乌鲁克就已经有了人类生活的痕迹。这座石庙的建造目的我们犹未可知。据推测它应该是个神圣的地方，是人们举行仪式的场所，因为最里面的房间用了三层墙壁来封闭。另外，通往内部密室的路不是直线（尽管直线规划更容易），而是沿着两层墙壁之间的通道延伸。整个石庙就是个迷宫，而其错综复杂的设计就是为了延长进入最里面的房间的路，使其与外面的平凡世界更为隔绝，由此提升它的特殊性。

另见：西蒙·昂温——《门》。

让人快乐的迷宫

包括前面七个章节谈论的建筑原型在内的大部分建筑的潜在心理目的，都可以视为为了缓解当我们不知道身处何地时感受到的不适（对陌生环境的恐惧），夸大这个令人困惑、变化无常、冷漠的世界里的某种空间感。哲学用文字来表达对事物的理解，而建筑则用空间来表达。然而，当我们越来越相信我们可以依

第8章 迷宫

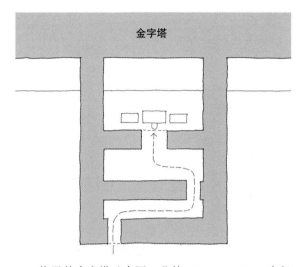

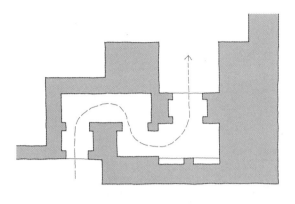

梅登的金字塔（上图；北纬29.388 408°，东经31.157 819°）是最早出现祭庙的建筑，祭庙就在金字塔东侧的基底旁。它的存在可以追溯到公元前2500年左右。同样，这里也没有选择通过直接的中轴线进入祭坛的入口设计，而是采用了迷宫式的入口设计。

迷宫式的入口也可以用来控制进入权。世界各地不同的文化背景、不同的时期都有许多这样的例子。这幅图（上图）就是法律之门，是穿过阿尔罕布拉宫——位于西班牙格拉纳达的摩尔人宫殿（北纬37.176 127°，西经3.590 292°）——的外保护墙的入口之一。进出的权力都可以在这些大门处得到控制。若是这些大门受到攻击，叛乱者前行的路会因脚下方向的改变受到阻碍，使他们在防卫力量面前更加不堪一击。

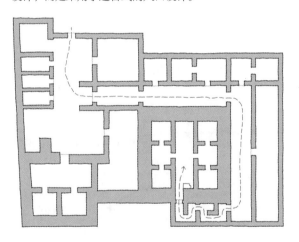

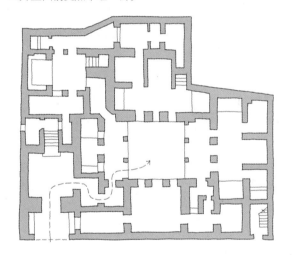

希腊西部的亡灵庇护所（上图；北纬39.236 137°，东经20.534 200°）大约建成于公元前1000年，是希腊文化中冥府的代表。来到这里的人——据古希腊诗人荷马的作品，其中也包括奥德修斯（见《奥德赛》）——可以与亡灵对话。庇护所的核心位置是厚墙包围中的广场，它的拱形地窖就在中央大厅的下面。也许是为了防止已逝的灵魂离开冥府，也许是为了在访客进入神殿与前辈的灵魂对话时增加神秘感和恐惧感，所以他们把入口处设计成了迷宫。（发现的残余机械部件表明所谓的"灵魂"也许就是牧师操控的假人。）

我们在第249～250页看到，一些带有庭院的伊斯兰房屋（从伊朗的设拉子到阿尔及利亚的阿尔及尔）不能从外面直接进入。这幅图（上图）是突尼斯首都突尼斯市的另一种房屋布局。这里也有一个迷宫式的入口，保护着房屋内部的隐秘性。在这样的房屋中，扩大的入口还增强了人们对庭院的印象。与被间接的入口通道与外面的街道隔离的庭院相比，依然可以看到外面的公共街道的庭院会给人带来不一样的感受。

271

历史上最有影响力的十类建筑：建筑式样范例
The Ten Most Influential Buildings in History: Architecture's Archetypes

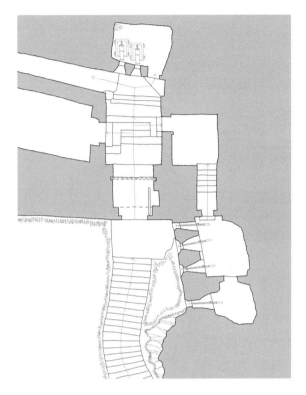

在混乱的年代，入口是最容易受到攻击的地方，必须好好地防守。苏格兰地区城堡的建造者非常聪明，他们找到了扰乱潜在入侵者的方法。这幅图展示的是邓诺特城堡（上图；北纬56.946 071°，西经2.198 157°）的入口，这个城堡坐落在阿伯丁郡南部西海岸一处高耸的海岬上。攻击者首先需要爬过一段陡峭的石梯，当他们到达城堡门口时，还会受到右侧火枪的攻击。若是他们能突破门口的防守，前面还有加农炮等着他们。即使他们在炮火中幸存下来，接下来也不知道该走哪条路，因为这里的布局错综复杂，像在走迷宫。请注意入口处后面台阶的奇怪排列，这是为了打乱入侵者的脚步。门后的壁龛实际上是防守者的藏身之处，他们可以等入侵者冲进来之后，从后面攻击他们。

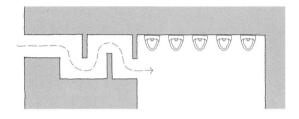

如今，通常只有在公厕中我们才会遇到迷宫式的蜿蜒迂回的入口。上图中所示的入口有六个直角转弯（比平常见到的多一些），是英格兰北部一号高速公路上某个高速公路加油站的厕所。

上图——汉普顿宫迷宫，英格兰地区（17世纪晚期，北纬51.406 204°，西经0.337 618°）

上图——特拉奎尔庄园迷宫，苏格兰地区（1981年，北纬55.608 657°，西经3.063 308°）

下图——郎利特花园迷宫，英格兰地区（1978年，北纬51.188 025°，西经2.277 731°）

赖于这个世界普遍适用的建筑时——以各种各样的形式，道路、房屋、田地、城镇……——我们就开始认为体验无意义和混乱的空间是一件有趣的事。迷宫引导我们破解谜题、分析无意义和混乱的情况，并刺激我们的感官。若是能成功的话，还能让我们满足。我们对侦探故事和未解谜题的兴趣就是很好的证明。建筑也

有讲故事的潜力。一头扎进迷宫里，迷路、担忧、尽力破解……然后逃回建筑秩序世界的心理安全区域，（也许还有希望）找到解决方法。这种感觉和解开一个神秘的谋杀案差不多。难怪古时候的很多谋杀案都发生在迷宫里。

身为建筑师，我们可不希望人们在自己设计的建筑里迷路，也不想看到人们因为在建筑中找路而大为恼火。尽管在一些设计失败的建筑中会发生这样的事情，然而，我们也许可以参考一下人们在迷宫中的体验，以便可以让人们更好地享受迷宫带来的乐趣，发现更多的刺激和趣味。当然，这或许对某些人来说不那么和善。在这一点上，我们可以从花园迷宫（一种作为消遣娱乐的建筑形式）中吸取更多的经验。

英国现存最古老的迷宫在汉普顿宫（上页右中图），受托建成于17世纪晚期。自此以后，英国境内又出现了许多其他迷宫，包括1978年建成的朗利特花园迷宫（左上图），1981年建成的特拉奎尔庄园迷宫（上页右下图）。特拉奎尔庄园迷宫是正交结构。例如，它的外围结构是四方的（正方形），迷宫内所有的拐角都是直角。汉普顿宫迷宫和朗利特花园迷宫内的通道都是弯曲的，使困在其中的人缺乏矩

历史上最有影响力的十类建筑：建筑式样范例
The Ten Most Influential Buildings in History: Architecture's Archetypes

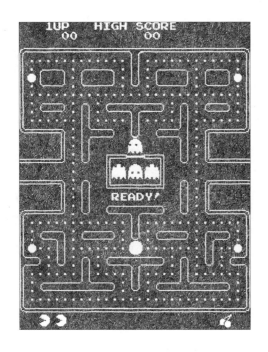

形空间和正交循环才能给予的心理支撑。接下来我们在建筑设计中也能看到这种不同。

　　能给人带来欢乐的迷宫随处可见。故事——小说、电影、电视剧……——也是迷宫，我们被作者、编剧、剧作家叙述的唯一的故事线索吸引。有些作者也尝试过插入多条叙事线索，读者可以通过许多不同的排列引导故事的开展。马克·萨波塔的《第一号创作》（1962年）就是一部这样的作品，在这本书中，读者可以看到许许多多带有文字的卡片，他们可以随心所欲地排列这些卡片，甚至随意抛到空中也无所谓。在目前可用的iPad版本中，它们可以通过电子方式随机排列。

　　现在，大多数错综复杂的建筑存在于计算机游戏之中，正常的物理规则在那里根本不适用。早期的计算机游戏把人们的角色放在迷宫里。比如吃豆人（南梦宫出品；左上图）被杀气腾腾的幽灵追赶。后来，纪念碑谷这款游戏（奇幻冒险游戏开发公司出品；右下图）挑战玩家穿越迷宫的能力，玩家移动迷宫内的设置时，迷宫也会发生变化，并且融入了类似于20世纪中叶的艺术家埃舍尔的作品的视错觉（下页左上图）。

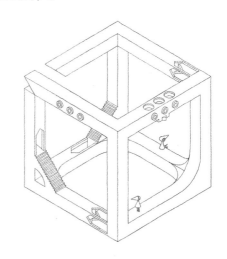

许多计算机游戏（左上图为1980年出品的吃豆人；上图为2014年出品的纪念碑谷）都向玩家呈现了迷宫难题，或者他们需要逃离，或者他们需要消灭怪兽（就像克里特迷宫里的忒休斯）。在纪念碑谷这款游戏中，迷宫本身就是动态的，你前进的时候它也会转动、变化。这样的场景类似于20世纪40年代、50年代和60年代艺术家埃舍尔设计的图形迷宫。下页左上图是我画的埃舍尔1955年的作品《凹与凸》中体现的基本建筑结构，借助在一页纸的平面上用三维结构才能表现的矛盾错觉，这个作品构思了一个让人找不着头绪的迷宫。由于其动态可能性，这样的方式也能在计算机或智能手机屏幕的另一侧产生更大的错觉效果。

巴别图书馆

豪尔赫·路易斯·博尔赫斯称詹姆斯·乔伊斯为"迷宫建筑师"。在这里，他特指第一次世界大战后乔伊斯发表的小说《尤利西斯》和作品中复杂的意识流叙事线。也许我们可以把作家看作他们笔下故事的建筑师，但是这些故事通常也有自己展开的环境背景。对乔伊斯来说，这个环境背景就是20世纪早期都柏林的街道和小酒馆。

出生在阿根廷的博尔赫斯自己也是位迷宫建筑师。在博尔赫斯的论证架构中，环境结构通常也是重要的组成部分。他的短篇故事《巴别图书馆》就是能恰当展现这一点的例子。这则故事描述了一个被数不清的书堆满的图书馆，这里的书包罗万象，涵盖了语言、字符可能出现的所有组合形式。作者认为，虽然图书馆里有很多书没有存在的意义，但是它的书架上还是有一些富含意义的书本：也许有哪一本书揭示了生命的意义；还有一本书里有其他书的索引。这个巴别图书馆需要一个与它的特点相符的建筑背景。从这个短篇小说的第一个文字开始，博尔赫斯对图书馆的描述一以贯之。显然，他并没有过多考虑这个图书馆的结构是否具有建筑意义；他妙笔生花地向读者描述了两个六角形的图书馆空间，中间靠着带旋转楼梯的门厅连接，门厅还有通向休息室和洗手间的入口。就算每个图书馆可以设计两个门厅，人们也只能在图书馆的空间内找到一条围绕地球的长线（这条线可能无限长）。无论怎样，博尔赫斯貌似想在读者头脑中筑起一个巨大复杂而又内部互联的图书馆空间的形象，一个（无限的）书巢，爱书的人在这里闲逛时可能感到困惑和愤怒，绝望地在书海中寻找少数有意义的书。

"宇宙（另有人把它叫作图书馆）是由不定的、也许是无限数目的六角形艺术馆组成的，在中心有巨大的通风管，周围用低矮的栅栏相围。从任何一个六角形看，我们可以看到无止境的上面或下面的书架层。20个书架排放在周围，四条边上各有五个长书架——只有两边没有。书架的高度也就是楼层的高度，很少超过一个普通的图书管理员的身高。没有书

历史上最有影响力的十类建筑：建筑式样范例

架摆放的两边中的其中一边有个狭窄的过道，通向另外一个艺术馆。所有的艺术馆都是相似的，在过道的左右两边是两间小房间，一间供睡觉所用，只有站立位置那么大，另一间是作为洗手间使用。经过这部分，就是一架螺旋形的楼梯，楼梯一头扎进无底洞又升至最高处。在过道处挂着一面镜子，镜子真实无误地照出你的面容。"

豪尔赫·路易斯·博尔赫斯著，赫尔利译（英文译本）——《巴别图书馆》（1941年），《虚构集》（1944年），Penguin出版社，伦敦，2000年

桂离宫——房屋和花园

我们通常认为迷宫是让人迷失的地方，人们在里面晕头转向，生命甚至受到怪兽的威胁。但是如果我们能精心安排人们在迷宫里游荡的感受，那么迷宫将是建筑中一个美妙的存在。

日本京都附近的桂离宫建于17世纪早期，里面有许多屋顶倾斜的木制亭子结构。如下页下图所示，每个房间的面积都根据榻榻米的大小决定。

使用精雕细琢的木结构意味着墙体不需要承载太大的质量，即使是外面的围墙也不例外，有些墙壁会做成滑动的纸屏（障子：木制

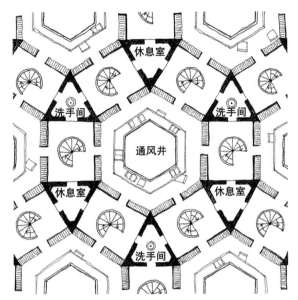

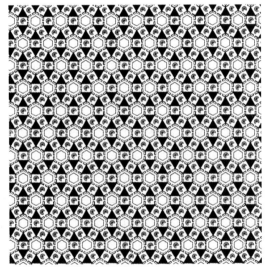

在把博尔赫斯的《巴别图书馆》当作建筑设计来理解时，我所做的最好的努力就是制成了上图（从两种尺度上分析）。图书馆是六边形，就像蜂窝的构造。如前所述，每个六边形里都有通风井。带旋转楼梯的门厅连接着这些六边形，并有通往休息室和洗手间的入口。图书馆向每个方向无限延伸——六边形代表的六个方向，还有上方和下方。人们永远也走不出这个终极迷宫。

另见：索菲亚·帕萨拉——《建筑和叙事》，劳特里奇出版社，阿宾顿，2009年。

房屋用的纸糊木框）。

由于可以滑动，所以障子可根据场合、气候、四季变换和一天中的不同时间排列位置，甚至可以考虑某棵树或某片树是否处在了花的海洋里。下面的桂离宫主殿平面图下方可观赏湖面风景的平台（图中a处）是为赏月和湖中的月亮倒影专门设置的。

在这个平面图中，我展示了不同位置上的障子，有些开着，有些关着。主殿是一个不断变化的迷宫，能让人们看到房屋与房屋之间、房屋与外面的大花园之间多种多样的共存关系。这个迷宫能刺激人的感官，精心安排带

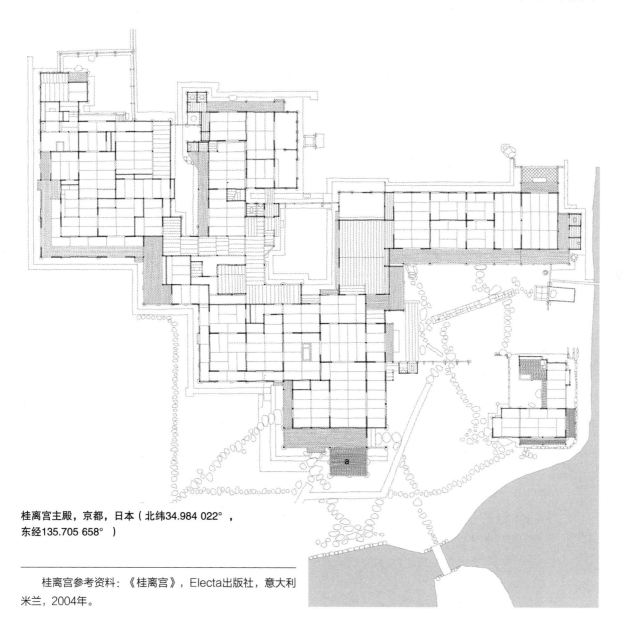

桂离宫主殿，京都，日本（北纬34.984 022°，东经135.705 658°）

桂离宫参考资料：《桂离宫》，Electa出版社，意大利米兰，2004年。

历史上最有影响力的十类建筑：建筑式样范例
The Ten Most Influential Buildings in History: Architecture's Archetypes

桂离宫里有最好的日本传统漫步花园。这些花园设计精良，就像一曲曲美妙的音乐，让游客在精心养护、细致构造的景观中闲庭信步。这里的景观浓缩了日本广阔的自然风景中的所有元素——山、湖、岛、树、小溪、瀑布……人工打造的景观中交织着小路和沟渠。整个花园形成了另一种欢乐迷宫，不是使游客中规中矩地缩在建筑的结构里，而是使游客可以随意走上蜿蜒的小道，攀爬缓坡丘陵。

在每个道路交汇处，游客都可以选择自己接下来往哪里走，但是这时他们并不确定前面会遇到什么样的乐趣：也许是曲径通幽处，禅房花木深；也许是一道独特的风景，里面就有某个园林建筑；也许是某种散发着香味的植物的天堂；也许是一个满是大鲫鱼的池塘，在太阳下闪闪泛着金光；也许是一株背光的樱桃树，满树的花朵映衬着附近冷杉树的深绿色；也许是一间精心设计建造的茶室；也许是横跨河道的一座桥或几块步石；也许是一个小瀑布，一只苍鹭正在等着从下方的水池里抓鱼吃。人们还可以泛舟湖上。在桂离宫的旅游旺季，一群音乐家会来这里演奏。这是一座多维度的迷宫，能愉悦人们的所有感官。

给他人的体验，提高生活质量，为（享受特权的）居住者创造一个精心调整的世界。

环绕桂离宫的花园也为人的感官带来了多样享受，但这种多样有别于桂离宫这座迷宫本身。上页呈现了这些花园的平面图。

桂离宫的花园能满足我们通常想到的视、听、嗅、味、触五种感觉：我们能看到美轮美奂的风景组合、色彩、光影等；闻到各种香味；手指能摸到、脚下能踩到不同的纹理材质；听到鸟儿歌唱、溪流叮咚、瀑布俯冲而下的声音、听到鞋子与石块摩擦的嘎吱声等；甚至还可以在茶室里品尝到水果和茶的清香。这些感觉也刺激着我们的大脑和身体。首先，在这样风景优美的环境中徜徉会给人安慰，这里的景色会随天气、季节、一天中的时间流动而变化，也会根据人的心境不同而变化。设计者用他调配的景色逗弄人们，于细微处操纵着人们的体验。这里的小路不是千篇一律的单调乏味，它们的特色各有千秋。有些地方由形状不一的步石铺设而成，无论这条路是穿过溪流还是就在干燥的地面上，都会提醒人时刻注意自己落脚的地方。沿着这些路往前走，人们可能遇上一座桥，四周的风景构图美不胜收。当人们逐渐靠近某个主要观景点时，因为需要把注意力集中在脚下的石头上，所以此时人们全然不知前面有怎样一幅美景在等着他。而在其他地方，路上可能出现一个缓坡或一座陡峭的拱桥，这时人们必然会放缓前行的脚步，于是便有时间去品味擦身而过时周围的草本植物散发的幽香。与其他任何地方的任何建筑相比，日式游园——桂离宫必是其中的翘楚——也许能给人最完整、多感觉的现象学体验。

松琴亭（上图）是个精致复杂的茶亭，里面分布着许多房间，所有的房间都围绕着中间的小庭院，而庭院的设置主要是为了让日光透过纸屏进入茶室的壁龛[图中a处；这是《解析建筑》（第四版）上的一张图]。在桂离宫和其他传统日式住宅中，房屋与房屋之间靠滑动的障子连通，每个房间都要铺上足够的榻榻米床垫。再加上外面步石铺就的小路一直延伸到伸出来的茅草屋顶前，多变的房间组合在这样一座小建筑中，制造了一个错综复杂的迷宫。所有的空间都与改变花园景色有关。

历史上最有影响力的十类建筑：建筑式样范例
The Ten Most Influential Buildings in History: Architecture's Archetypes

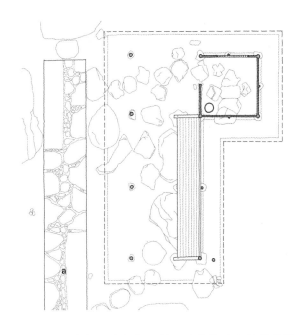

萨伏伊别墅，普瓦西

"阿拉伯建筑给我们上了宝贵的课。它在行进中被欣赏：正是在移步换位之间，建筑的布局被展开了……在这个住宅中，展开了真正的建筑漫步，呈现的景象不断变换，出人意料，甚至令人惊奇。"

勒·柯布西耶——《勒·柯布西耶全集》，第2卷：1929—1934年，Girsberger出版社，苏黎世，1964年

桂离宫花园中的御腰挂是客人休憩和等待的地方，他们坐在这里直到主人来迎接并陪同他们到附近的茶室——这里指的就是松琴亭（上页右下图是松琴亭的平面图，第277页下图是桂离宫主殿的平面图；园区还有另外两个茶室——笑意轩和赏花亭，每个茶室的大小、风景和氛围各不相同）。人们步行向茅草屋顶遮蔽下的御腰挂走去。御腰挂前是一段相对平滑的路（上图中a处），用不规则的碎裂的铺路石铺成，带人走向茶室所在的方向，但不能直通茶室。从上图中可以看出，长椅和小路中间平整的硬地上有一些较大的不规则的步石。要到达长椅必须小心地穿过这些步石。每块步石都代表着独属于自己的小型不规则迷宫，要接近长椅必须逐个绕过这些小迷宫，然后等待着主人来迎接，带着客人走进茶道的世界。赏花亭（右上图）的情况也大致如此。所有的布置都是为了让人们更清楚自己所在的位置、正在做什么以及接下来应该如何表现。在这样的环境中，人们不能趾高气扬地走路——夸大自己的地位；骄傲会使人们在园中的旅程变得尴尬。

在上面这段对萨伏伊别墅（1929年建造于普瓦西，巴黎的一个郊区；北纬48.924 436°，东经2.028 315°）的描述中，勒·柯布西耶没有明确指出他具体借鉴了哪些阿拉伯建筑。这段话中流传最久的说法就是"建筑漫步"——建筑上的散布或走路——总结了他的个人见解：建筑不仅是用来观赏的，人们还要在里面走动，也就是说建筑不仅

第8章 迷宫

涉及三维空间，还有第四个维度——时间。这是迷宫最本质的部分。只为一时的迷宫是无法延续和被理解的，它必须经受时间的考验。这就是勒·柯布西耶希望在萨伏伊别墅中实现的效果。这不只是一座为了赏心悦目的住宅，还要让人们在里面有四处参观的意愿。也许是在主人的带领下，但主要依靠建筑自身的魅力。为了达到这个效果，勒·柯布西耶在这栋别墅中运用了他的多米诺理念（第158页）。

迷宫般的历险早在人们进入这栋别墅之前就开始了，在悬垂的二楼下面越来越接近并驱使人们向前走去。但从入口处（右上图中的a处）开始人们就走上了一条斜坡（图中b处），这个斜坡会在前方折回，带人们走上通往二楼的路。二楼是主要的生活区。从斜坡的最高处人们可以进入起居室（右下图中的c处）、厨房（图中d处）或转身往回走进入主卧室（图中e处），主卧室里有独立卫生间（图中f处）。

起居室里有一扇很大的玻璃推拉门，推开这扇门，外面是露天平台（图中g处），不过这里更像另外一个房间，有自己固定的桌子和窗户。从别墅中央的斜坡（下页左上图中的h处）那里继续向上，一直延伸到屋顶，屋顶上有一个日光浴室（图中i处）和另外一个固定的桌子（图中j处），从桌子旁的窗户可以望见外

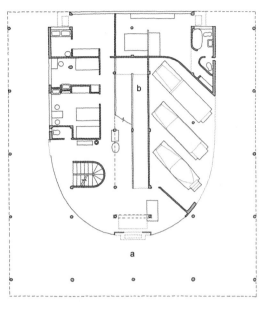

一层平面图

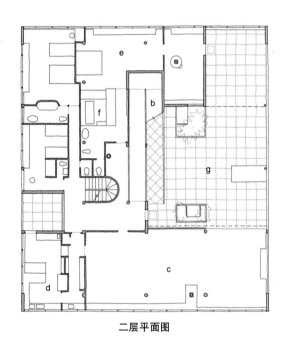

二层平面图

面的乡间风光。这扇窗户就是终点，是萨伏伊别墅这个迷宫的出口。

281

历史上最有影响力的十类建筑：建筑式样范例
The Ten Most Influential Buildings in History: Architecture's Archetypes

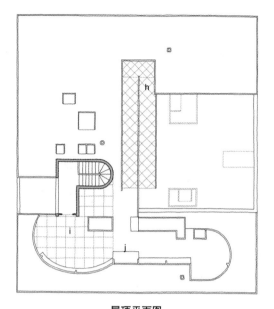

屋顶平面图

无限增长概念博物馆

20世纪30年代末期，此时萨伏伊别墅已经建成了10年，勒·柯布西耶的兴趣丝毫不曾消退，他还在钻研建筑错综复杂的可能性。他开始在博物馆建筑上实践新的理念，即随着藏品的不断增多，博物馆可以无限地扩张（有点像发展中的巴别图书馆；第275页）。他模仿自然生长的理念，认为随着居住者的增多，贝壳状的建筑结构可以以同样的方式向外螺旋生长（下页左下图）。这种概念不只融合了勒·柯布西耶对探索建筑漫步（即散步）的兴趣，还融合了从自然结构和分形几何联想到的无限增量增长理念（不只有贝壳，还有树和枝丫）。他在论证时说（《模度》，1948年），这个概念取决于以黄金分割为基础的几何级数（下页右下图）。

以此理念设计的博物馆的平面图（下页左上图）起始于一个正方形的中心空间，空间中央有一根柱子（下页左上图中的a处），然后向外增长，首先抬升到一个类似于萨伏伊别墅中的斜坡的地方（图中b处），然后是一个方形螺旋的顶部照明的展览空间。建筑根本的螺旋结构（下页右上图）就是一个简单的迷宫，这里可以设置两条完全不交叉的路。在美术馆的空间规划中，勒·柯布西耶把单行的简单迷宫变成了一个有着多条通道的复杂迷宫。里面的每堵墙和每个门都给来访者提供了不同的路径选择，也以不易察觉的方式将他们引到朝向中心空间的大致方向。从螺旋最外层的入口环绕前行，进入正方形的中心空间（"上帝之眼"——这个生长点就是黄金分割从无数微小之处显现出来的地方）。

无限增长概念博物馆从来没有以勒·柯布西耶设想的模式建成。他建造的最相近的建筑就是日本国立西洋美术馆，该建筑建于1959年（北纬35.715 395°，东经139.775 896°）。

另见：比特瑞兹·科罗米娜——《无尽的博物馆：勒·柯布西耶与密斯·凡·德·罗》，《日志》，第15号，2009年。

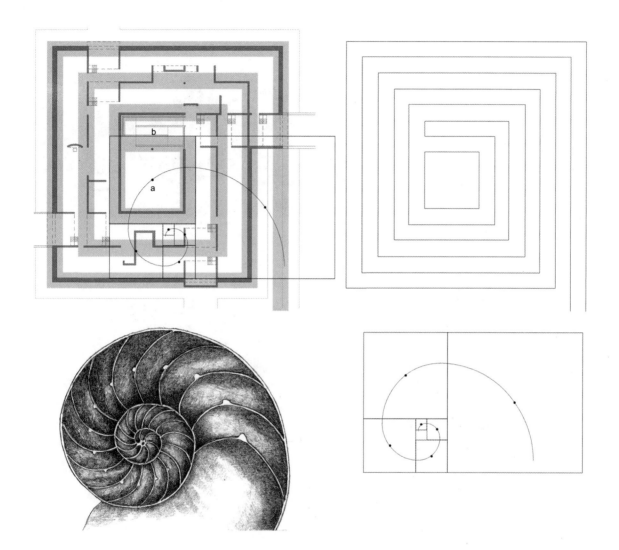

无尽之宅

勒·柯布西耶不是唯一一个探索无限可能性的建筑师。弗里德里克·基斯勒设计的无尽之宅项目（下页右上图，20世纪50年代；另见第138页右下图，基斯勒的无尽之宅被比作原始的石棚）不是对无止境扩张的探索（如勒·柯布西耶的无限增长概念博物馆；上页），而是着眼于无限循环。打个比方，就是我们（人类）不是在进步（文明的进化），而是永远在背负谴责原地打转——这些复杂交织的圆环可能让我们感觉自己在发展进步，但实际上是把我们困在了无休止的循环中（甚至无法接近一些假定的原点）。勒·柯布西耶的无限增长概念博物馆基于一个螺旋结构，起始于并吸引人们进入博物馆的中心空间——一切起始和结束的根源，即上帝之眼。而基斯勒的无尽之宅理念更多地基于无穷大的数学符号——一个没有起点也没有终点的环形；或者一个莫比乌斯带——只有一个面的无尽循环。

 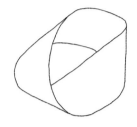

基斯勒的无限迷宫（就像第273页的朗利特花园迷宫）不仅拒绝给我们提供开始和结束的位置，而且在这里我们还感觉不到正交几何的存在。基斯勒更关注我们在空间中做曲折运动的不规则曲线，而不是稳定的几何矩阵（即便后者可能起源于有些人认为与我们的身体不可分割的几何图形）。他以偶然而非理性产生的形态为基础——胳膊或手（他的胳膊和手）随机运动，无意识地在纸上用铅笔胡写乱画。

基斯勒的无尽之宅以胡写乱画为开端（就像上面我胡乱画下的图案），而不是根据数学模型生成的螺旋结构（就像勒·柯布西耶的无限增长概念博物馆）。

二层平面图

一旦人们进入被托起的生活空间，就会置身于一个无穷无尽的空间循环中，就像随意涂抹的图案，睡觉、烹饪、用餐、生活、洗浴、睡觉……所有的活动都交织在一起（上图）。

一层平面图

无尽之宅就在一块有人居住的顶石内部，下面用整体的柱子支撑，就像远古时期的石棚。人们可以通过盘旋向上的楼梯进入这所房子，或者从三个柱子中的一个进入（上图）。这里没有四四方方的空间。

另见：西蒙·昂温——《建筑学基础案例研究25则》，2015年。

其他一些20世纪出现的迷宫

在之前的章节中，我们已经接触过另外一些20世纪出现的迷宫（勒·柯布西耶的萨伏伊别墅和基斯勒的无尽之宅除外）。在讨论多柱式建筑的章节，我们看到勒·柯布西耶以一些立柱网格为基础，借助独立于建筑主体结构的分隔墙在网格内部创造了自由流动的空间。

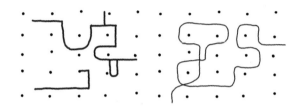

多米诺理念是勒·柯布西耶早期建造的一些住宅的概念基础，其中包括萨伏伊别墅（第280~281页）。与"建筑漫步"理念有关的迷宫就是以此为基础被创造出来的。

密斯·凡·德·罗设计的巴塞罗那馆也可以看作用错综复杂的空间（如传统的日式住宅，见第276~280页）替代了学院派建筑（现代主义艺术家试图取代的）的轴向（方向性）空间，人们可以在排列不规则的影壁之间徘徊与漫步。

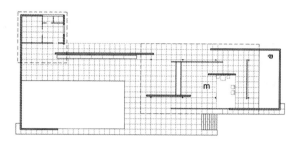

巴塞罗那馆的正厅部分（上图中的m处；又见第182页）堪比克诺索斯宫的皇家公寓——古老的克里特迷宫（第268页上图中的x处；另见《建筑学基础案例研究25则》）。

勒·柯布西耶和密斯·凡·德·罗的目的都是创造一种新的建筑空间概念，不需要依靠轴线的组织力量。即便如此，我们还是可以看出20世纪出现的新的空间概念一直受到古老的先例的影响：勒·柯布西耶的作品受到多柱式建筑的空间可能性以及源自"阿拉伯建筑"的建筑漫步思想的影响；密斯·凡·德·罗的作品通过打破迷宫的矩形结构和叠加迷宫的曲折来否定古代建筑的中央大厅和希腊神庙的轴向空间。

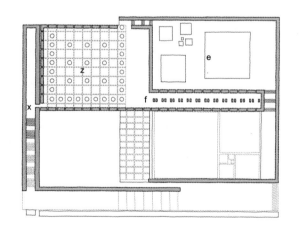

但丁纪念堂顶层平面图

天堂（上图中z处）即在这一层，是整个迷宫的高潮部分。

历史上最有影响力的十类建筑：建筑式样范例

The Ten Most Influential Buildings in History: Architecture's Archetypes

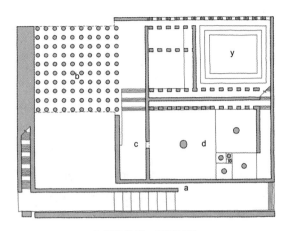

但丁纪念堂一层平面图

迷宫的入口（上图中a处）和柱子形成的神秘"黑森林"（图中b处）在这一层。

特拉尼设计的但丁纪念堂（另见第161页）是一个带有叙事主题的迷宫，就像一首标题音乐。如同但丁的《神曲》带着人们经历地狱的各层（进入的那一刻便放弃所有希望）一样，特拉尼设计的这座未完工的项目也是如此。纪念堂内的前行路线从黑森林开始，穿过大门（上图中c处）进入地狱（图中d处），这里的柱子按照黄金分割排列。然后再前行几步到达炼狱（上页右下图中的e处），最后才能进入天堂（图中z处）。作为天堂的一个分支，这里有一个没有出口的空间（图中f处），似乎在暗示这个世界上的那些没有结果的人或事。这座建筑最下面的一层还有一个专门收录但丁作品的图书馆（上图中y处）。可以离开特拉尼建造的这个迷宫的出口在上页右下图中的x处。两堵平行的墙之间有个长楼梯，可以把人带回街面上。

桑斯比克亭，阿纳姆

桑斯比克亭位于荷兰阿纳姆，建造于1966年，由荷兰建筑师阿尔多·范·艾克设计。这座亭子的设计初衷是为了承载一次现代雕塑的临时展览。尽管原始的建筑存在的时

间不长，但人们依然认为这是范·艾克的重量级作品之一，所以2006年人们在奥特罗附近的库勒慕勒美术馆附近重建了这座建筑（北纬52.095 990°，东经5.826 549°）。

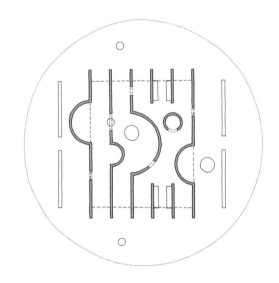

桑斯比克亭包括一个小迷宫，里面的七堵墙支撑着半透明的屋顶。其中一些墙上有半圆形的壁龛。随机设置的入口连通着墙与墙之间的空间。亭内有一个面积不大的封闭的圆形房间。参观者和雕塑共处同一个空间，他们像探索迷宫一样发掘这个展厅；这个迷宫非但不让人迷惑，而且被范·艾克形容成"迷宫式的清晰"（见下页右侧引文），在这里欧几里得空间和建筑"场所"和谐相处，给人营造出一种（用范·艾克的话说）"宾至如归的感觉"。

瑞士馆，汉诺威世博会

彼得·卒姆托负责设计了2000年汉诺威世博会上的瑞士馆。展馆的墙由紧紧捆绑在一起的垂直木材形成，支撑着金属管道构成的屋顶。展馆拆除后木材被二次售卖。众多的墙体造就了一个有序的矩形迷宫，作为感官迷宫。在水分蒸发的过程中，以及随着温度的变化和太阳的移动，成堆的木材发出咯吱咯吱的响声，还散发出松木的香气。迷宫内有音乐家和歌手用于表演的空地。空地和更为安静的通道上摆放着简易长凳。除此之外，这里还提供食物。展馆内不乏各种感官刺激物：视觉和触觉，听觉和嗅觉，还有味觉。这里不是人们靠困惑和迷路娱乐自己的迷宫，而是可以沉浸在温柔的感官享受中的和平天堂。

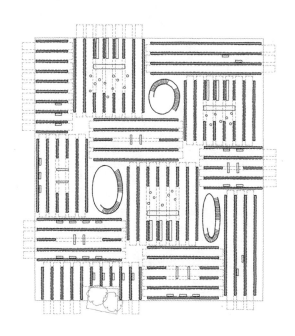

"有一种对空间的理解让我们嫉妒鸟儿能展翅飞翔，还有一种对空间的理解让我们回想我们人类起源时居住过的庇护所。忽略了对空间的任何一种理解的建筑都注定要失败。满足埃里厄尔就意味着也要满足卡利班，因为每个人的这两种性格都是同时存在的。不管怎样，迷宫式的清晰都能体现这两种理解。既不集中也不分散，但每个地方每个阶段的增加都有中心，还有空间的内部界线——那当然才是我们真正的家！这当然也是迷宫式的清晰能够产生的效果。"

阿尔多·范·艾克，编辑——《世界建筑3》，
维斯塔工作室，1966年
（侧重于原始的建筑）

欧洲被害犹太人纪念碑，柏林

欧洲被害犹太人纪念碑由美国建筑师彼得·艾森曼设计，2004年竣工。这座纪念碑充满了永恒的建筑思想。这里有数不清的石棺混凝土块，排列在柏林凹凸不平的地面上（北纬52.513 947°，东经13.378 913°）。整个地块共有54×87个洞，也就是说如果每个洞都被填满的话，这里将会有4698个混凝土块。仿佛不只要纪念找到最后安息地的被杀害的犹太人，还有那些"失踪者"，网格中有些

历史上最有影响力的十类建筑：建筑式样范例
The Ten Most Influential Buildings in History: Architecture's Archetypes

洞还空着。我画了一幅网格的平面图，不含混凝土块之间长长的走道。在实际的平面图中，为了在图上体现现有的空白而去掉实际存在的混凝土块，感觉就像擦去了对某些特定人的记忆。

每块纪念碑都各具特色，它们高低不同，甚至有的还会稍微倾斜。混凝土块高低不等，再加上起伏不平的地面，这样的景象意味着在纪念碑林的某些地方，尤其是边缘地带，游客们的视线可以穿过整个像墓地一样狭长的纪念碑林。而在其他地方，他们满眼望去都是一片

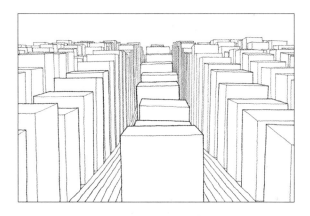

视线穿过纪念碑林

剖面图

凹凸不平的地面和高低不齐的混凝土块的结合意味着在某些地方能看到整个纪念碑林，而在其他地方只能看到一片幽闭的迷宫。

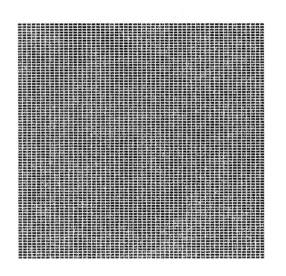

纪念碑林平面图

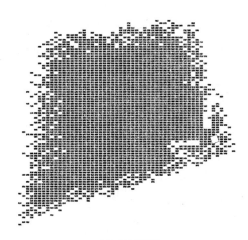

实际的平面图

密密麻麻的纪念碑林把能让人想到的多柱式建筑的迷宫式空间的可能性发挥到了极致（第146~150页）。与此同时，这个网格形成了一个常规的迷宫，人们拥有多种方向选择，但都没有意义。在纪念碑林的某些地方，人们可以感受到大屠杀的残暴；在其他地方，参观者会深深陷入悲伤和绝望的恐惧中。

实际上，网格矩阵里不是每个洞都有一块混凝土纪念碑。每块纪念碑都代表着一个人，让我们想起立石的永恒力量，它们既是个体又是万千石碑的一部分。有些地方没有石碑，所以在这幅图中显示的是空白，好像在提醒我们不要忘了大屠杀中那些下落不明的受害者。整个纪念碑林就像一座巨大的衣冠冢墓园，我们会在里面迷路（不止一种意义上的迷路）。

单调的灰色和让人晕头转向的迷宫。

纪念碑让我们想起了一些建筑原型：立石，作为一个人的代表；多柱式建筑和迷宫则代表着让人困惑、找不到方向、容易迷路的地方。

最后……建筑——书法和编舞

每年，伦敦巴特利特建筑学院都会发布学生的作品。2015年的作品一览表取名为"巴特利特2015"。这一年，高年级（四年级和五年级）学生的许多作品都可以和迷宫联系在一起。其中一个就是拉瑞萨·布里巴萨设计的方圆迷宫式金融图书馆，据推测应该位于伦敦的金融商业区。该图书馆的平面图请见下页左图，它描绘了一座迷宫。它的结构暗示着古老的迷宫以及约翰·索恩设计的英格兰银行迷宫式的本质，这座银行坐落在伦敦金融商业区的心脏位置，建造于18世纪90年代到20世纪10年代（下页右图）。

方圆迷宫式金融图书馆和苏格兰银行都暗示着金融机构及其经营业务错综复杂的本质，提醒我们建筑规划图不仅仅是图形。从建筑学上说，图形—背景不只是图画在其背景上（纸、计算机屏幕、沙滩……任何承载图画的背景）形成的图案。建筑学中的规划是书法艺术和舞蹈艺术的结合，它们用书法讲述或表达计划项目的意义，用舞蹈表明，对于未来人们在这里如何开展生活这个问题，它们已经制订了规则或指导方针。

建筑设计是一种没有编舞的书法。（不管它是不是用计算机程序制作）规划就是土地（精神）的一种姿态，使建筑物井然有序。那样做就像一幅日本书画作品，也是一种舞蹈。但是，建筑规划最关注的不是描画在纸上的线条的美学力量，不是自己的外观，它最关注的是建立一个可以翩翩起舞的框架结构。

时间——融入了运动的时间——是使迷宫成为建筑原型之一的重要元素。其他的建筑原型标记、体现或适应时间的变化，比如立石、石圈和剧院。但迷宫不一样，它是一种管理和掌控时间的工具。无论你怎样理解，它都把时间拉长了。此时，时间以迷宫的形式体现。

在时间的这种工具性体现形式中，迷宫与我们对生活的感知之间存在一种特殊的关系，它指出建筑和建筑产品没有边际问题。在整合因素的过程中，如选择和机遇、深思和熟虑、无知和困惑，为了前方的目标不懈追求，然而有时又会感到茫然、不知所措，明显的循环

历史上最有影响力的十类建筑：建筑式样范例
The Ten Most Influential Buildings in History: Architecture's Archetypes

（电影《偷天情缘》——导演哈罗德·雷米斯）往复、失意、恼怒和（偶尔的）惊奇……出现的错综复杂的事情（如悬疑小说、智力游戏、舞蹈、电影）好像与我们自己的经验类似，日复一日……只不过有一点与我们的实际生活不一样：它们依然是建筑师（作家、智力游戏的创造者、舞蹈教练、导演）的思想产物，且常常能够（但也可能不能）提供生活本身无法给予的解决方案。这个感官迷宫以及其他各种各样的迷宫都可以说是精神生成的幻想。

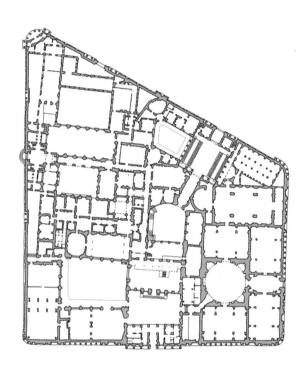

方圆迷宫式金融图书馆的参考资料：巴特利特2015，UCL巴特利特建筑学院。

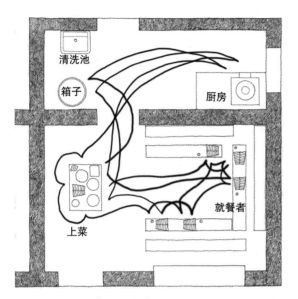

"简单的规划就能容下一段复杂的舞蹈。"在上图所示位于印度喀拉拉邦科瓦兰附近的餐馆中——阿伦酒店——餐馆的老板在做饭、上菜、打扫的不断往复过程中描绘了一段循环的复杂舞蹈。

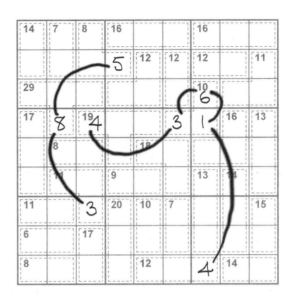

智力游戏为精神舞蹈设定了结构框架。在我们填满这些方格的过程中,落笔的地方和做题人的思考轨迹就像一个个舞蹈符号,最终破解了这个难题。

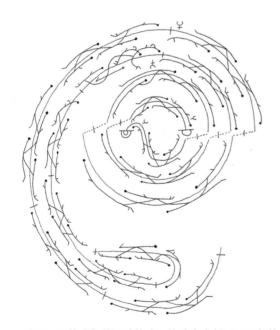

这是一段快步舞的运动轨迹,摘选自出版于1700年的一本名为《舞蹈》(Choregraphie)的书。显然,它与迷宫的规划非常相似。迷宫与生命舞蹈(辗转曲折、复杂困惑等)之间有一种特殊关系。

手写的汉字既是舞蹈又是书法。这个图像代表了、记录了、表达了……展现其姿态时需要的时间(运动)、优雅、华丽和机会。最终的结果传达了多重意义。这也可以称为迷宫的规划。

第 9 章

风土建筑

风土建筑

> "我们在哪里能找到比古老的木质建筑更为清晰的建筑结构?我们在其他什么地方可以找到材料、构造和形式如此完美的统一?这里蕴藏着数代人的智慧结晶。这些建筑中凝聚了人们对建筑材料的感情和建筑的表达力量。它们多么温暖、多么美丽!它们就像老歌的回声。还有巨石建筑:它们传达的自然感情多么强烈!它们对材料的了解多么清晰!它们的连接多么紧密!石块可以放在哪里,不可以放在哪里,分别代表了什么意义?我们到哪里寻找这样的结构财富?哪里有更自然、更健康的美丽?它们多么轻松地就把有支撑的屋顶架在了老石头墙上,又用多么敏锐的感情在墙上留下入口!对年轻一代的建筑师来说,还有比这些建筑更好的实例吗?除了这些没有留下名字的大师,他们还能从哪里学到这么简单真实的建造技巧?建造使用的砖块也可以成为我们的学习对象。这种小巧方便的形状多明智啊!无论从哪种目的出发,它们都有很强的实用性。它们的结合、模式和质地都非常有条理!最简单的墙面上形成了多么丰富多彩的样式!但是,这种材料有着非常严格的准则。因此,每种材料都有自己的特性,如果我们想使用这种建筑材料,必须准确地把握它的特性。钢筋和混凝土也不例外。"
>
> 密斯·凡·德·罗(1938年——在芝加哥阿莫理工学院就任建筑系主任时的就职演说),转引自菲利普·约翰逊的专著《密斯·凡·德·罗》,伦敦,1978年,第197~198页。

建筑展现着态度。与其说风土建筑是一种特殊的建筑类型,倒不如说它是思想态度的表象,或者可以说是思想态度的神话。风土建筑确认了一种建筑范例(一种概念性的范例),影响着19世纪和20世纪出现的许多建筑。

风土建筑之所以能被称为建筑,是因为它主要由人来完成,不需要专业技能,不需要采用特意选择的思想和风格。有人把这种建筑称为严肃的建筑。作为一种建筑,它被看作类似于(暗含在风土这个词里的意义)土语(每个人的母语)的存在。因为它来源于生活,建筑师—建造者在成长过程中凭直觉就能学会,不需要经过正式的理论教育,不需要有意义的意图。我选择使用"建筑师—建造者"这个词,是因为人们认为在风土建筑中,这两个角色之间没有界线。有时风土建筑是指"没有建筑师的建筑"(这是伯纳德·鲁道夫斯基的一本著作,也是他1964年在纽约现代艺术博物馆举办的一次非常有影响力的展览的名字),这种说法不合逻辑但很有挑衅意味。同样,所谓的风土建筑也拥有"道德品质",在它身上人们可以看到自然、正直、真实……这是对孕育了这种建筑的文化（而非个人）的直接表达。风土建筑直接从这些方面显露出来：适应人们的日常生活；回应当地主要的自然条件；（有时很巧妙但多数时候都是不拐弯抹角地）利用已有的现成资源。

在古罗马时代，拉丁语中的"vernaculus"指家生的奴隶，有别于以其他方式从市场上买来或获取的奴隶。后来"vernacular"这个词曾被用来指一个国家或地区的母语，区别于罗马天主教会使用的拉丁文。19世纪，这个词作为一种比喻手法被用到了建筑领域……最初指某个特定城市、国家或地理区域内常见或普遍存在的一种建筑类型（风格）。在这一百年里，随着人们越来越关注自然和社会理念——它的支持者有18世纪法国哲学家让·雅克·卢梭（他提出了"高贵的野蛮人"的观点），维多利亚时代的英国艺术评论家约翰·罗斯金、工匠和社会改革家威廉·莫里斯（虽然这两个人都没有用过这个词）——方言担起了更多的道德负累，一直到21世纪都不曾卸下。这让我想起了（通常景色都很优美）我们可能称为国家、田园、乡村、农场、本土甚至原生的……建筑。风土建筑不一定非要指一种特定风格或建筑外形，它的意义隐含在"方便、坚固和愉悦"*这三个词里。17世纪的外交官亨利·沃顿爵士声明"良好的建筑"必须具备上述三个条件。在世界上不同的文化和不同的地区之间，"良好的建筑"的三个条件可能不同，甚至会发生彻底的改变。

如果我们想保持语义一致性，那么最"精致""优雅"的新古典主义建筑也会被列为"属于贵族阶级的风土建筑"。比如18世纪英国豪华的郊区住宅，它们可能建在英国的任何区域或属于大英帝国的其他地方。但一般情况下，这个词处于特权阶级建筑（智力上的或有意识的审美方面的）和精致建筑（在人们看来有些傲慢和不自然）的对立面。这样的建筑重视地域性甚于全球性；专注于满足人们的实际需求而不是作秀；能适应当地的气候条件；建造时就地取材（不依赖进口材料），能够发掘这些材料的自然特性，而不是为了臆想中更高的审美感或展现人的聪明才智而去征服它们。由于人们认为风土建筑具有这些特性（或者说人们把这些特性投射到风土建筑上），也因为风土建筑看起来既别致美观又有趣味性，风土建筑有时（常常）被认为在道德层面和美学层面上胜过享有特权的、复杂的国际建筑。风土建筑展现的形象中始终贯穿着一条政治主线。

除了"正直"和"真实"，风土建筑一词

历史上最有影响力的十类建筑：建筑式样范例
The Ten Most Influential Buildings in History: Architecture's Archetypes

还与许多表示积极意义的形容词联系在一起。其中包括当地的、人类的、可持续的……尽管过去我们眼中的风土建筑是被我们轻视的、厌弃的简陋茅舍，但是如今，比如充满原始气息（此处带有贬义）的小屋、不适合人类居住的地方、猪圈、贫民窟……人们却常常下意识地把这些地方的特征（如果它们没有在某种程度上被改善）与美国电视剧《神探可伦布》里的那些美德联系在一起。因为可伦布也是穿着破旧寒酸的外套，驾驶一辆锈迹斑斑的汽车；而被他抓到的、愤世嫉俗的凶手却穿着锦衣华服，开着名贵的汽车，两者形成鲜明的对比。或者借用电影《夺宝奇兵》和《圣战奇兵》（导演斯蒂芬·斯皮尔伯格，1989年）里的场景，真正的圣杯是所有杯子中最破旧的（又或者说最简单的、最"通俗"的）。当印第安纳·琼斯（哈里森·福特扮演）选择了心目中真正的圣杯时，他喃喃自语："这就是个木匠的杯子。"

也许有人会说，风土建筑根本不值得我们将其视为一种建筑风格，它充其量算是建筑物。这个语义学上的困境不是我们这里讨论的主题。如果你想了解更多关于风土建筑的历史及其在建筑学中的应用，你可以读一下我在1988年写的一篇未出版的博士论文——《1839年以来英国建筑作品中的"风土建筑"概念》（可在卡迪夫大学图书馆查阅）。不过，我们在这里要讨论的是建筑范例而不是文字，要研究的是风土建筑（理念如上所述）影响建筑学的不同方式，尤其是对19世纪和20世纪建筑学的影响。

18世纪80年代早期，威尔士艺术家托马斯·琼斯开启了一趟意大利工作之旅。在展开其他工作之余，他留下了一系列画作。画中描绘了光线落在普通（略显破旧）建筑的石墙和抹灰墙面上的景色。这幅小作品叫作《那不勒斯范例》（1782年）。琼斯画的房屋很简单，一点也不豪华。它们的墙面已经破损，上面爬满了青苔，颇有些古色古香的味道。意大利的建筑范例大多都是这样——沐浴在明亮的阳光下，蓝天白云是它的背景。他似乎在人类（人工建造的墙、门和窗户）和自然的分层组合中发现了美。

---

* 亨利·沃顿——《建筑元素》，1624年。

第9章　风土建筑

范例

本页的图画描绘了通常被称为风土建筑的范例。它们都有同样一种特性，但是在其他方面又有很大的不同。一座挖在悬崖上的房子；一个木棍支起来的鸡窝，用树枝编织而成，上面覆盖着树叶；一所海边的小石屋；一个建在崎岖山路上的人口密集的小镇，镇上都是四五层高的小楼。它们怎么可能有共同之处呢？哪一种特点是它们都有的？人们可能有很多猜测，但是这些图片（还有我）既没有标明它们的位置，也没有所在之处的周围是否还有类似建筑的说明，所以不能说它们都是当地的、本

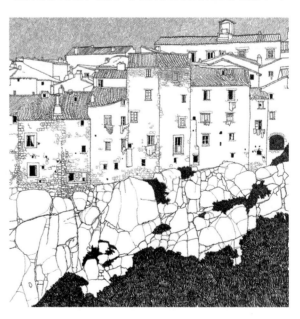

297

历史上最有影响力的十类建筑：建筑式样范例

区域的。要说它们没有建筑师，那也是无稽之谈，如果没有人决定建造它们或者怎么建造它们，建筑不可能自己出现。所有的建筑都有建筑师（虽然有的建筑师没有正式资质），就算是个洞穴，它也有挖掘的建筑师或随机选中一个山洞的人。即便如此，这些迥然不同的例子依然符合"风土建筑"的概念。在接下来的几页里，我们将深入探究这个千变万化的概念对建筑产生影响的不同方式。

别致优美的风土建筑

对于一个拥有复杂的道德和意识形态负累的概念来说，一开始就把注意力集中在肤浅的表面特征上看起来很奇怪。但是所谓的风土建筑"独特别致"，这个事实清楚地说明了我们理解风土建筑、赋予其价值的方式方法。说到"独特别致"，我们是指这些建筑形状不规则，没有对称轴。无论是在18世纪的油画中，还是在我们假期拍下的某个镜头里，风土建筑的实例在图片中看起来通常都很美。这要归功于它由丰富多样的结构组成，而非遵照一成不变的（无趣的）规律。一般来说，不规则性和不对称性（无论是为了外形别致还是其他目的）是受风土建筑影响的其他建筑的主要特征。

从古罗马时代起，甚至可能是比这个更早的时期开始，我们人类已经对对称与不对称、规则与不规则之间的相互作用非常感兴趣。这种兴趣很可能与我们自身的对称和不规则之间的相互作用及其与世界的关系有关。上页的图是博斯科雷亚莱地区法尼乌斯·希尼斯特别墅的卧室壁画，现在收藏在纽约大都会博物馆。壁画上显示的图案是个视觉陷阱。这种构图方式可以追溯到公元前1世纪。作为一个整体，这幅壁画的基本组成部分是对称的，中间板块上是作为对称轴的神龛。为了提升视觉效果，壁画在一般的对称结构中加入了一些对应物：不规则、不对称的树丛里有一小片石榴树出现在神龛前面，互相对称的两个侧面板块上有一些细节上的变化，充当中间板块边缘的两个装饰过的立柱上盘旋向上的藤蔓没有形成对称结构。这幅壁画另外还有在我的素描中没有显现出来的地方。为了让人感受到一般的照明光线从右上方透过了三个桁架的视觉效果，每面墙都被涂上了阴影。但是在讨论风土建筑的时候，这里让人感兴趣的主要特征是中桁架和两个侧桁架在构成上的不同。

在《神庙》这一章中，我用图例说明了我们所说的对抗的体系结构（第176～185页）。这个描述同样适用于法尼乌斯别墅壁画的中桁架。但是两个侧桁架却有不同的组合方式。每个侧桁架上都有一块（稍微稀奇的）古罗马城的碎片——与中心处神龛的死板相比，我们可以（不受束缚地）称为风土建筑的一堆不规则建筑物。它们之间略微有些不同，每个侧桁架都呼应着另外一个。但是如果你把每个侧桁架看作独立的图片，那么作为一个观察者，你会意识到你与不规则、不对称之间的关系不同于你与规则、对称之间的关系。上页图中侧桁架存在的目的是为了显示对中桁架的尊重。但一般而言，如果你在轴向对称中感受到了冲突对抗，那么不规则、不对称的结构会让你更放松。它不会给你带来挑战，而是让你更好地做自己。不使用不规则、不对称组合常用的嵌入和映射手法是解读风土建筑的一个因素。

1798年，建筑师詹姆斯·马尔顿出版了一本名为《英国村舍建筑随笔》的著作，并用副标题"坚持原则的尝试，独特的建筑模式，最初是机遇"，以期宣传自己的实践做法。暂且抛开"坚持原则"与活跃风土建筑的特殊思想的特别反应在哲学角度是否相容这个问题，也不考虑任何人类建筑形式——村舍或神庙——是否都源自机遇这个问题，马尔顿认为不规则和不对称才是村舍设计时的基本原则。他在这些设计方面所做的尝试（下页左上图）可以说非常僵化。仅仅过了几年，另一位建筑师理查德·埃尔萨姆出版了自己的设计著作（比马尔顿更僵化；下页右上图），书名为《乡土建筑随笔》（1803年）。他这样形

历史上最有影响力的十类建筑：建筑式样范例
The Ten Most Influential Buildings in History: Architecture's Archetypes

18世纪末期，詹姆斯·马尔顿出版了一本书，介绍他设计的英国村舍。他在设计时秉承的原则之一就是村舍应该是不规则、不对称的。

在我们结束对马尔顿作品的讨论之前，还有一个重要的地方需要我们注意，在左上方的插图中，一位绅士身着农民或者是花匠的衣服推着一辆独轮小推车出现在图中的前景部分。

容这本书："照此类推，这也是尝试反驳詹姆斯·马尔顿先生在《英国村舍建筑随笔》中倡导的原则。"他的主要反驳论点在于，建筑中的轴对称原则没有商量的余地（只不过他没有使用这个词）。我们用20世纪的观点去看待风土建筑，并把风土建筑的思想应用到村舍的建筑上（一直延续到21世纪）。所以我们可能觉得埃尔萨姆错过的不只是马尔顿的观点，还忽略了不规则、不对称性作为典型村舍结构的主要特点之一的重要性。

18世纪晚期，虚拟现实已经成为人们眼中构成村舍建筑的重要因素。马尔顿建造这些村舍不是为了自己，也不是（直接地）为了那些在土地上辛勤劳作的人。他的客户是富商巨贾，这些人忙累于他们关心的事情和财产，喜欢想象自己生活在简单、田园的乡村生活中

的景象。他们把这些浪漫的梦想投射在理想的村舍和农场工人上面。当我们考虑预定一个农家小屋来消遣度假时光或者买一个这样的房子好在退休之后怡情山水时，其实我们的行为和上面的那些人差不多。这是一个非常强大的梦想——回归自然生活。广告公司打着这个梦想的旗号，在自己赚得盆满钵满时，也让客户得偿所愿。

20世纪中叶，另外一位英国建筑师克拉夫·威廉·埃利斯花费了一段时间在北威尔士海岸边建造了一个名为波特梅里恩的童话小镇（下页图；北纬52.913 531°，西经4.098 690°）。为使其有别于风土建筑（真正的风土建筑，就像印第安纳·琼斯找到的圣杯，如果这种东西存在的话），我们可以将其描述成"充满风土建筑风格"。为了形成一种

不规则的组合，他从威尔士其他地区转移了少量的多余旧建筑，据无数拍下这里照片的旅游者评价，新合成的建筑确实非常别致。它也为定义风土建筑的许多尝试提出了挑战，因为它不像（如果在任何情况下只是相似就可以划为一类的话）威尔士西北部本土的、工业化以前的田园或乡村风格的民房建筑。更多时候人们都是把波特梅里恩看成意大利风格的建筑。但是它仍然表现着人们在这里的梦想，向往过着简单优雅的生活……因此，这里成了20世纪60年代闻名遐迩的电视剧《囚徒》的取景地。

图片会让人产生距离感，无论其是装裱在画框中、投影在墙面上，还是在电视或计算机另一侧的屏幕上，又或者是在我们的想象中。图片呈现的是一种距离，而这种感觉与它的内容没有关系。这种感觉使图片不但在建筑层面而且在二维水平面上更有力量。它意味着我们可以把自己的愿望和需求注入其中。在乡村小屋中——图片中的或者现实中的——可以看到我们（或者我们的祖先）以为自己曾经拥有过的幸福天堂：生活在一片农场上，过着日出而作、日落而息的生活。即使我们现在生活在一

历史上最有影响力的十类建筑：建筑式样范例
The Ten Most Influential Buildings in History: Architecture's Archetypes

个非常漂亮的乡村小屋里，远离折磨、疾病和工业化以前还未得到开发、实现发展的贫穷落后，这座房子也很可能只是一间茅屋，我们依然可以看到那幅幸福天堂般的景象。

不规则形状的起因

詹姆斯·马尔顿认为乡村小屋的不规则形状是偶然产生的。鉴于建筑物都是人类思想指导下的产物，也许用偶然去描述不规则形状的起源并不贴切（见《建筑学基础案例研究25则》中对建筑思想的简单论述）。也许马尔顿想要表明，一般乡村小屋的不规则形状不是专门设计出来的，以使每个小屋之间略有不同。设计，意味着以绘图为媒介预先决定建筑物的外观，即马尔顿在决定他的书本版式时所做的事——他始终还是预先决定了书本的版式。尽管他觉得他尽力想要模仿的乡村小屋没有经过精心设计，而是直接按照需求去建造，没有考虑过建成后的视觉效果。

人们认为，预先经过绘图设计的作品可使建筑脱离现实。抛开实际场地的地形特征，没有随手可用的石块和木料，在一个小规模的场地上（那里很难依照人体框架去维持实际大小、范围、行动……）施工会使不真实因素——理想的几何形状、轴对称结构、幻想的风格（其他时期或其他地方）甚至绘画本身的机制（从直尺、平行尺、圆规等工具到计算机辅助设计和参数化软件）等——影响甚至控制建筑的最终形态。

用绘图来预先设计的案例（相较于马尔顿的偶然论来说）有很多，这里我们选取了与马尔顿同时期的威廉·钱伯斯设计的位于都柏林附近的马里诺别墅（下页图；1775年完工；北纬53.371 333°，西经6.227 004°）。

21世纪的一个设计实例要数扎哈·哈迪德设计的位于巴库的阿利耶夫文化中心（第173页），这是用计算机制图软件生成和操作的一个复杂的三维立体结构。它的几何机构比钱伯斯设计的马里诺别墅更复杂，它也是一个用绘图机制预先设计的案例（用到了CAD和参数化软件）。

通过"偶然"和"非偶然"的观点来看，"设计"要么被认为是超然的（幸运的话，这个设计能体现超越了自然的人类想象力，能够创造一个比现在更好的新世界），要么被认为与社会分离（不幸的话，这个设计会导致人们沉溺于幻想和狂妄自大中）。但是对于那些感觉自己在道德上有义不容辞的责任，想要创造根植于现实的建筑，并且意识到他们不可能靠运气创造这样的建筑的人来说，他们面临的挑战是找到实现这个目的的方法，找到造就风土建筑的关键（通俗的、本土的建筑元素就存在于现实中）。

建筑师已经给了我们许多不同的答案，或者说至少为我们指出了可以在哪些建筑元素中找到答案。也许在当代的建筑实践中，我们很难回避用绘图的方式（无论是在计算机上还是在纸上）预先决定建筑的结构，但是我们需要注意的主要宗旨就是不要让图纸或屏幕扭曲或缩小现实世界。进入现实的建筑里去看一看，而不是站在现实之外把自己的梦想绘进图片里（当然，走进现实建筑本身可能就是个梦）。

威廉·钱伯斯设计的马里诺别墅以绘图为媒介进行构思，设计风格（装饰的语言）衍生于遥远的时空（古时候的古典世界），沿用了轴向对称和理想的几何形状，尤其是应用了完美的立方体结构（见第312页左图）。为了打造出精确、常规的形状和经过装饰的表面，别墅选用的材料（主要是石块）都经过了精心的处理。整个别墅建在平台之上，与地面保持了一定的距离。它就立在都柏林城外的一座小山上，超然独立、毫无遮蔽，不惧天气的变化和影响。虽然这只是一栋房屋，但钱伯斯设计的马里诺别墅显然也是一座"神庙"。而在建筑学中，"神庙"就是"村舍"的对立面（见《解析建筑》，第四版，2014年）。

历史上最有影响力的十类建筑：建筑式样范例
The Ten Most Influential Buildings in History: Architecture's Archetypes

忠于建筑材料和原始地形

建筑材料不是原本就形状规则、表面光滑的，就连地面一般也不是平坦的。当我们以绘图为媒介构思建筑的设计时，常常会忽视这些事情。风土建筑（见第297页插图所示的几个范例）使用的是粗糙的、未经修饰的材料（"大自然"的指纹还留在上面*），顺其自然或补平地面上的坑洼（及克服其带来的威胁）。因为人们认为，想要得到更具风土气息的建筑，你的态度应该更倾向于让材料发挥自己的天性，适应崎岖不平的地方任其自由发展，而不是用推土机把它整理平整或在上面修建一个平台。Stoneywell小屋（1899年；北纬52.701 490°，西经1.264 621°；上图）是建筑师在遵守风土建筑的这两点规则的前提下建造的典型范例。欧内斯特·吉姆森的设计诚然是别致漂亮的，但是我们同样清晰地看到他尝试把他的建筑嵌入现实。尤其是地面坑洼不平还有突出的大石头的现实，以及墙体和烟囱由不规则的石块堆砌而成的现实。在F.L.格里格斯绘制的房子图片中，这些特点都有所体现，甚至有一些夸大的成分（下页右上图**；

请注意,格里格斯无法拒绝地在这幅图中加入了一个打扮简单的姑娘,作为风土建筑梦想的组成元素)。我们在图片的前景中看到崎岖不平的路面,房子修建在一个大石块上(我们推定这是考虑到了房子的稳定性,而且还能起到一点保护作用),平滑的石块铺成的简易阶梯沿山体而上。在这幅图中,格里格斯还突出展示了吉姆森喜欢使用的从采石场发现或打碎的形状不规则的大石块,还有一个巨大的烟囱背靠着像温暖的毛毯一样的茅草屋顶(这两者都暗指小屋能为里面的居住者提供舒适的生活)。

F.L.格里格斯绘制的另一版本的Stoneywell小屋图片夸大了房子的本土特点。这些倒是与莱斯特郡的本土风格没有太大关系,而是取决于设计师对建筑材料和选址的态度。房子的整体形状不规则,一部分是因为用来建造墙壁和大烟囱的大石块本身的形状就不规则。这座别墅不是建在平地上,而是半隐半现地建在一座小山上,背靠一块大石头。Stoneywell小屋的建造方式使其看起来好像从地面上长出来似的,与自然密不可分,由此让我们联想到住在这里的人将会生活在一个更自然、更简单、更真实(更好)的环境中。

在北威尔士这个石板工人居住的小屋中(现在已迁移到加迪夫附近的圣法根自然历史博物馆;北纬51.487 540°,西经3.276 099°;上图)——Llainfadyn——我们看到这里的墙面也使用了大块的石头,表明这个小屋选用建筑材料的态度同Stoneywell小屋一样。允许、接受、鼓励使用爬满青苔的石头、剥落的石灰乳和自由生长的植物(杂草),这就是风土建筑的态度,因为这些都是大自然的(受欢迎的)馈赠。

---

* 哈罗德·休斯和赫伯特·诺斯——《斯诺登尼亚的老房子》(1908年),雪墩山国家公园,Capel Curig,1979年。

** 收录在威廉·理查德·莱瑟比和其他人的作品——《欧内斯特·吉姆森的生活与工作》,Ernest Benn出版社,伦敦,1924年。

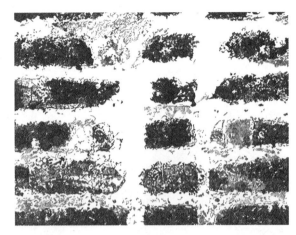

风土建筑的态度还清晰地体现在西格德·劳伦兹创造的在灰浆接缝中使用不受控制的材质——"套袋"（与水泥袋结合），他在建造位于瑞典克利潘的圣佩特里教堂的墙体时（北纬56.133 267°，东经13.141 993°），仍然使用了畸形和烧制失败的砖块，拒绝对它们进行切割。通过这样的方法，劳伦兹在靠手工铺设和工业生产的建筑组成部分中也融入了自然的元素（马尔顿会说这就是他所认为的"偶然"）。

显示构造；气候回应

由于马里诺别墅更专注于风格、经典比例和装修、装饰，所以其建造过程中优先考虑的是伪装或降级。壁炉烟道的终点是起着装饰作用的铁瓮而不是烟囱；屋顶隐藏在横向的柱上楣构和栏杆扶手后；排雨落水管设置在立柱内部。钱伯斯对这些平常小事则置之不理。

相比之下，按照风土建筑的表现方式，建造方式和对气候的应对策略要展现得非常明确。这种明确不仅仅体现在"大自然的指纹"留在了建筑材料上，还体现在建造的本质上。应对气候挑战的建筑特色在建筑构造上表现得很明显，甚至别有一番审美价值，丝毫没有隐藏的意思。

别致美观不是风土建筑仅有的美学特点。它的另一个特点与施工详图中的精巧构造以及节约、优雅和简单直接之美有关。这并不是说世界各地的普通建筑中都有这种节约、优雅和简单直接之美（就像有些建筑一点也不别致美观，有些建筑就是拙劣地拼凑而成的），而是对那些想要模仿他们看到的风土建筑的最佳建筑范例的人来说，这个特点就是他们渴望实现的目标。

同样，我们在风土建筑应对环境与气候挑战的最佳范例中也能看到精致、节约、优雅和简单直接这些特点。它们面临的环境与气候挑战有：风、雨、雪或烈日，或者寒冷、潮湿和干燥。风土建筑的处理方式并不是消极被动的——好像气候问题不是建筑师应该严肃考虑的事情一样。它在颇具审美价值或者说至少凸显了应对（改善或利用）气候挑战的建筑特色中看到了美学潜质和道德责任（尤其是在人们关注能源资源利用的时期）。

这些与风土建筑有关的因素都不否定人类思维对自然的能动性作用，但是也不主张思维对自然起着支配作用。它们展现的并不是图片产生的人类思维与自然之间的距离（如在风景

第9章 风土建筑

中）。它们暗示着思维与自然之间存在一种共生关系，一种得益于自然物体和属于人类思维所有的聪明才智和判断力而使二者共同受益的关系。在密斯·凡·德·罗的影响之下，罗马诺·瓜尔蒂尼写道（看到科莫湖上的一艘帆船而发出的深思）：

"这艘船的线条和比例依然与风浪带来的威力和生命攸关的人体行为契合得完美无缺。掌控这艘船的人还处在与风浪的紧密接触中。他们感受着风浪威力，眼睛、手还有整个身体都迎着风浪前行。在这里我们看到了真正的文化内涵——身体在海平面之上，但又决定尽可能地接触到它。我们的身体依然活力如初，不过我们的思想和精神已经被风浪冲击得体无完肤。我们用思想和精神征服自然，但我们自己却还保持着自然状态。"*

这是一种可以转移到建筑上的情绪。在这幅风景架构中，瓜尔蒂尼看到的帆船本身就可以被认为具有典型的本地风格。

上图是列奥·弗罗贝尼乌斯的作品《不为人知的非洲国度》（Oskar Beck，慕尼黑，1923年）中的一页。如果你决定遵循显示构造的原则——如上图插画中的木材和茅草结构——以钢铁结构替代原始的木材和茅草，那么你将建成一座充满密斯·凡·德·罗风格的建筑。就此而言，范斯沃斯住宅（下图）可谓身兼两种角色，既是神庙建筑又是风土建筑。尽管如此，在应对气候条件方面，它既没有做到独创性，也没有实现经济节约（另见第184页；还有《建筑学基础案例研究25则》）。

---

* 罗马诺·瓜尔蒂尼，布罗米利译——《科莫湖上的来信》（1923—1925年），Eerdmans出版社，大急流城，密歇根州，1994年。

历史上最有影响力的十类建筑：建筑式样范例
The Ten Most Influential Buildings in History: Architecture's Archetypes

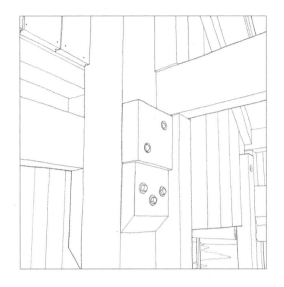

在设计位于北加利福尼亚海岸的海洋牧场一号公寓时（右图），Moore Lyndon Turnbull Whitaker事务所的设计师们想要模仿在有些建筑中表现得非常明显的显式木结构，比如这个当地的谷仓（上图）。

正如罗马诺·瓜尔蒂尼所说（上页），人类在承认和保护自然的本质的同时，又有益地利用它提供给我们的一切。当我们看到最终的结果时，我们选择了从美学观点上进行回应。在这座威尔士住宅中——Y Garreg Fawr（像Llainfadyn一样被保存在圣法根自然历史博物馆；北纬51.489 562°，西经3.281 491°）——建造这座住宅的人选择了大量的石板和其他形状的石块，精心摆放它们的位置，使其在墙面上形成了一个入口。墙、入口、技术和选择，它们都属于建造这座住宅的人。石块的形状、颜色和风化侵蚀（还有光线）都是来自大自然的馈赠，而这里的美则来自人与自然之间的共生关系。

上图中所示是桂离宫最初的入口正门上方的屋顶底部（第278页）。根据各种材料本身的力量、外观和其他内在特点，这里选择了不同的建筑材料——稻草、各种形状的竹子、成型木材和一截带着树皮的树干——在建造过程中实现略微有些不同的作用。建筑工人预先准备好所有的材料，然后小心翼翼地把它们搭建在一起形成兼具实用性和独创性的组合，看起来也更美观。在发展成熟的技能和传统手艺的调节下，人类思维和大自然都为这个园林的修建锦上添花。人类思维、技能和大自然之间的这种关系普遍地出现在每一个传统日式建筑中。

第9章　风土建筑

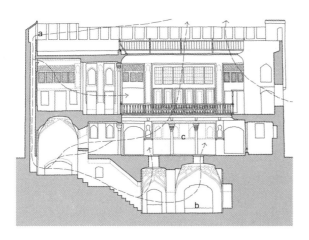

这座威尔士住宅（上图是其平面图）的设计也回应了当地的气候条件。房子的中心位置嵌着一个巨大的烟囱（上图中d处）。房间的窗户很小且可以关闭，仅仅燃气壁炉的火就能温暖整个小房间。同时，这把火还温暖了堆砌烟囱的石头，就这样把烟囱变成了一个蓄热器。不断上升的热气最终会使上面的卧室变得同样温暖。

伊拉克中部炎热的气候制约着巴格达传统民宅的设计。出于地域文化要求的隐私性，尽管这座住宅里有围墙和临街的简单的迷宫式入口（另见第270~272页），但是空气仍然可以在这里自由流通。房子里有通风烟囱（上图中a处；在伊拉克叫作风塔），把屋顶的微风送到地下室（上图中b处），冷却后的空气再从这里回到地面的庭院里（上图中c处）。根据不同季节以及一天中不同时间的变化，居住在这里的人可以生活在房屋的不同地方，包括房顶。有时候他们会睡在地下室里，因为那里最舒服。房屋成了人们改善湿热气候的工具。应对气候变化并根据气候影响做巧妙的改进就是伊拉克风土建筑的特性。

这座房子（上图）是19世纪末期一个定居在昆士兰中部的淘金者建造的。为了缓解澳大利亚炎热干燥的气候带来的不适，它与其他类似的住宅有许多共同的特征。房屋中主要的生活空间被提升（以树桩为支撑），以捕捉到吹过的每一丝微风。白蚁可以毁灭木质建筑。为了尽量减少这座房屋对它们的吸引力，下面的树桩选用了没有经过加工处理的树干，周身覆盖着金属。偶然暴发的大雨会引发山洪，所以树桩的托举还能让房屋免受这份危险。房子里还有一个集万千功能于一身的走廊：走廊的屋顶投下的阴影遮盖了墙和窗，所以这些地方不会因为太阳照射而变得非常热；它还在露天的地方为我们提供了一处阴凉，炎热的晚上睡在这里比睡在又小又封闭的卧室里舒服多了。房子旁边还有一棵很大的杧果树，这棵树不仅能给我们提供树荫，还能给我们提供美味的水果。（尽管如此，在木质的房子附近种树可不是什么好选择，容易引发灌木火灾。）水槽里——图片中房子的右边——收集着从屋顶的排水沟沿着管道流下的雨水。这种适应气候的态度在21世纪世界各地的生态敏感建筑中得到了坚持和发展。

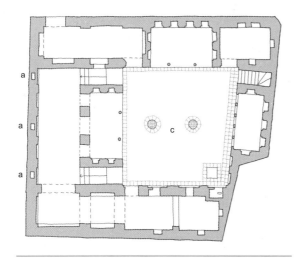

巴格达住宅的参考资料：

约翰·沃伦和伊赫桑·费特希——《巴格达传统民宅》，霍舍姆，1982年。

威尔士住宅的参考资料：

彼得·史密斯——《威尔士乡村民宅》，英国皇家文书局，伦敦，1975年。

309

历史上最有影响力的十类建筑：建筑式样范例
The Ten Most Influential Buildings in History: Architecture's Archetypes

地点的识别；空间的组织

我们已经看到，有助于凸显风土建筑优点和特性的方式包括使用自然状态或接近自然状态的建筑材料，接受时间产生的影响，适应坑洼不平的场地地形，不用一层层的装饰物或抛光遮掩建筑物，共同回应气候带来的机遇和挑战。风土建筑的一个重要优点是它用务实的态度面对使用空间的组织。

在穴居人的房子里，比如第297页的左上图和下页左上的素描图，建筑使用的材料保留了它们的自然状态，即使它们看起来都不怎么像建筑。对气候的回应包括把生活空间嵌入自然岩石中，在岩石中温度的变化不明显。穴居房子的本地特色还来自居住者的生活和他占用的地方之间的直接关系，就好像生活在岩石里为自己充起了一个气泡空间。由于那些最初挖掘这些房子的人需要付出的努力和他们能触及的范围有限，所以这些房子空间的大小与人体的尺寸有直接关系。房子的大小足够满足需求，不需要再大了。空间被限制在岩石里，根本没有必要为凸起的角和抛光处理花费额外的力气。空间的雕琢和组织与它的使用方式直接相关。楼梯、木制的储物空间、水池、窗户、壁炉、架子甚至床都直接雕刻在岩石上。

儿童故事里也有许多角色住在类似的屋子里。比如比阿特丽克丝·波特的《点点鼠太太的故事》：

"……住在篱笆下面的田埂里。多么有趣的一座房子啊！房子里面有长长的沙土通道，通往储藏室，也通往坚果窖和种子窖，它们全都建造在树篱下面。这座房子里有一个厨房、一个客厅、一个餐具室和一个食物储藏室。另外，还有点点鼠太太的卧室，她的小床就像一个盒子，点点鼠太太特别爱干净，她总是不停地打扫她那松软的沙地板。"

儿童故事里常常都是这样描写的，房子的特点也代表了住在那里的居住者的特点，它以人的特点来确认这个地方。波特笔下的主人公都是被赋予了人类属性的动物。它们的生活和所居住的房屋都接近大自然——保持着一个地方本来的样子。在有些故事中，比如《点点鼠太太的故事》，主人公生活在山洞或地洞里；在其他故事中，它们住在村舍里。（波特以她在英国湖区的村舍为作品中一些插画的原型）兔子们可能坐在火边的长椅上，一边读书一边用火烤它们的小爪子。一只猫正在烤松饼，然后当作下午茶和邻居小狗一起分享。嘎嘎乱叫的鸭子打扰了躲在毯子里睡眠的母猪。

这些故事的主人公也许是动物，不过它们生活的环境展现给我们的是舒适和幸福（身体

第9章　风土建筑

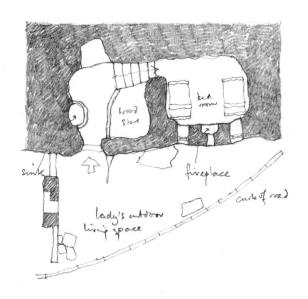

上和心理上）的模样，这是接近大自然的生活才有的模样。我们在潜意识中就能感觉得到，波特的图画表明建筑空间的主要目的是适应生活中真实、平凡、谦逊、每天都发生的活动。这就是风土建筑的态度。

在这方面，钱伯斯设计的马里诺别墅代表的是风土建筑的对立面。从马里诺别墅的平面图（下页左图）中我们可以清晰看到，建造马里诺别墅考虑的首要问题与那位夫人的穴居房子（或者说点点鼠太太的地洞）有很大的不同。类似地，建造马里诺别墅的优先考虑问题又与下页右下方插图中显示的农舍的平面图和剖面图的优先考虑问题不同（这个农舍就是用大块石头砌墙的那个小屋——Llainfadyn——第305页左下图）。

马里诺别墅的平面图基于理想的几何形状和完美的四方形。生活空间刚好容纳在一个抽象的十字形中。入口大厅内侧有一个半圆形的后殿，穿过这个后殿直通别墅的大厅。所有空间的开口都是对称的。四方形、十字形和轴线也许就是这座建筑结构的框架，但是它们同时还起到了制约的作用，限制了房间之间可能存在的关系。入口处的轴线一直延伸穿过大厅的窗户。但是事实证明，把房间规划到两侧更

311

历史上最有影响力的十类建筑：建筑式样范例
The Ten Most Influential Buildings in History: Architecture's Archetypes

为困难。要实现外部对称，每个空间的窗户都必须处于中间位置，这点要求与两侧房间入口必要的位移不相符。因此，瓷器厨房的窗户（本页左图中a处）在里面比在外面看起来小一些。楼梯间和星座房间之间的隔墙与两个空间的共用窗户撞在了一起（本页左图中b处）。

还是因为外部对称的缘故，图中c处设置了一个假窗户，本来这里可以当成大厅里的一扇真窗户，但是这样的话它与通往瓷器厨房的入口产生的内部不对称关系会导致整体的不协调。理想几何形状的设置与使用的空间组织结构之间存在冲突。

相比之下，Llainfadyn小屋的长方形构造不是出于理想的几何形状考虑，而是出于建筑墙体和屋顶的实用性考虑——建造中的几何结

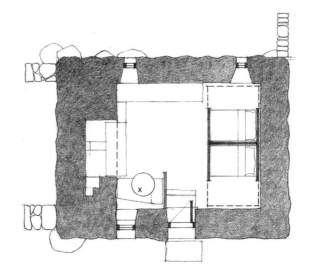

徒手绘制马里诺别墅的平面图似乎不太合适。绘制这个建筑的图纸需要使用画线板，经过严谨的测量，按照一定的比例、轴线和几何形状。我们直接用手绘制的图纸是有缺陷的，其结果将导致直线中（无论多么细微）有起伏，因此徒手绘制的草图可能被划分为"风土建筑"的阵营，所以不适合用在这样一座建筑的准备工作中。

用平直的线条去描画Llainfadyn的平面图——用石墙围成的石板工人的小屋（第305页左下图，以及本页右下图）——似乎也不合适，这里的墙面太不光滑了。平面图呈现的四方形也不是用直尺和三角板画出来的，而是因为在基本呈长方形排列的墙体上加盖木材和石板屋顶更简单实用。

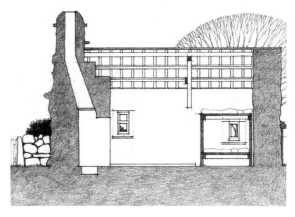

第9章　风土建筑

构。这里的内部空间根据使用需求随意（合理）组织。生活空间离火源比较近，而且这处火源还要用来烹饪食物。入口处有一面不对称的围屏遮挡穿堂风。小巧的窗户不受对称性的限制，随意地安置在需要光线的地方。因为既要考虑使用现成的建筑材料，还要应对气候发出的挑战，所以这座小房子的空间布局取决于其占有和使用方式（而不是抽象的理想几何形状）。

活跃在英国工艺美术运动中的建筑师设计了许多适合居家生活的房子。上图是选自巴里·帕克和雷蒙德·昂温的作品《筑家艺术》的第14个整页插图（Longmans出版社，伦敦，1901年）。在这幅图中，他们对展露建筑结构的承诺尽显无遗，但也显示了一片密集的功能区：围炉就座的地方，人们在这里吃饭、学习或写信、准备食物、阅读……这个空间的布局不仅考虑到了实用性，还融入了大量令人愉悦的居家体验。

左侧的插画展示了石板工人居住的小屋Llainfadyn的室内一角（上页右上图中的x处）。这幅图的焦点落在一个小范围的区域内，就像本章标题页显示的图片，而不是某个具体的物品或建筑中的有形结构。从这层意义上来说，这个区域是我们进行特定活动的空间。就像图中桌子上摆放的茶壶等向我们暗示的信息：这里是闲坐和用餐的地方，炉灶的火源（图中右侧）温暖着这里的空气，小屋仅有的三扇窗户中的一扇为这里提供光亮。站在入口处看不到这片充满温情的空间，长椅背靠的那面薄石板切断了人们的视线，这样既保障了隐私又能保护这里不被气流侵袭。石壁上装饰的搁板和支架可以用来存放陶器和炊具。窗台上放着圣经。你可以想象自己可以比阿特丽克丝·波特故事里的任何一个人物形象都真实地生活在这样简单的家居环境中。这个地方显示的建筑与占有使用之间的亲密关系就是风土建筑的一个特征。

另见：西蒙·昂温，《解析建筑》，第四版，2014年。

313

历史上最有影响力的十类建筑：建筑式样范例
The Ten Most Influential Buildings in History: Architecture's Archetypes

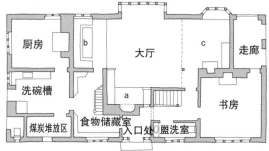

麦基·休·贝利·斯科特的房子克洛斯威（上图；收录在他的作品《房子与花园》中，1906年）的大厅也是一系列居家空间的组合：a——壁炉周围的区域；b——餐室；c——凉亭。另外请注意，从这个角度还可以看到吟游诗人的艺廊。

Team 10——人们的处境语言

1967年12月，艾莉森·史密森在《建筑设计》（第37卷）上发表了一篇小短文，名为《比阿特丽克丝·波特的世界》。史密森使用了一些我在第311页使用过的图片，她在陈述观点时说，在波特作品插图的住所中，"我们发现基本的需求被抬升到了诗意的层次：简单的生活就已足够"，因此点点鼠太太的房子与阿尔瓦·阿尔托和勒·柯布西耶设计的房子之间出现了哲学上的联系。

史密森是欧洲建筑师组成的名为"Team 10"中的一员，Team 10是一个现代主义团体，该团体最先出现在国际现代建筑学会（CIAM）内部。20世纪50年代这个小组开始碰面，并且一直延续到60年代和70年代，他们发表了许多关于应该如何建造建筑的观点。阿尔多·范·艾克是这群人中的一个领军人物（参见第286页的桑斯比克亭）。他们的兴趣不在复兴过去的建筑，而是在为现在（和未来）的建筑找到正确的建造方式。但是，1959年Team 10从CIAM中分离出来，他们想少受到一些教条主义的束缚，更加专注于建筑的人性化。就此而言，Team 10的理念和作品都与风土建筑有关。下面是范·艾克教条似的宣言，节选自《"Team 10"启蒙》（经过史密森的修改）：

"空间里本没有地方和时间，甚至没有一刻属于人类。他被排除在外。为了将其"纳入内部"——帮他回家——他必须了解空间和时间的意义（人既是建筑的主体又是建筑的客体）。无论空间和时间意味着什么，场地和场合均承载着更多的意义。人们眼中的空间就是场地，时间就是场合。如今空间和为了成为"空间"而与其保持一致的人（比如独自在家的人）已经消失。它们都在寻找相同的场地，

第9章 风土建筑

但都无功而返。创造这片空间，假如我们现在找到了这片空间，连通了中间地带，那么人们能克服他在自己与他人之间生成的羁绊吗？能克服这里和那里之间的障碍吗？能找到此时和下一刻之间的顺序吗？他能为正确的场合找到正确的场所吗？不——所以要从这里开始：每扇门都要热情好客，每扇窗都要面带笑容。了解每一个场所，了解一所房子中的许多场所，因为一所房子就是一座小城，一座城市就是一所大房子。更加靠近人类现实的转移中心，建造出与它对应的形式——对每个人乃至所有人来说，如此他们便不用亲力亲为。每个尝试破解抽象的空间谜题的人都会在虚无中搭建起轮廓，并称其为空间。每个尝试接触抽象的人的人都会与自己的回声交谈，并称其为对话。人们的生命依然延续在一吸一呼间。什么时候建筑也能如此呢？"

只要人们开始从空间和宜居这两个方面看待风土建筑，就开启了创造不需要依仗自然素材和传统建筑工艺的建筑的可能性。风土建筑的态度可以用在当代建筑材料和建造方式上，但是这种态度也意味着那些材料必须是现成的（如混凝土砖和标准尺寸的成型木材），建造结构必须是明确的。

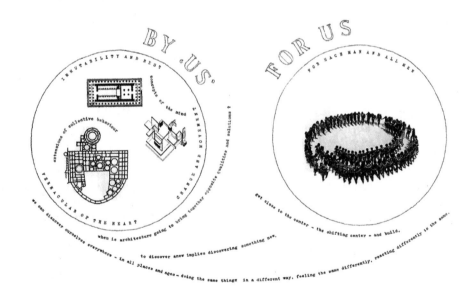

1959年，在奥特洛会议上（此次会议在库勒穆勒博物馆举行，现在这里是范·艾克设计的桑斯比克馆），Team 10脱离了CIAM。在这次会议上，范·艾克提出了上面的图表，被称为奥特洛圈，论证一种结合了"精神概念"（以图中的帕特农神庙和里特·维尔德设计的位于荷兰乌特勒支的施罗德住宅为代表）和"集体行为的扩展"（以墨西哥的一处印第安村落的平面图为代表）的复杂建筑方式。后者靠近"内心的白话"，反对"不变与静止"和"变化与运动"。（另请注意，另外一个圈中早期人群作为了石圈的先例。）

历史上最有影响力的十类建筑：建筑式样范例
The Ten Most Influential Buildings in History: Architecture's Archetypes

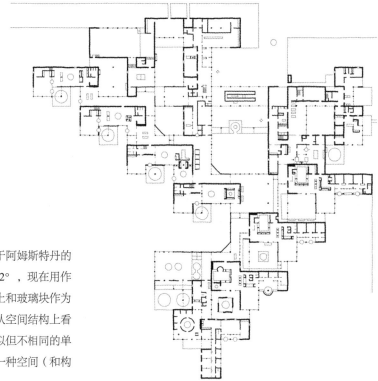

与此同时，范·艾克还设计了一家位于阿姆斯特丹的孤儿院（北纬52.340 517°，东经4.856 452°，现在用作办公室）。虽然范·艾克使用了钢筋混凝土和玻璃块作为主要建筑材料，但是他设计的这座孤儿院从空间结构上看像一个印第安人的村庄或非洲村落——相似但不相同的单元组成统一的整体，所有的单元都体现了一种空间（和构造）语言——风土建筑。

终点——家庭环境的诗言画语

20世纪60年代中期,彼得·奥丁顿在英国的哈德纳姆村设计了一组三间的房屋,当时他也采用了一种类似的方法。如果没有他人经验可供借鉴和采纳,没有哪个建筑师能凭一己之力创造出风土建筑,阿尔多·范·艾克不能,奥丁顿也不能。但是这两个人确实都在本章前面提到的术语领域获得了成功。他们熟悉人们需要和适合生活的地方,用现成的建筑材料搭建显式构造来营造这些地方的框架。

下页左下图展示了这三间房屋。终点(北纬51.771 779°,西经0.929 491°)是最后一个房子,也是奥丁顿自己的房屋。这个组合中的另外两个单元颇有范·艾克设计的孤儿院的风格,它们看起来很像但又不完全一样,就好像大千世界中的每一个人,既有相似的地方,又有各自的特点。这也是风土建筑的理念之一。范·艾克曾在他提出的奥特洛圈下这样写道:

"任何地方都有我们的身影——不分地点,不分年龄——对同一件事,每个人有不同的做法、不同的感触、不同的反应。"

为了回应范·艾克(见第314~315页的引文),奥丁顿留下了这样的文字(下面参考书目中的标题之一):

"入口处也是大事情。"

他还提到了自己说过的话……

"简单的、近乎农家风格的木材细节设计,而一面又一面的墙'生成了'座椅、搁架、台阶和储物柜。"

由于关注点落在寻找适合家居生活中的一切个体活动的地方,所以造就了这栋房子(以及三间房子组成的组合)的不规则形状。这里是私密的,公众看不到房子的正面。一条小道带领人们走到隐蔽的前门(下页左下图中a处),里面的房间与水景庭院(下页左下图中b处,即下页左上图)和几个大花园融合为一体。开口处用现成的材料修建(混凝土砖和标准尺寸的成型木材),房子充分考虑到人体的尺寸,与原有树木和围墙构建的环境之间毫无违和感。这里的生活景象充满了诗情画意。

作为阿尔多·范·艾克(1)和"终点——家庭环境的诗言画语"部分(2)的参考:

1. 文森特·里格特利津编辑,鲍尔、约瑟夫和范·艾克翻译整理——《阿尔多·范·艾克作品集》,Birkhäuser出版社,柏林,1999年。
2. 简·布朗和理查德·布莱恩特——《一个花园与三间房子》,Garden Art出版社,伍德布里奇,1999年。

历史上最有影响力的十类建筑：建筑式样范例
The Ten Most Influential Buildings in History: Architecture's Archetypes

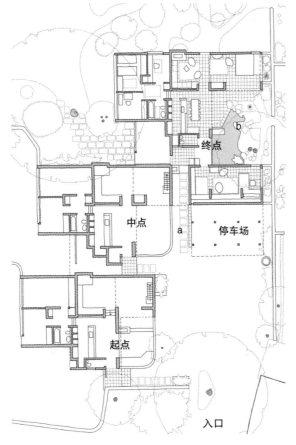

哈桑·法赛——需要学习的语言

就在Team 10成立的同时，哈桑·法赛表达了与范·艾克类似的情感：

"即使是在村子里，人们想要的也是宁静的、私密的、适合人类活动且只与所处环境有关的房子。对于一个城里人来说，他每天的劳动不是面对耕作和收获的基本现实，而是面对发生在办公室和工厂里的人工业务。他还需要许多结构全面的庇护所来保证独处，平静他的心灵。"*

在法赛看来，风土建筑不是"建筑师"能为人们提供的一种建筑类型，而是人们自己创造的。如果一个建筑师（如法赛自己）要使用某种方言，就需要学习怎样流利地说出这种语言，使用的时候必须能让以这种语言为母语的人明白他要表达的意思（也就是说如果建筑师和普通人之间存在分歧，建筑师要想办法使用普通人明白的方式让普通人理解）。20世纪40年代，法赛被委托为埃及卢克索附近古尔纳村民的迁移建造一个新的村庄。在设计新古尔纳村时（北纬25.714 819°，东经32.624 405°），他这样形容自己的态度：

---

* 哈桑·法赛——《未来的城市，城市聚落中的住所》（1960年），转引自J.M.理查德等人的作品——《哈桑·法赛》，概念媒体，新加坡，1986年。

318

"如果你想要一朵花,你想要的可不是用胶水把纸片粘在一起做成的假花,你投入自己的体力和智慧开垦出一片土地,然后放入一粒种子,等着它成长。同样,要想激发村民建造房屋的自然欲望,我们必须努力做好准备,营造出能让建筑蓬勃发展的氛围或社会环境,不能把精力浪费在建造像人造花卉那样贫瘠且没有价值的建筑上,无论这些建筑多么智能,多么令人惊叹。"(与上一处引文出自同一著作)

为了应对埃及炎热干燥的气候,法赛在庭院四周设计了捕风口(捕风窗)这种传统的空间构造形式,在建造拱顶、圆顶和通风墙时使用了土坯。他在建造适合这个区域的文化和气候条件的风土建筑方面得心应手。

法赛在设计中加入了传统的气候调整技巧,比如捕风口(在埃及叫作捕风窗)、高圆顶和拱顶,还有露天的庭院。

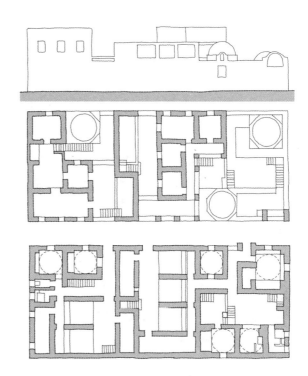

法赛于1948年为新古尔纳村设计的在庭院周围的房屋还保留着传统的空间结构。房屋的围墙像屏障一样保护着院内的隐私,与此同时,房屋的开口处和通风墙维持着空气流动,使整个房屋在埃及炎热干燥的气候环境下更让人觉得舒适。墙壁和圆顶的修建使用了传统的土坯。法赛对风土建筑的熟练把握使他设计的房屋充满永久的活力。他希望这里的居民能接受和适应他的设计。不过根据他在总体规划中的设想,新古尔纳村的计划还没有完工。

历史上最有影响力的十类建筑：建筑式样范例

劳里·贝克——当前的建筑语言

与之相比，一位从20世纪80年代起就长期在南印度工作的英国建筑师打算创造一种新式的风土建筑，不再过分倚重传统观念，而是以我们所谓的常识为设计基础。鉴于大自然能为我们提供的便利条件和提出的挑战均随地域的变化而变化，所以秉持风土建筑的态度会在不同地区产生不一样的普通建筑，但是这也不是说这些建筑不能形成统一的区域风格，只不过要达到这个目的，需要借鉴建筑史上一个不恰当的理念。与模仿建筑的外观相比，遵循风土建筑的建造态度才更重要。因此，这位建筑师没有照搬该地区已经发展了很久的建造方法，而是重新衡量了当前可用的现成材料，以及考

劳里·贝克的作品，特里凡得琅，印度

这些是贝克编纂的小册子，用来解释和说明他建造低成本建筑的方法，以供任何有兴趣的人参考。贝克采用册子中描述和说明的方法建造了许多建筑（他有时也为富有的客户设计房子，以获得资金来完成其他作品）。如果他的方法被当作风土建筑的思想采用——一种得到普遍应用的建筑语言——能够用来改善印度贫困人群的居住条件，那他一定非常喜闻乐见。这是一种表现不明显的风土建筑，它的目的不在于开创一种常见的建筑风格，也不在于恢复过去传统的活力，而在于以最经济的、适宜气候环境的方法解决人们的需求。

在搬到南印度之前，贝克和他的医生妻子生活在喜马拉雅山地区。上图是他画的夫妻两人居住的房屋内部结构图，这座建筑用显式构造来应对气候条件，展示了贝克对风土建筑如何帮人们找到适合生活的地方的理解。

虑了如何能用最简单的方式把这些材料搭建在一起，为贫困人群建造造价低、舒适且环保可持续的房屋。

第9章 风土建筑

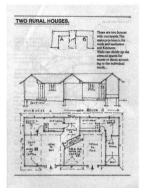 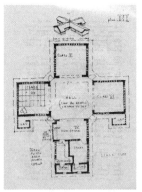 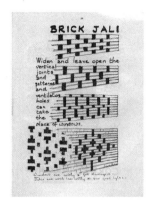 

贝克在他的小册子上提供了许多有关房屋、学校和其他公共建筑简单直接的平面设计图。他采用的大多是色调有限的建筑材料——砖块、现浇钢筋混凝土、泥巴和任何附近能用的材料。他很少使用玻璃，还为预防雨季和保证通风提供了一些简单的建议。

风土建筑的梦想

也许风土建筑的灵魂特征就是它的建筑产品都很自然。也许当人们说起风土建筑时，他们想要表达的就是没有个性特征的建筑。西比尔·莫霍利·纳吉出版了一本关于我们称为世界不同地区的风土建筑的书，并取名为《无名建筑的自然风采》（Horizon出版社，纽约，1957年）。如果风土建筑必须是自然的，那么从逻辑上讲我们有意去建造风土建筑的行为便是徒劳无功的，它必须在普通的人群中自我发展，而不是靠某一个人去传播。

我最喜欢的目前（活生生的、真实的）风土建筑——符合上一段提出的资格条件——可能就在阳光下的海滩上（下页右下图）。踏上海滩，我们每个人都成了建筑师，无论我们是否拥有使用这个头衔的合法权利（在英国，头衔的使用仅限于那些拥有相应资格的人）。一切都是那么朴实自然，我们就用身边现成的物品——毛巾、地垫、防风布、帐篷、椅子……根本不需要深思就能为自己和家人搭建起一片地方，一个能让我们在海边度过一天的家。此时运用的就是场所营造中的通用语言。

当然，那些拥有使用这个头衔的合法权利并且做出专业设计的人一定不会承认和接受还有他们无法实现的目标，因此就像我们看到的那样，他们为了打造风土建筑进行了许多尝试。然而，个体创建一种通用的建筑语言的不可能性（或者微乎其微的可能性）意味着努力的结果确切来说只是表达了他们的梦想，而不能（或者很难）实现他们想要的目标，这也是

历史上最有影响力的十类建筑：建筑式样范例
The Ten Most Influential Buildings in History: Architecture's Archetypes

An imaginary irregular town.

不可避免的结局。

1909年，雷蒙德·昂温出版了作品《城镇规划实践》（T. Fischer Unwin出版社，伦敦）。受到卡米洛·西特的作品《城市建设艺术》（Verlag von Carl Graeser出版社，维也纳，1889年）的影响，昂温眼中的城市就是普通人生活的框架。此外，他还受到西特关注优美的风景组合的影响。《城镇规划实践》中收录了艺术家C.P.韦德的许多绘画，左上图就是其中之一。

在20世纪的第一个十年里，昂温携手他的合作伙伴巴里·帕克（另见第313页）在埃比尼泽·霍华德的作品《明天——一条通往真正改革的和平道路》（1898年）提出的原则的指引下，设计了许多花园城市。在传统乡村民房建筑和诸如C.F.A.沃塞的工艺美术运动建筑师的解读启发下，昂温和帕克为这些聚落创造了一种通用的建筑语言。例如，右上图

在沙滩上可能找到两个一模一样的露营地，但我们都是在通用空间（建筑）语言——风土建筑——的指导下确定自己的露营地结构的。当你在沙滩上安营扎寨或者在另外一种地形景观中做了与此类似的事情时，你根本没有意识到自己是在做建筑，这也是有可能的。但正是这种建筑语言——人类的共同语言——在很久很久以前坚固地支撑起世界上第一个营地和聚落，后来随着我们建造了更加长久的结构，逐渐发展成为复杂的人类建筑。世界上各地的建筑外观千差万别，各种文化背景下的空间结构顺序也会有所变化，但是所有的建筑都是基于这一种共同语言。

所示是位于加的夫的瑞比纳花园村，于1911年动工。这里的房屋有陡峭的斜顶、高耸的烟囱和小格子玻璃窗……这样的聚落类似于韦德描绘的"虚构的不规则小镇"。它们让人想起工业化以前群居、热情、田园般的村落，那时人们（普通人）的生活被认为贴近大自然（贴近现实？）。然而，尽管瑞比纳花园村很可能是一个让生活在那里的人（现在）身心愉悦的地方，但是它构建和体现的虚构村庄一点也不亚于在它建成之前韦德（或其他任何人）在画作中已经做过的一切，尽皆是一场充满诱惑的梦。

尝试建造真实的、可信的、真正的村庄和城镇的努力在20世纪的一百年中从未间断过，而且不仅仅是在英国。

20世纪70年代早期，埃塞克斯郡议会制订了《居民区设计指南》（A Design Guide for Residential Areas，右下图，1973年），希望在重新创造具有当地特色的建筑风格的同时还能满足20世纪晚期的需求。这里的房屋形状不规则，多个房屋组成非正式的聚落。虽然外形不一样，但是在建筑材料和空间布局方面要使用通用的建筑语言。

自20世纪80年代起，安德鲁·杜安尼和伊丽莎白·普拉特-兹伊贝克（还有其他一些建筑师）开始设计位于佛罗里达海岸线上的海滨区（下页左上图；北纬30.320 210°，西经86.137 663°）。他们的客户罗伯特·S.戴维斯想要打造一个传统的海滨小镇。这里的房子虽然外观不同，但是都采用了以佛罗里达传统木质结构村舍和古典（古希腊和古罗马）建筑为基础的通用建筑语言（准则）。

到了20世纪90年代，基于莱昂·克里尔（来自卢森堡）的理念，英国建筑师约翰·辛普森着手修建位于多尔切斯特附近的庞德伯里

《居民区设计指南》是为了保持地方建筑特色而做的尝试。不过让人意料不到的是英国其他地区也采用了这个方法。

历史上最有影响力的十类建筑：建筑式样范例
The Ten Most Influential Buildings in History: Architecture's Archetypes

里昂·克里尔，曾协助查尔斯王子构想了庞德伯里镇（右上图），他在海滨区（上图）为自己建了一座房子。从上面的图中可以看到这座房子——左上角很远的地方——看起来就像一个坐落在高台上的希腊神庙，还有点像他自己设计的多柱式住宅（第160页上图）。

海滨区的景象看起来如此"不真实"，所以被选作1988年出品的电影《楚门的世界》（导演彼得·威尔）的拍摄地，据说是因为电影的制作人无法搭建一个看起来足够以假乱真的场地来作为电视节目的背景，而这一点对电影情节的铺开又非常重要。

人们在描述庞德伯里镇时，常说这里给人的感觉像舞台布景，这里的烟囱是假的，房屋形状不规则，它们的组合只为追求风景是否优美，地形或空间利用根本不在考虑范围内。庞德伯里镇的创建者查尔斯王子在他的作品《英国美景：对建筑的个人观点》中提到了一小段关于海滨区的建筑。海滨区和庞德伯里镇都可以说是风土建筑的梦想的具体表现。不过，也许每个建筑都代表着梦想成真的愿望。

镇（下页右上图；北纬50.714 925°，西经2.467 143°）。他的服务对象——查尔斯王子——在1989年出版的作品中宣称：

"我们可以构建新的发展方式来呼应地方风土建筑风格中我们熟悉的、有吸引力的特点。"*

---

* 威尔士亲王殿下（查尔斯王子）——《英国美景：对建筑的个人观点》，Doubleday出版社，伦敦，1989年。

最后……风土建筑——现实或者神话，范例或者梦想

风土建筑看起来貌似能代表一切。如果说风土建筑意味着什么的话，那它一定指的是植根于现实的建筑——用词源学中它的词根暗含的比喻来说就是土生土长的建筑。也许风土建筑算不上是一种建筑范例，但是它是一种梦想，像印第安纳·琼斯的圣杯一样。这样的话，对圣杯的追求就是对真理的追求——创造适合生活且适应环境条件和资源的现实建筑。

问题在于现实有许多方面。表现在建筑学上具体有：环境、气候和地形；建筑材料和建造过程；人及其行为活动；历史和传统……人们对风土建筑的困惑似乎就源自现实的这些不同方面。每位建筑师可能都有不同的侧重点。有些建筑师可能乐于推动优美的组合形式，其他人可能选择使用当地的或现成的建筑材料，使建筑物更加清晰明确（在实用性和美学方面），能应对当地的气候条件（既考虑到舒适性又有可持续性），适合当地的环境和地形，彰显本地文化特色，遵循传统风格……然而，真理的圣杯依然遥不可及，因为在建筑中同时保持对现实所有方面的真实性很难，而且通常它们还有内部冲突和矛盾。*

风土建筑（还有对真理的相关寻求）呈现出多种多样的形式，所以从18世纪直到21世纪，它都是建筑学上最富有影响力和志向的类型。它使19世纪的建筑在历史的传统风格与近现代的基本原则之间徘徊。除了我们在本章提到的建筑师，还有其他一些建筑师也本应榜上有名，更不要说密斯·凡·德·罗和勒·柯布西耶，他们都在早期直白的传统表现形式中找到了灵感。20世纪早期，芬兰建筑师赫尔曼·格斯柳斯、阿马斯·林德格伦和埃米尔·维科斯特罗姆（尤其是在维特莱斯克）——还有其他许多斯堪的纳维亚建筑师——用浪漫的手法诠释了他们国家的建筑。大约在同一时期，远在加利福尼亚州的格林兄弟——查尔斯·格林和亨利·格林——正在奋力展示木质显式构造的美学潜力。在20世纪30年代的德国，汉斯·夏隆不得不把他在柏林的房屋设计成风土建筑的模样，因为德国当局者坚持如此。（见《建筑学基础案例研究25则》中的摩尔曼住宅）20世纪30年代到40年代之间，土耳其建筑师斯达·艾尔登测量了伊斯坦布尔城内外许

---

* 另见：西蒙·昂温——"寺庙与村舍"，《解析建筑》，第四版，2014年。

历史上最有影响力的十类建筑：建筑式样范例
The Ten Most Influential Buildings in History: Architecture's Archetypes

多传统的木质的土耳其建筑，希望从中吸取教训、找到认同点，并将其用于自己的作品。20世纪50年代至80年代期间路易斯·巴拉干所居的墨西哥城的巴拉干宅（第63页）是从简易的农舍中汲取了灵感。在希腊，阿里斯·康斯坦丁·尼迪斯（第131页）称自己是创造堪称当代设计模型的本土建筑的主要人物，《自我认知的元素：走向真实建筑》（雅典，1975年）这本书中详述了它的优点。接下来让我们把视角切换到20世纪70年代比利时的鲁汶，建筑师吕席安·克罗尔设计出了一种可以让建筑的最终用户参与设计过程的风土建筑。差不多同一时期，在伦敦工作的沃尔特·西格尔开发了一种建筑语言，并将其应用在他自己的显式木质构造思想中。在过去的两百年间，只有少数建筑师试图用这样或那样的方式生成本地化的建筑。

讽刺的是，那些有意尝试创建风土建筑的人从来没有获得过成功，也不可能获得成功。尝试就意味着判定了自己的失败。本地特色的建筑是人们把自己的想法投射在建筑上。对于18世纪末詹姆斯·马尔顿面对的富有客户而言，风土建筑的思想产生于偶然。它属于那些羡慕简单的农耕人群和过着简单的生活的人。对于建筑师而言，风土建筑属于所有的非建筑

就在我最早阐述这一章关于风土建筑的内容时，我的电子邮箱收到了上图那样的广告。但是几年前，当我的同事兼好友克里斯托弗·鲍威尔为自己的作品《发现村舍建筑》（Discovering Cottage Architecture，Oxford出版社，1984年；下图）选择合适的村舍图片做封面时，他发现很难找到"完美"的例子。难道完美的村舍——就像真正的圣杯那样——只存在于想象中吗？它是个神话还是柏拉图式的空想？当然，在制作上面的图时，我不得不对图中所示的村舍稍做修改，以使其看起来不那么完美！

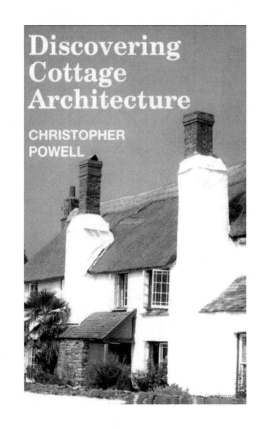

师。对于广告公司的高管而言，风土建筑属于浪漫的过去，或者属于希望在乡间度过田园般的退休生活的梦想。风土建筑是我们投射在"他人"身上的世界，或者被认为是一种难以实现的渴望与抱负。如果你认为不做作和自然才是风土建筑的属性，那么你永远不可能接受有意识建造的或受意识决定的建筑成为真正的风土建筑。

风土建筑曾经是否是不做作的、自然的（不管这两个容易混淆的词是什么意思）还有待商榷。这种理念很有可能是失去的纯真、技术的不确定性和傲慢狂妄（甚至原罪）催生的一种迷思，是回归到以融入现实的方式（亲近大自然，就像卢梭所称呼的所谓的高贵的野蛮人）存活在这个世界的一种渴求。这也是人们宣称的匿名的重要性的原因。如果你知道威尔士的某个bwthyn（茅屋，威尔士语）是由奥文·纳什或杰拉尔特·威廉建造/设计，那也不会改变村舍本身的建筑结构。这个事实能够改变的不过是你对威尔士茅屋的起源的看法。你希望它从岩石中自然生长的思想和渴望可能被消除。如果你想为自己建造一座这样的茅屋，你站在旷野中，周围都是自由散落的石块，为了使用它们，你必须打碎其中一些石块，那么你很快就会意识到在建造过程中没有完全自然的东西，即使是这样一个简单的建筑。当你完成了茅屋的建造工程后，你觉得自己瞬间就成了英雄，好像你在福斯湾上建成了一座桥，或者和你的朋友一起搬起巨石建起了一个石棚。

如此一来，什么才是能实现的？风土建筑的定义与建筑师（不管他是否有合法使用这个标签的权力）的相关之处在哪里？也许我写下的每一个字都在试图回答这个问题（因为我不满意自己在20世纪80年代的博士论文中阐述的语义焦点）。也许这个问题我在《解析建筑》中前面的章节里已经给出了回答，那个章节讲的是建筑场所标识的内容，或者说我那时已经找到了最接近答案的地方。如果有真正的风土建筑存在，我想说的是这种建筑的通用语言——我们在把空间组织成不同场所时都会使用的无声语言——带领我们建成了大楼、花园、城市、世界各地的景观……甚至还能进军宇宙空间，并最终在其他星球上建造建筑物。这种空间语言是我们与生俱来的一种本能。小孩子在学习母语的同时就无意中掌握了这种语言。这就是为什么"方言"这个词适合用在这里形容风土建筑。方言是我们在沙滩上度假时都会使用的通用空间语言（第322页右下图）。

本章标题页的图片选自几年前我在克里

特岛上的哈尼亚闲逛时随手拍下的照片。图中所示的建筑——比起内赫布里底的小农场或意大利的山城,卡帕多西亚的穴居人的房子或喀拉拉的鸡窝——浓缩了风土建筑的精华。不过其他所有范例也都有这些共同点。它能达到这种高度是因为它的关注点不在外观或建造方式,不在材料或传统,也不在创造一个别致优美的风景组合或试图传播一种可以普遍采用的建造方式。它将重点放在了通过简单、含蓄、不需多加考虑的占用和布置行为把空间变成场所。我们同样如此看它,并通过每个人都熟悉的认知能力把我们自己的感情投射进去。树下门前桌椅的摆放就像翠西·艾敏的床(第186页)——这可以说是已经离开的主人的自画像。如果哈尼亚这处不起眼的地方是一个电影场景,那么从某种程度上来说,它应该是一个简单的普通人(我们每一个人)生活的场景:坐在树荫下,悠闲自得,过着简单的生活,有时间喝杯咖啡、抽支烟、读读报纸,高兴地和路过的邻居打招呼。

我并不是要将这种风土建筑的空间语言注入任何特定的道德权威或浪漫的情节中(尽管你想的话可以这样做)。而且它作为一种语言,也不是只关注生活中令人愉悦的方面:家、读报纸、晒太阳或乘凉……如同其他任何语言一样,它既能筑起令人毛骨悚然的拷问室,也能形成欢声笑语的海边小餐馆,还能形成生活凄惨的难民营以及让人感到家的温暖的壁炉。如同其他任何语言一样,它既可无意义也可有意义,它的各种形式中既有真也有伪。

雅典卫城,希腊

第 10 章

废墟

历史上最有影响力的十类建筑：建筑式样范例
The Ten Most Influential Buildings in History: Architecture's Archetypes

废墟

> "废墟是个神圣的东西。千百年来植根在土壤中，已经成了土地的一部分；我们把它看作自然的一部分而不再是艺术品。艺术到不了这个境界……现在任何的尝试都无法做到如此壮丽的废墟景象。"
>
> 威廉·吉尔平关于1772年制造的如画美景的观察，它们散布在英格兰的许多地方，主要是坎伯兰与威斯特摩兰两地的山丘与湖泊，伦敦，1776年

> "在向外扩张的旋体上旋转呀旋转，
> 猎鹰再也听不见主人的呼唤，
> 一切都四散了；
> 中心再也保不住；
> 世界上到处弥漫着一片混乱，
> 血色迷糊的潮流奔腾汹涌，
> 到处把纯真的礼仪淹没其中；
> 优秀的人们信心尽失，
> 坏蛋们则充满了炽烈的狂热。"
>
> 威廉·巴特勒·叶芝——《第二次降临》，1919年

建筑是有生命的，它们可能死去或腐烂。

我在上一章的最后部分提到的风土建筑（地域识别时使用的通用语言）——我们都会在沙滩上使用的通用空间语言，也是最早阐释我们的建筑的语言——是一种概念性的媒介，是生命驱动建筑的方式。从知觉的潜在层面来讲，即透过肤浅的表象去观察。建筑是这种通用语言的生命和阐释。我们使用这种语言来创建建筑来达到标记地点的目的：坐的地方、吃饭的地方、围在火边聊天的地方、进行政治辩论的地方、做脑部手术的地方……我们就生活在这些地方所在的建筑物里。哈尼亚那个不起眼的地方（前一章标题页的图片，第293页）就是鲜活的例子。然而，我们也知道如何毁灭这种"有生命力的地方"，我们也明白这样荒唐的毁灭会对这里的居住者产生什么样的影响。我要向那些居民说声抱歉，即使废墟可能带来的这份悲痛只存在于我的假设中。

意外具有杀伤力，洪水、地震和火山爆发具有杀伤力，时间具有杀伤力。它们对建筑作品的影响不亚于对我们的身体产生的影响。废

第10章 废墟

地方之于建筑，正如意义之于语言。要想破坏一个好的语法，我们只需破坏这个句子的意义即可。同理，要想破坏一个地方的秩序，我们只需破坏这里的地点性。上图中，虽然图中所示的物品——椅子、桌子……都没有被破坏或丢失，但是它们的摆放位置和顺序遭到了破坏。这里的情况还可能变得更糟：树被砍倒；房子里最重要的门被拆掉，家具被破坏。至少，图片中的物品还能通过重新摆放重建这个地方。

墟是建筑的对立面。建筑师希望他们的建筑能以他们在设计过程中所期望的那样存活下去，尽管这是个不确定的问题。一个建筑寿命的长短取决于其住户能否找到其与建筑本身之间的共鸣。当那份共鸣变成了不可能时废墟便产生了，或者某种情况至少使人们在这里的生活回归到某种原始状态，类似于生活在荒野中，废墟便产生了。

废墟是建筑的对立面。即便如此，它还是影响着建筑师，让他们深深着迷。因为废墟能破坏人们的感觉，所以它是引人入胜的。它表明了存在建筑师（任何一个人）无法控制的力量。但是对建筑师来说，想要赞美他们的建筑作品中这种不受控制的力量产生的破坏性影响是有风险的，以专业人士的身份保持对建筑作品的这份尊重也并不容易，如喜欢一个被地震或敌军的炸弹破坏的建筑。建筑师也会在控制下进行交易，他们可能找到一些愿意为废墟付费的客户。一般来说，客户（我们所有使用建筑的人）都想要能遮风挡雨的建筑，希望建筑能尽可能地坚固和安全。无论以哪种想要的方式，放弃建造一个建筑作品的责任即放弃控制自然力量的一种手段，就是放弃身为一名建筑师的服务的核心部分的责任，然而，虽然风土建筑的态度（见上一章）可能承认大自然对建筑

战争中的军队想方设法摧毁敌方控制下的建筑物，从象征意义和实际意义上破坏他们的建筑物，端掉他们的据点，这样他们就没有庇护的地方。这个位于杜布罗夫尼克南面克罗地亚海岸（北纬42.618 810°，东经18.189 646°）的酒店曾经奢华一时，但是在20世纪90年代的南斯拉夫战争中被塞尔维亚部队的炮火打得千疮百孔。尽管这些弹坑看起来并不像尸体上留下的弹孔那样令人印象深刻，但是它同样将建筑的生命摧毁了。就在那场战争中，杜布罗夫尼克这座老城的生命也因同样的原因被毁灭。尽管这座城市后来被重建，又成了一个旅游胜地。

的仁心善举，但废墟却是由不可抗力引起的。我们付出了最具建设性和保护性的努力，却仍然敌不过大自然的无敌破坏力（洪水、飓风、地震等）。建筑物的毁坏过程就是一个没有建筑师的建造过程（从形成上来说），是一种恶性循环的结果，是一场混沌挑战人类意识的结果。

尽管如此，我们却没有认真对待它。废墟——不可控制的毁坏、迷人的混沌力量、不可抗拒的破坏力——是所有创造性艺术都有的主题。就在我写这本书的时候，威尔士国家歌剧院正在筹备把一出名为《费加罗的婚姻》的歌剧（庞特尼填词，兰格配乐）搬上舞台，这是1786年莫扎特的歌剧《费加罗的婚礼》的续篇。也许自我们的祖先开始在洞穴的墙壁下刻画狩猎场景和可怕的神秘生物起，废墟和不可抗力就一直是创造活动的主题。废墟是迷人的，因为我们都既害怕超越控制范围的力量的潜在破坏性，也都对其感兴趣。电影镜头描绘了许多破坏性的爆炸和自然灾害，新闻网站上也会报道车祸视频、房屋陷落地坑的消息，曾经名利双收的人现在身无分文……这些都容易引起我们的关注。

废墟的故事

对于战争中的建筑师（反建筑）来说，

废墟为我们的想象提供了框架。它们能刺激我们产生上一章结尾处表述的支持着空间结构的通用语言（风土建筑）的认知能力。但是就废墟来说，那种能力一定成了遮挡破坏力的面纱。想象力面临的挑战变得更加趋于浪漫故事的表达。废墟——无论是被战争摧毁的酒店或中世纪的城堡，还是从堆积的火山灰下挖出的罗马小镇或一座玛雅古城——成了故事发生的背景，我们在故事中加入了废墟出现以前就存在的其他文化和时代的人物，不管是几年还是几百年。破坏力的面纱使故事变得更加沉重，因为人们真正失去了对一个地方的占领。你肯定能看出，这个被摧毁的酒店的阳台（上图）曾是人们享受日光浴、呷一口冰啤酒、欣赏无边海景的地方……现在只有幽灵还留在这里。

毁灭就是胜利，毁灭使他们的设计定位得以实现。废墟是战争的必然产物，到底是将它归于毁灭还是对其进行创新取决于你对废墟的态度是拒绝还是接受。与此同时，那些受到破坏的另一方则把废墟看作具有破坏性的行为，认为对方摧毁了他们的生活和文化。

废墟也是那种不太恐怖的故事的一部分。如果说把废墟当作一个组成部分编入他们讲的故事中，那么其他学科的艺术家可能比建筑师拥有更大的发言权。18世纪末期的旅行家兼作者威睐·吉尔平认为，在威尔士南部已经是一片废墟的丁登寺（北纬51.696 815°，西经2.677 120°）的如画风景可能因为"一个审慎使用的木槌"而得到改善，比如敲掉它那尖利的山墙。但随即抛出的问题"然而谁敢下槌呢？"又唤醒了我们普遍对把破坏手段作为积极的创造行为的不适应感。除了好战者，大概只有小孩子才喜欢推倒他们刚刚搭好的小塔，只有小男孩才对朝着窗户扔石头这样的恶作剧乐此不疲（尽管我们可能都很享受炸药在废弃的烟囱或多余的十分难看的建筑物里爆炸的那一瞬间）。

毕加索说："我们都知道，艺术并非事实。艺术是让我们认识真理的一个谎言，至少是那些让我们被动接受的事实。艺术家必须知道用什么样的方式说服别人接受他的谎言的不真实性。"如果丁登寺的事实就像吉尔平的话里暗示的那样，那么它的遗迹应该更糟一点，然后画家可以放开思维去想象如何提升丁登寺的如画美景，比如在画作本身的世界里对山墙进行必要的破坏性改变（下页左上图及左下图）。

小说家也可以随意制造废墟，他们只需动动笔就可以了。欧内斯特·海明威的《丧钟为谁而鸣》（1940年）以20世纪30年代的西班牙内战为背景，故事情节的核心部分就是为了抗击法西斯而炸毁一座桥的片段：

"轰隆的响声后，桥的中段嗖地飞向空中，犹如浪花飞溅，他感到爆炸的气浪扑面而来……钢铁碎片落定之后，他还活着，他抬头望对面的桥。桥的中段已经炸掉了。桥面上散布着边缘参差不齐的钢铁碎片，新炸裂的断口亮闪闪的，公路上遍地都是。"

想象一下，从大约三千年前的大文豪荷马开始，废墟已经为无数的故事增添了情节，而且在未来也将继续如此。在小说和史诗中，人们用文字描述掀起了想象世界中的废墟景象。在绘画中，艺术家把他们脑海中的废墟景象呈现在了画布上，使观看者的想象被更加确切的可视物体占据。在电影中，废墟的发生画面更加清晰。在《桂河大桥》（1957年，大卫·利恩执导了这个改编自皮埃尔·布勒同名小说的电影）中，我们不再需要想象这座桥的毁灭场景，一座为这部电影而建的桥就在我们眼前轰然倒塌（下页右上图）。在《007：皇家赌场》（2006年，马丁·坎贝尔导演）中，詹姆斯·邦德被困在了一个豪华的威尼斯宫殿里，这时宫殿倒塌，沉入了大运河中（下页右下图）。为了渲染情节，建筑结构被损毁，变成了一片废墟。

历史上最有影响力的十类建筑：建筑式样范例
The Ten Most Influential Buildings in History: Architecture's Archetypes

废墟价值理论

在废墟各自出现的电影中，桂河大桥和威尼斯宫殿都是真实的，就像它们在我们眼前变成废墟的过程一样真实。但是它们的存在本来就应该是短暂的，它们的建成只是为了让观众在电影院看到毁灭的画面。那么在那些以使用为目的而建造，并且期望能存活很多年的建筑作品中，应该如何对待废墟这种元素呢？这个问题似乎带着一种难以处理的矛盾困境。我们不可以鼓励无法控制的破坏力量出现在我们想要使其安全和可预测的事物中。然而，废墟的意义——类似于死亡的意义——以及它们唤起的记忆对建筑师的吸引力，不亚于其在其他媒介作品中对艺术家的吸引力。

废墟的理念影响建筑师作品的方式之一与建造真正的建筑物有关——比起那些专门为电影而建的舞台场景丝毫不逊色，而且还要经受得住时间的洗礼，承载得了让人意想不到的生活——就是在设计的同时考虑那些建筑物最终会如何腐朽、废墟将如何出现，以及当时间逐渐在建筑物身上留下腐朽的气息，它们会如何讲述那些为最初的创造负责的人。就这一点来讲，建筑师或为建筑师工作的制图员可能选择我提到的描绘丁登寺不那么优美的废墟风景的画家的做法（见上页），即在素描或绘画的世界里，用可预料到的毁灭状态去描绘一座当前的建筑。

1830年,建筑艺术家J.M.甘迪描绘了英格兰银行(第290页右图是其平面图)未来会出现的毁灭景象(右图),这也是建筑师约翰·索恩在之前的40年里一直在做的事情。索恩在现实建筑中做不到的事情,甘迪在绘画中做到了。他这么做从表面上看来是对索恩的建筑中蕴含的优点的测验和展示。如果索恩的作品变成废墟后看起来和古罗马的那些遗迹一样好,那根据事实本身(或者可以说需要说明的或已经证明完毕的),他的建筑作品必须拥有古罗马人才有的那种伟大。

一个世纪后,一模一样的论断又被德国建筑师阿尔伯特·斯皮尔等人提了出来。在斯皮尔所谓的"废墟价值理论"或"废墟定律"的引导下,他们认为他们在设计时应该看到将来(遥远的未来)建筑变成废墟后的样子。斯皮尔以纽伦堡齐柏林广场的检阅台为例(见右侧的引文),那时他们都认为时间才是导致建筑沦为一片废墟的首要因素,而不是炮火。

1966年,古斯塔夫·梅茨格在伦敦发起了一场破坏艺术研讨会,纽约艺术家拉斐尔·奥尔蒂斯在这场研讨会上表演了破坏钢琴音乐会,顾名思义,音乐会的内容由他拿着斧子破坏一架钢琴的行为及其制造的声音构成。钢琴的残骸被当作艺术品展出,尽管它们本应该被看作真正的"艺术品"的纪念品,也就是说这场破坏表演本身相当于是对战争破坏性的废墟的纪念,而非对已逝文明的纪念。

19世纪,J.M.甘迪在画中描绘了约翰·索恩设计的位于伦敦的英格兰银行综合大楼(上图)毁灭后的场面,以此来展示这座建筑的固有价值。人们喜欢的这个预计未来会出现的废墟与古罗马建筑现存遗址之间的比较表明索恩的建筑与古罗马人留下的建筑一样伟大不朽。它们都证明了"废墟价值"。

阿尔伯特·斯皮尔在回忆录《第三帝国内幕》(1970年)中这样描述,20世纪30年代,德国产生了一种类似于索恩和甘迪的观点。与他们同时代的人——德国思想家奥斯卡·斯彭格勒在其著作《西方的没落》(1918—1923年,原名为德语)中——也同样把考古学家在废墟中发现的展现了过去的伟大文明的建筑视为它们的文化特点的表现。斯皮尔写道:

"他们秉持这样的观点,现代建筑非常不适合作为连接未来后代的'传统桥梁'。我们很难想象大量锈迹斑斑的瓦砾能传达出过去的遗迹中

历史上最有影响力的十类建筑：建筑式样范例
The Ten Most Influential Buildings in History: Architecture's Archetypes

存在的人们敬仰的英雄气概。我的'理论'就是要解决这个困境。通过使用特殊材料或采用某种静力学原则，我们猜测应该能建造出一些千百年后还或多或少像罗马建筑模式的结构，哪怕是在腐烂的状态下。为了说明我的想法，我准备了一幅浪漫的画作。这幅画作展现了几个世纪后，被人们忽略的齐柏林广场检阅台是什么样子，上面爬满了青藤，支撑的柱子已经倒地，墙也摇摇欲坠，但是它的轮廓依然清晰可见。……这幅画被认为亵渎了神明。我甚至可以想象，这个新建的、本该屹立千年的帝国的衰落，对许多人来说太离谱了。但是有个人却觉得我的观点富有逻辑性和启发性，欣然接受。他说，未来的帝国里的重要建筑将被建造得与这种'废墟定律'的原则保持一致。"

纽伦堡齐柏林广场的检阅台如今还在那里（北纬49.431 533°，东经11.125 038°）。我不知道斯皮尔的"浪漫画作"是否还在。你可以在网上搜寻一些人们拍摄的照片，看看它的现状，然后自己决定如今的废墟为创造了它的文明提供了什么样的证明，以及"废墟定律"是否站得住脚。

令人迷恋的废墟

在建筑师眼中，自古代以来就存在的催生废墟的有序意识——感官和建筑物的对立面——更棘手，从逻辑上来讲它们是不可能的，与核心宗旨相矛盾。也许建筑师希望表达他们对那些允许战争等破坏性行为发生的政权的文化的愤怒，或者是为了探索建筑的"非理性"。但是我们不可能像奥尔蒂斯破坏钢琴那样来达到目的。这种特权通常是留给拆迁承包商的。

20世纪70年代，又发生了一件可以与60年代奥尔蒂斯表演的破坏钢琴音乐会相提并论的建筑设计。自1972年起，密苏里州圣路易斯市一处20世纪50年代建造的名为艾戈的社会住宅被一连串巨大的爆炸拆除（下页右上图）。这片废墟永远称不上伟大。因为这场破坏性的拆除方式被视为是对失败建筑的清理，该失败建筑没能方便人们的生活。人们认为拆除这栋建筑是件好事。1977年，查尔斯·詹克斯在《后现代建筑的语言》一书中断言这是"现代建筑灭亡"的一天，而被责难的则是建筑的意识形态。把毁灭行为当作表达方式的并不一定是建筑师自身——比如奥尔蒂斯的所作所为，它实际上是不满意建筑师创造的这个世界的人们的认知觉醒，肩负拆除任务的承包商就是这种表达的媒介。这也是另一位查尔斯王子——威尔士亲王——意识到的事情。1987年12月1日，查尔斯王子在伦敦市长官邸举行的年度晚宴上向伦敦规划与传播委员会发表了一场演讲，他说：

"女士们，先生们，我们要感谢纳粹德国的空军：当他们用炮火炸毁我们的建筑时，给我们留下了一片片炮火洗礼后的废墟。是我们用比废墟更讨厌的建筑代替了原来的存在。"

废墟被视为比当代建筑更有价值，这不是夸张的说法。甚至在2014年，还有人建议（最终放弃了）应该炸毁20世纪60年代格拉斯建造的一些公寓楼——那些现代建筑师的"敌人"的成果——以庆祝英联邦运动会的开幕（右中图）。

由于我们总是站在对立面去处理问题，且其受害者常常都是我们的作品，因此我们可以清晰地看到建筑师（所有创造地方而不是破坏地方的人）与废墟之间可能有千丝万缕、错综复杂的关系（或者说他们至少被繁杂的政治议程和历史解读，以及可能朝向不同方向发展的建筑争论和意图绕晕了头）。

无论是在政治博弈还是在战争中，敌人总是想尽办法摧毁对方领地的建筑。而到了21世纪，显示了建筑废墟和破坏力量的图片已经变成了时代的象征，取代了那些建筑物和重建建筑的位置（右下图）。

历史上最有影响力的十类建筑：建筑式样范例
The Ten Most Influential Buildings in History: Architecture's Archetypes

风景如画的废墟

远古建筑的废墟比那些20世纪和21世纪的废墟更"和蔼"。也许是因为古代废墟是在时间的流逝中分崩离析的——植物根部的侵袭，雨水、风、冰冻的长久影响等——即便它们是因为战争灾难或火山爆发而沦为废墟，但是这些创伤都太遥远了，不足以引起我们的过分关注。特洛伊或庞贝古城的废墟带给我们的是迷人的风景，而不是让我们感到哀伤；古代废墟带给我们的影响更富有诗情画意，而非让我们感到惴惴不安。它们唤起了我们对过去时代的浪漫想象与怀念，让我们想起这是无可避免的时间过程的印证。2001年9月11日灾难性的袭击发生后，我们看到纽约世贸中心双子塔的废墟照片时想到的就是恐惧。但是自17世纪时起，欧洲的富豪贵胄们就买进以森林景观为背景的废墟来装饰他们那富丽堂皇的房子的墙壁，那种废墟已足够久远，代表着时间而不再是伤痛。

17世纪，克劳德·洛兰开始以罗马废墟为背景进行创作。在一些画作中，他把这些废墟和不同年代的建筑物混合在一起，勾勒出他当时的平凡生活。在其他作品中（下页），他自己想象出一些场景，重新排列了古罗马城市广场的废墟碎片，组成了新的美丽风景。在这些场景中，废墟代表了不朽之城的古老，它们就是罗马辉煌过去的幽灵。

在洛兰的绘画作品中，废墟成为透视梦想的元素。它们促成了超现实主义，在这种理念中人们的想象可以投射在自己存在的世界里。洛兰把绘制了假想风景的图片当作表演神秘事件的舞台背景（下页右上图）。他用来装饰那些风景的废墟构造出了超世俗的氛围。

到了18世纪，土地领主们开始仿照这种超世俗的氛围打造真正的景观。当时遗存的古建筑遗址对他们达到这个目的极其有帮助。18世纪的前十年间，约翰·艾斯雷布尔继承了位于北约克郡的一大处地产，他着手把那里变成一个风景优美的水景园。在实现这个梦想的过程中他拥有一个得天独厚的优势——方廷斯修道院的遗址就在他名下的这片土地上（北纬54.109 632°，西经1.582 491°）。这片遗址不仅为从花园各个角度留下的丰富图片提供了聚焦点（下页左下图），而且为这些图片增添了浪漫色彩。它们提醒着人们这里是一处庄严的遗址，并让人联想到它的主人。

这就是自然风景中引人入胜的废墟景观的吸引力，也是一个古老的废墟遗址可以给它的所有者带来的声望。那些在自己的土地上找不到关于过去一丝痕迹的人开始建造一些人工景观。例如，在英格兰的土地上出现了大批人

第10章 废墟

克劳德·洛兰是17世纪法国的一位画家，他一生的大部分时间都在意大利度过。在早期的作品中，洛兰描绘了罗马的废墟，有时就是它们本来的样子，有时也进行了一些想象的重构。上图是《古罗马城市广场废墟狂想曲》，创作于1634年。这幅画采用了如今依然还在古罗马广场旧址的碎片，以罗马圆形大剧场的废墟为背景。已经荒废破败的古迹促使我们将思想回溯到过去，想象那里原来的结构和生活。我们的思想投射准确与否从某种程度上说——至少对非考古学家来说——并不重要。我们喜欢废墟为我们的浪漫想象提供的刺激，还有它们的不规则外观为我们提供的可供欣赏的如画风景。

在洛兰职业生涯的后期，他描绘了一些想象中的风景，作为神话传说的虚构背景。上图是《阿斯卡尼俄斯射击》（1682年）。虚构的废墟场景为神话故事营造了合适的氛围。作者的这种手法开拓了我们在浪漫想象中把已经失去的黄金时代的心酸气氛注入经典建筑作品废墟中的趋势。如果没有这些废墟，洛兰在这幅作品中描绘的景象将是一个伊甸园，而加入了这些废墟，就变成了失乐园。

这是一幅图片，但它是一幅描绘了真实风景的图片。18世纪，富豪们不再满足于在墙上悬挂描写废墟的图画，无论他们是真实的还是想象的；他们开始寻找可能腐烂在他们自己的地产上的具有装饰潜力的废墟。他们把自己的花园排列成风景区的模样。1718年，当约翰·艾斯雷布尔在其北约克郡的地产上打造出斯塔德利皇家水景园的时候，他有幸把哥特式的方廷斯修道院的遗址当作他要打造的风景中一处现成的点缀。（威睫·吉尔平——第333页——认为这个废墟修道院被打理得过于干净，"好像经过了……修边抛光"。）

339

历史上最有影响力的十类建筑：建筑式样范例
The Ten Most Influential Buildings in History: Architecture's Archetypes

造废墟后，普鲁士腓特烈大帝认为他在波茨坦的土地资产上也需要一个有同等分量的建筑。他下令在附近的一座山上修建了一个水槽，用来供无忧宫内重要花园的喷泉使用（北纬52.409 522°，东经13.038 768°），他还用一堆人造古罗马废墟碎片挡在了水槽前面（左下图），与洛兰图片中使用过的结构相似。

我们常常认为别致性是属于两三百年前那个时期的艺术、建筑和景观设计的一种历史运动。同时，这种现象也被认为更注重外观而不是实质，把人们放在旁观者的角度去看待，而不是参与其中的一部分。它的影响使用于地点识别的风土建筑变得暗淡。在它看来，建筑的关注的首要问题是适合（支持、适应……）生活和活动，偏爱从远处看起来的效果，正如图片中展示的那样。

人们对别致性的迫切需求不只是出现在历史中的一个现象，它对当今建筑学发展的推动力甚至超过了几个世纪以前。我们生活在这样一个时代：走在沙滩上或城市的街道上看着出现在我们智能手机屏幕上的另一个世界，极少去关心在我们脚下的真实土地，倾听海浪拍岸的

如果土地所有者不走运，在他的地产上没有出现过曾被使用的建筑的废墟，那么可以用人造废墟来替代。1748年，当普鲁士腓特烈大帝在附近的山上修建水槽，为他在波茨坦建的无忧宫供给水源时，他运用了一组漂亮的人造废墟做装饰——汇聚了少量看起来好像古罗马风格的装饰物——从下面树木密布漂亮得像画一样的公园里就能看得见（上图）。这种人造废墟的布局没有什么意义，甚至比不上人们要用的舞台布景。

现在（20世纪晚期和21世纪早期），一切都透过照相机的镜头来传播，因此别致性对建筑师而言变成了一个更强大的动力。若是没有废墟这种事物，传统的正交建筑形式的畸变就会成为使建筑更上镜的一种方式，如此也能吸引更多的媒体关注。上图是位于毕尔巴鄂的弗兰克·盖里的古根海姆博物馆（北纬43.268 840°，西经2.933 977°；第344页），1977年启用。当代建筑中还有很多这样的例子，如为了便于雕刻和实现拍摄起来美如画的效果而扭曲了建筑的正交几何结构。

真实声音，关注可以触摸到的真实朋友……现在，一切都是通过照相机的镜头交流，建筑变得比以往任何时候都更青睐别致性。我们见到的来自世界各地的图片都在描绘各种形式的灾难，所以只能期待建筑学摸索出把正统观念——意义和秩序——转换成畸形和废墟的方法。

打破几何结构

如果生活在这样的时代：建筑废墟——无论其是战争、自然灾难的产物……还是存在于人们笔下的想象中或电影中的特效镜头里——比建筑理念和建筑结构更能吸引媒体的注意和公众的兴趣（无论是出于恐惧还是痴迷），那么对于建筑师来说就是一个挑战。为了追随这种时代思潮，一些建筑师试图在他们的作品中模仿废墟的样子或其特征。当建筑的毁坏比它的产生更受欢迎时，我们就可以理解为什么建筑师们想（甚至痴迷于）在他们自己的作品中提到通常明显飘忽不定的意义和秩序，并在一些传统的已被人们接受或期许的建筑意义和秩序方面设计出废墟或毁坏的感觉，即便不通过摧毁建筑的方式。

这些传统的已被接受或期许的建筑意义和秩序的方方面面中最容易被破坏的就是几何结构——既包括理想的几何结构又包括各种几何图形（见《解析建筑》中的相关章节）。历史上大部分建筑都是依照上面的一种或两种几何结构建造的，而毁坏行为（无论是什么原因）破坏最明显最可见的也是建筑的几何结构。在科学技术（设计和建造两方面）的许可和支持下，几何结构也许是建筑意义和秩序中最容易被破坏的一方面，不会对建筑的使用和稳定性产生致命影响。

机会行为产生的纷繁复杂的形式中自有一种美学趣味，它体现在自然物上（风景、峭壁、棘手的树、翻腾的云……），也体现在建筑上。毁坏也是一种机会行为。毁坏破坏了常规的正交和轴向几何结构。废墟是不符合规律的，受导致废墟产生的力量的机会行为影响。在别致优美的风土建筑中（第298～302页），别致性提升了别致优美的建筑发生的潜力。就像当你在寻找答案的时候听到莫扎特更改了一个和弦结构，或者当毕加索概括和融合了人们对五官的不和谐看法，或者当斯特拉文斯基打破了原始的节奏，或者当波洛克用颜料泼墨出了一幅画时，你受到的刺激和吸引那样……所以当传统建筑的可预测节奏和正交性被扭曲和打破之后，它从视觉上也更能吸引人的眼球。一座被炸弹或地震破坏的房子会让人惴惴不安，一个平淡无奇的房子会让人觉得乏味。借

历史上最有影响力的十类建筑：建筑式样范例
The Ten Most Influential Buildings in History: Architecture's Archetypes

传统的日式禅宗岩石花园里不规则的天然石块镶嵌在矩形石床上的规则正交框架内。上图中所示为日本东京的瑞峯院（北纬35.042 015°，东经135.745 346°）。在这样的花园中，没有任何像废墟一样存在的事物，但是它们确实展现了碎裂的石块那种不规则的美（沉思的）的潜力。

上图是位于博马尔佐怪物花园的Casa Storta（扭曲的或歪曲的房子），是16世纪皮洛·利戈里奥为博马尔佐的领主皮耶尔·弗朗西斯科·奥尔西尼建造的。作为一堆废墟，Casa Storta依靠打破建筑与地心引力的传统正交关系来吸引游客，但这里没有令人心烦意乱的寓意。

助提升视觉效果、增加特征甚至提升才智的方式来刻意改变原有的几何结构，能够吸引人们的注意力。

建筑师已经对有意创造的不规则形态的可能性进行了几百年的尝试。不规则形态作为一种不可缺少的元素，已经在传统的日式花园设计中存在了上千年之久。侘寂是日本美学的一个原则，注重不对称、粗糙、不规则、可能性和不完全性。通常都是通过自然碎裂的石块和其他偶然作用的效果（自然生长、影子、天气、笔触），与围栏、墙、凸出物、窗框、纸张等物体的矩形几何结构形成对比。在日式禅宗岩石花园中，自然石块的不规则边缘（左上图）与嵌入矩形墙壁围成的长方形空间里的矩形斜砾石床形成对比，上面覆盖着在自然条件的偶然作用下形成的铜绿。所有的石块都沿着一个方向延展，是用来冥思的好地方（第255页右下图）。

几个世纪以来，打破（挑战）正统的建筑几何学也被用来取乐和消遣。Casa Storta（扭曲的或歪曲的房子，右上图）是16世纪皮罗·利戈里奥为弗朗切斯克·奥西尼设计的怪物花园（北纬42.492 395°，东经12.246 720°）中的一个元素。这是文艺复兴时期不逊于《杰克建造的房子》的作品。

近些年来，建筑师把打破正统几何结构当作拓展建筑的概念界限和吸引媒体报道的一种方式。也许我们不仅可以把扎哈·哈迪德设计的维特拉消防站看作对传统正交建筑（下页左侧三幅图）的一种扭曲，而且它还推动了20世纪空间构成方面的发展（下页右上四幅图）。

第10章 废墟

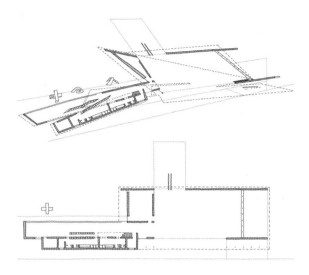

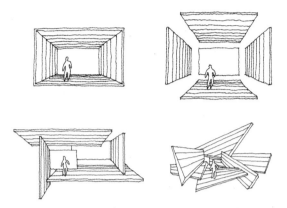

上面这些图纸中的前三个被布鲁诺·赛维用来阐释20世纪空间设计上发生的变化。第四个图例说明了扎哈·哈迪德对不规则性的推断。

在约恩·乌松设计的悉尼歌剧院,一半的部分被设计成了对称的形状。

相比之下,李博斯金则收集了破碎球体的碎片,然后重新对它们进行不规则排列,就像被炮火击碎的建筑。

扎哈·哈迪德设计的维特拉消防站(1993年;北纬47.600 344°,东经7.614 538°;上图)借用了从废弃的建筑中发现的打破的几何结构。

尼尔·李博斯金设计的位于曼彻斯特北部的帝国战争博物馆(2002年;北纬53.469 733°,西经2.298 839°;右下图)是由一个破裂的球体上的碎片拼凑起来的(堪比乌松在设计悉尼歌剧院时使用的方法)。李博斯金的设计过程体现的诗情画意清晰可见。这座建筑的别致性、不规则性和破败感同样也吸引着媒体的注意。

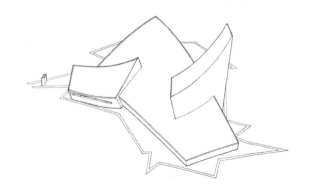

另见:西蒙·昂温——《建筑学基础案例研究25则》,2015年。

343

历史上最有影响力的十类建筑：建筑式样范例
The Ten Most Influential Buildings in History: Architecture's Archetypes

元素的排布——门廊、树、椅子、桌子……及它们占用的地方都有意义。同大多数作家一样，大多数建筑师都试图在排列元素时使这个地方具有一定的存在意义。

当这种排列被打乱时，这个地方的意义就消失了，就像你打乱这句话中的词语会出现的情况。有些建筑师就像作家一样，经历过没有意义的空间布局。

破坏意义

打破几何结构不同于破坏一个地方的识别特征。在上页提到的两个例子中，建筑师通过打破传统几何结构建造的建筑而构成的地方，即使线条不是直的，也具有一定的空间意义，虽然人们觉得维特拉大楼不适合作为一个消防站使用。再看弗兰克·盖里设计的位于毕尔巴鄂的古根海姆博物馆，尽管外观看起来很复杂（下页右下图），但是它却以入口中庭为中心向外辐射出许多安排得当的美术馆。

有些作家品尝过打破小说的结构意义的滋味——架构。詹姆斯·乔伊斯的《尤利西斯》出版于1922年。里面有些段落就像头脑中闪过的思想，不遵循正常的语法顺序，有些章节也不用标点符号来辅助结构。20世纪50年代起，豪尔赫·路易斯·博尔赫斯（第276页）为人们还未涉猎的书写书评。20世纪60年代，马克·萨波塔（第274页）出版了作品《第一号创作》，里面有许多未装订在一起的书页，每一页都是故事的一个片段。你可以用任何顺序排列这些书页，也会因此读出不同的故事。iPad上可以看到一个2011年伦敦的Visual Editions出版社的版本，这个版本的书页顺序是根据源代码随机排列的。1979年，伊塔罗·卡尔维诺发表了名为《如果冬夜，一个旅人》（原名为意大利语）的小说。1981年威廉·韦弗将其翻译成《就像一个在冬夜的旅人》。读完第一章后，你会发现第二章以及后面的其他章节讲述的完全是不一样的故事。还有马克·丹尼利斯基的《树叶之家》（2000年）从一开始就在创造一个迷宫般令人迷惑的小说情节。所有这些作者都在小说中运用了不寻常或扭曲感觉的写作手法。

建筑学中与此相同的手法便是通过破坏建筑物构建可理解的场所。炸药和地震通过破坏达到这一目的。一些建筑师则探索出通过施工实现类似效果的可能性，他们并非总能如意。缺乏意义的空间布置像随意组词成句一样让人恼火。即便如此，还有人说愤怒好过无聊，它更有刺激性，他们还认为建筑的意义也不需要依靠结构顺序来体现。

除却复杂的外观，盖里设计的毕尔巴鄂古根海姆博物馆（又见第340页右下图）里面的美术馆的入口在入口中庭的基准空间处，它的空间排列完全能让人理解。

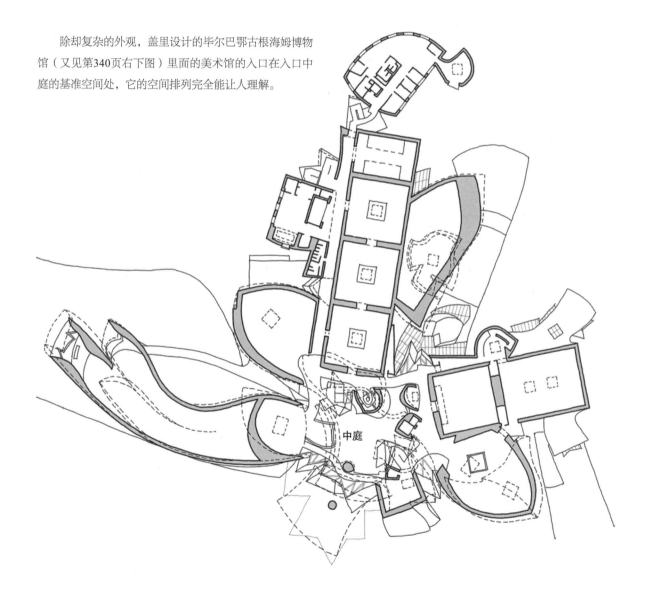

历史上最有影响力的十类建筑：建筑式样范例
The Ten Most Influential Buildings in History: Architecture's Archetypes

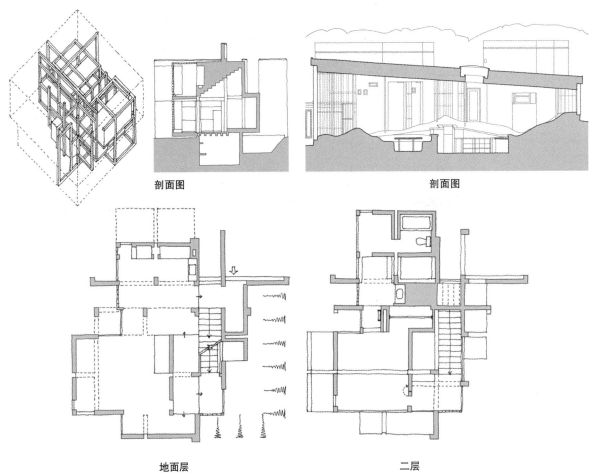

剖面图　　　　　　　　　　　　　剖面图

地面层　　　　　　　　　　　　　二层

彼得·埃森曼的VI住宅（上图）最初是为苏珊娜·弗兰克和迪克·弗兰克建造的，位于康涅狄格州的康沃尔郡（北纬41.832 765°，西经73.321 545°），20世纪70年代完工。它的存在基于一个破碎重叠的三维网格，而这个网格则来自被破坏的几何结构而非场所营造。房屋的主人不得不根据房子的几何架构巧妙地安排生活，尽管依然不如人意。例如，鉴于房屋的几何结构，不但这里的整体感觉遭到破坏，结构本身也是破碎的。苏珊娜·弗兰克举了这样一个例子来说明：

"埃曼森的设计里最不方便的地方……就是卧室地板上的开槽，把我们的床一分为二。"*

餐厅被几根柱子分割成零散的空间；厨房里的碗柜太高了，不踩着东西根本够不到；去浴室必须穿过主卧，房间的地板上还有个开槽；入口/餐厅的顶部是倒置的楼梯。这个作品是为了试验建筑能够多大程度地改变其作为地方标识的核心价值，弗兰克把它的建筑师称为"反实用主义者"。从智力层面上来讲，这是一次有趣的尝试，并且与目前讨论的建筑师如何在其作品中融入废墟（碎片）这个话题有关，即使结果可能（或者确实）让居住者感到不适。

* 苏珊娜·弗兰克——《彼得·埃曼森的VI住宅：来自客户的反馈》，Whitney出版社，纽约，1994年。

另见：西蒙·昂温——《解析建筑》，第四版，2014年。

第10章 废墟

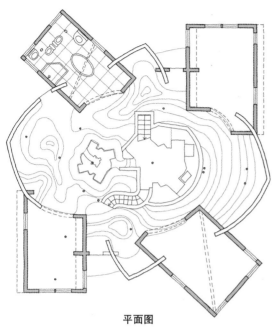

平面图

2008年，玛德琳·吉恩斯和日本艺术家荒川在长岛建造了一所房子，他们将其命名为"天命反转住宅"。建造这所房屋是为了创造一个挑战人类预期的居住环境。虽然它的平面图展现了一种不规则对称（上图），但是它在通常意义上讲是非正交的。这里的地面不是常见的平坦样貌，而是非常不平滑，就像一片粗糙的自然地形。房子的一侧地面高如土堆，房顶伸手可及，而另一侧的高度却远在头顶之上。连接空间的各个开口也高度不一。墙壁是半透明的而非全透明，以防人们拿外面的世界做对比。在挑战人们对居住空间可能是什么模样的心理预期时，也因此让人们在应对尴尬局面时保持思维和身体的兴奋。吉恩斯和荒川希望他们的设计能避免死亡。2014年，吉恩斯离世。

另见：西蒙·昂温——《建筑学基础案例研究25则》，2015年。

"悲伤"的建筑

有时，建筑师会让建筑显得"悲伤"来提升建筑的别致性或智慧性。

20世纪70年代，詹姆斯·瓦恩斯所在的纽约设计实践组织SITE受最佳产品公司的委托，为该公司设计展厅，要求既能吸引人们的兴趣又能作为公司的广告招牌。瓦恩斯运用了各种策略为他的设计增色，其中就有破败的建筑。密尔沃基商店的前墙很大一部分已经倒塌。里士满的一家商店的外墙裂缝中已经青葱一片，使整个建筑四分五裂，另一侧的砖墙已经剥落。萨克拉门托的陈列室里有一个破败不堪的角落伸出，权当是这里的入口。迈阿密的商店里已经荒废的外墙一层又一层。拆迁承包商近来好像又在休斯敦的一家商店开工（上图）。有趣的是，这些设计都在利用原建筑被破坏的部分，再将其打造成一个让人意想不到的新建筑。他们还提供了一些引人注意的图片，使最佳产品公司在建筑书籍和广告行业更加广为人知。即使这样，最佳产品公司还是在1997年停业。（讽刺的是）瓦恩斯为这家公司设计的大多数展厅如今都被拆毁，变成了废墟或另作他用。*

* 另见：玛格丽特·麦考密克——《后现代最好商店门面的反讽性失落》，2014年7月22日。

历史上最有影响力的十类建筑：建筑式样范例
The Ten Most Influential Buildings in History: Architecture's Archetypes

2010年，位于埃文河畔斯特拉特福的皇家莎士比亚学院（北纬52.190 631°，西经1.703 862°）在班尼特建造事务所和标赫工程事务公司的带领下完成了重建工作。重建过程中拆毁了一部分1932年伊丽莎白·斯科特设计的剧院。作为对原建筑的怀念，重建后的建筑只拆毁了部分原建筑，在屋顶餐厅保留了一些受损的废墟（碎片），并在其外面覆盖上旧产品的海报。

右下图是孔勒·阿德耶米——NLÉ建筑工作室（阿姆斯特丹和尼日利亚）——2016年为伦敦海德公园肯辛顿花园的蛇形画廊设计的临时展馆之一。它包含附近的一个简化的新古典主义建筑——卡洛琳女王殿（右上图，1734年，威廉·肯特设计；北纬51.506 347°，西经0.175 996°）——从理论上看它就在避暑别墅的正前方，大量的碎片已经掉落。阿德耶米的设计意图是建造一个适合居住的地方——避暑别墅，把人们当作参与者而不只是观赏者，也不只是为了创造一片可以从远处欣赏的风景如画的废墟：

"我们把抽象的形式聚合在一起，创造了一个房间、一个门廊和一扇窗户，好让人们与建筑、与环境、与他人互动交流……雕刻余下的空白、柔软的内饰和支离破碎的家具组块，在整个夏天为人们营造出舒适的就餐、休息或娱乐环境——无论室内还是室外。"

废墟与记忆

废墟证明了具有破坏性的自然或有害力量会对人类创造产生影响。废墟展示了不同力量的组合形成的如画般的品质——力量与机遇的混合。废墟代表着一种基于挑战感官而非寻求感觉的创造方法。废墟既是无感觉的象征，也是其种种表现。

废墟随着时间的推移而历久弥香。就其本身而言，它们还是记忆的承载。在历史学家看来，古老的寺庙和宫殿留下的废墟就是文字记载，讲述着关于曾经生活在这里的人、创造了它们的文化的故事。废墟也许还能告诉我们那些建筑是如何被毁坏的，无论这个外力是战争还是自然灾害。废墟的每一处构造和空间都铭刻着历史的痕迹，它们从本质上而言就是纪念碑。

法国奥拉杜尔村（下页上图）的历史说明了野蛮不仅能剥夺人的生命，还能湮灭一个地方。1944年，纳粹军队对生活在这里的法国居民展开了报复性屠杀，整个村庄都被毁灭，在戴高乐总统宣布这个村庄应该保持其被毁灭的原样后，这里就变成了一个纪念地。街上到处都是被遗弃的旧式缝纫机和锈迹斑斑的汽车、卡车。它的旁边又新建了一个村庄，依然取名为奥拉杜尔。

1945年2月，英美两国组成的盟军空军对德国城市德累斯顿发动了四次空袭。大约25 000人丧生，城市的大部分地区被夷为平地。其中被摧毁的一座建筑就是这座城市的主教堂——圣母大教堂。第二次世界大战结束后的50多年中，这里依然是废墟一片，时刻提醒着人们那些毁灭性的空袭。20世纪90年代起，教堂作为和平的象征投入重建。2005年重建工作完成（北纬51.052 030°，东经13.741 604°）。

与德累斯顿的圣母大教堂的经历类似，柏林新博物馆（北纬52.520 192°，东经13.397 659°）也以第二次世界大战中被空袭炸毁后的面貌存在了50多年。2003年，英国建筑师大卫·奇普菲尔德受到委托对其进行恢复工作。修复后的博物馆于2009年重新开放。一些在战争中受到的破坏被保留了下来，用以纪念这座建筑曾经历的毁灭和成为废墟的那几十年。

历史上最有影响力的十类建筑：建筑式样范例
The Ten Most Influential Buildings in History: Architecture's Archetypes

奥拉杜尔是位于法国中部的一个已荒废的小村庄，距离利摩日不远（北纬45.928 980°，东经1.040 415°）。1944年6月10日的一个周六，生活在这里的642名村民在德国党卫军的一个装甲师发起的报复性攻击中被屠杀。这支军队就是这片废墟的"建筑师"（搞破坏的非正义的建筑师）。但是当法国总统查尔斯·戴高乐将军决定让奥拉杜尔保持被毁灭后的原貌时，他费力地从邪恶的德国军队手中夺回了这个村庄，戴高乐成了把这个村庄定义成一个深刻纪念地的"建筑师"。有时候，创造一个建筑就是一种认同、一种选择、一种决断——没有施工，没有行动，就连最强大的建筑结构也不外乎如此……而废墟正是这种存在形式上的转换的主要竞争者。

20世纪60年代，意大利建筑师卡罗·斯卡帕修复了位于维罗纳的老城堡博物馆。这座城堡最初建成于14世纪，是维罗纳勋爵康格兰蒂·黛拉·斯卡拉的作品。在城堡改造过程中，斯卡帕发现了一处建造于14世纪的康格兰蒂的骑马塑像。当年这里的主人把自己的塑像放置在一个悬臂混凝土平台上，周围是已经破损的墙壁和屋顶。城堡在几个不同时期的历史碰撞中产生了这一人为的废墟杰作，斯卡帕没有着手解决这份对比冲突，而是利用其打造出了这个城堡里最值得纪念的地方。这部分建筑不仅在旋律上赏心悦目、音调优美，而且具有学术价值——用建筑而非文字来编撰历史。

工厂游泳池（2001年）像超现实主义反乌托邦题材的电影中的舞台布景一样——德克·帕斯克和丹尼尔·米洛尼克设计的一个有用的装置——笼罩在一片阳光下，周围是关税同盟煤矿工业建筑群留下的废弃残渣。这座煤矿坐落在德国北部的埃森（北纬51.490 558°，东经7.038 612°）。保留下来的煤矿建筑物是为了维系人们对这个地方的工业遗产的记忆，而游泳池的设置利用了废墟的大气特质和（阴沉的）风景特点，为这里增添了超现实主义的感觉，让人想起电影《疯狂麦克斯》（1979年，导演乔治·米勒）和《银翼杀手》（1982年，导演雷德利·斯科特）。

最后……废墟的力量

2015年，伊拉克和叙利亚的一些古代遗迹因动乱而遭到破坏。也许这场破坏行为背后还有其他原因——战争、从贩卖古文物中牟利等，但这些原因与我们在这里提到的内容没有什么关系。

一个多世纪以来，世界各地的政府和考古学家都花费了大量资金来发掘、研究和保存各个历史时期遗留下来的废墟，他们这样做是因为这些废墟不仅能成为利润可观的旅游景点、提供许多极具吸引力的文物填充博物馆的收藏量，而且通常被认为代表了那些宣称这些地方归自己所有的人的文化特性。帕特农神庙代表了同时也在部分程度上定义了希腊的文化，而英国文化的特点则体现在巨石阵和中世纪城堡、修道院上。没有废墟的国家很难在回溯历史的时候宣称自己有同样深度的文化底蕴。

我们在废墟中倾注了强大的力量——追溯历史的力量、文化认同的力量。历史学家和考古学家对废墟的兴趣不亚于能够为其提供有关过去的史料信息的文档。艺术家和建筑师也看中它在其他方面的价值。从审美角度看，废墟是赏心悦目的风景，拥有一种适用于所有人类意志和设计的产物在偶然的破坏中才产生的非常有条理的复杂性，为那些想要探索废墟的迷宫式空间和攀爬它们的断壁残垣的参观者（如果该废墟允许攀爬的话）提供迷人的现象学经历。若是从建筑学知识上来讲，这种显而易见的复杂性还能激发建筑师们去探索新的设计方法学，不再像之前那样追求正式感或空间感。

我们享受着废墟为我们展开想象创造的超现实环境。它们就像时光机，载着我们穿梭过去，或前进到一个反乌托邦的未来。建筑师可以利用或尝试模仿废墟散发的气氛特点，

历史上最有影响力的十类建筑：建筑式样范例
The Ten Most Influential Buildings in History: Architecture's Archetypes

利用它们引发的情绪和情感，尝试把它们表达的、唤起的叙述和回忆变成永恒，就像记忆一样。

即便如此，废墟代表的依然是建筑的对立面。立石不是废墟，除非它自己倒下或被推倒。本章引用的大多数废墟范例严格讲都不算是真正的废墟。它们是被保存和维护着的破败的建筑或建筑想象中创造的破损建筑，以意识和空洞自娱。它们是经过收拾和整理的失物招领处，被人精心照顾着，装扮成整个世界的装饰品。

真正的废墟是任何建筑师都改变不了或不

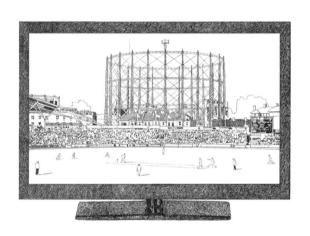

当我写下这一章内容的时候，媒体上宣布毗邻伦敦椭圆板球场的气柜受到法律保护。虽然这里还称不上是废墟，但是它已经是一片多余的工业遗迹，昔日的功能早已不复存在。对它的保护措施更进一步说明了，21世纪人们对这个蔚蓝星球上的美丽风景和对它的审美判断的普遍偏爱依然充满生机、欣欣向荣（至少在英国是如此）。尽管英国文化遗产保护机构提议说这个气柜受到法律保护的部分原因是它有技术和历史价值，但是显然，主要原因是这几十年来它都是作为板球比赛的背景，对比赛时的电视报道至关重要。出于构图的重要性，本来多余的气柜受到了重视。它还成为这个地方的标识：由于这个工业遗迹像钢铁的原始立石和石圈的结合那样笼罩着地面，世界各地的人一眼就能认出椭圆板球场。

并非所有废墟都有值得被珍视的价值，即使它们可能"榜上有名"。上图为位于苏格兰卡尔德斯的圣彼得斯神学院（北纬55.970 131°，西经4.640 622°）。学院修建于1966年，由吉莱斯皮、基德和科亚建筑事务所的伊西·梅茨斯坦和安迪·麦克米伦设计。1980年，这座学院关闭，2016年时校舍已经空置，混凝土结构剥落，屋顶坍塌，墙上的涂鸦不断增加，那里的建筑距离废墟状态越来越近。为了给它们找到新的归宿，寻求翻修资源，人们进行过多种尝试。在苏格兰，这片废墟现在是那些与反对现代建筑师作品的政治力量、社会力量抗争的人的圣地，他们谴责欧洲在经历了第二次世界大战的千疮百孔后的几十年间无视他们想要实现的目标。这也是一个提醒，建筑总会受到自然力量的破坏。建筑师可以与自然对抗，也可以与自然和谐相处。然而，地心引力和气候条件却在不停地制造破坏的地基、坍塌的屋顶、断裂的墙壁……我们不能保证一定能对其进行维护保养。所有建筑最终的命运都逃不过走向废墟。

能改变的结局,它也许存在于我们的恐怖建筑想象中,但是它只听从自己的权威和命令。废墟是当建筑无法继续维持和运作,无法继续适应环境和有益于人类生活后才出现的。在某些人看来,废墟可能就是建筑的涅墨西斯(希腊神话中的复仇女神),惩罚建筑或者说人类的傲慢和狂妄自大,并使之衰败和死亡。而在其他人看来,废墟只不过是所有建筑同与之抗争的自然力量作用在一起的结果。废墟很可能是讲述建筑的剧目的一部分,但是它也是所有建筑力图避免成为的样子。

结束语

历史上最有影响力的十类建筑：建筑式样范例
The Ten Most Influential Buildings in History: Architecture's Archetypes

结束语

从自我陶醉到虚无妄想

建筑思想需要经历时间的考验。 建筑师正是依仗建筑思想来塑造他们的作品。建筑范例都是被时间证明了的思想，是在历史的长河中被建筑师们反反复复以不同形式展现的思想，在应对建筑挑战时能一直保持其适用性。

建筑范例存在的长期性证明了它们的价值。但是这样的价值起源于什么？所有的建筑范例的价值都源自同样的出处吗？我不能给予这些问题权威的答案。我只能说，本书选取的十个建筑范例主要源于长久以来我自己对建筑与人之间的关系的兴趣。我对建筑作品如何代表它们的创造人感兴趣；我对建筑作品如何与人实现适应与和谐感兴趣；我对建筑作品如何实现人与人之间的交流和如何叙述人们的故事感兴趣；我对建筑作品如何对人与人之间的关系和活动规范设置空间规则感兴趣；我对建筑作品如何周转和调解人与周围世界甚至宇宙之间的关系感兴趣；我对建筑作品（为其创造者）赋予世界空间意义的方式感兴趣；我对给人们的体验更甚于给人们的视觉感受的建筑作品如何引出人们的情感反应感兴趣。我对建筑作品感兴趣，因为它们是一种哲学命题，因为它们体现了人们眼中的世界。

于是，在本书的章节中找到一些自我陶醉的蛛丝马迹也就不足为奇了。我确实有些自我陶醉，所有的作者都会从自己作品的倒影池中欣赏自己。体现在建筑师身上的这种持久的自我陶醉情节也大抵如此。建筑作品往往都是建筑师的自我反思。一位建筑师——命人竖起一块巨石的酋长、为自己画下一个圆圈的女孩儿，或者是在沙滩上为女朋友勾勒出一座神庙的男士、在一群朋友的围绕下表演的小丑、自拍的总统……他们都是用一种可以看到自己的方式创造出"倒影池"。也许自我陶醉才是建筑的原罪。当然，建筑摄影无处不在的影响力——自我陶醉的"倒影池"——证实了这一点。

除了自我陶醉，也许我们还会在建筑范例中发现其他倾向。也许建筑作品还有能力成为体现连贯性、公共性、一致性、集体性的工具。为酋长竖起巨石的那些史前人群也许很享受在一起劳作。史前的狂欢者聚集在布罗德盖石圈的篝火旁，他们定然也是沉浸在了这场派对中。公共的墓穴意味着人终有一死。演员与观众因剧院的存在而被联系在一起。多柱式建筑中的立柱有如军队一般排列有序。庭院使本不相干的建筑成为一体。而通用的建筑语言——不是由个体创造的风土建筑，表达了共同体的认同——和其他风土建筑一样，实现了相同的凝聚作用。建筑范例的存在就其本身而言就是一种证明，任何地方的所有建筑都有潜藏的共性，那就是它们需要依赖密切地起源于我们的共同世界的元语言。

但是虚无的妄想也潜伏在那些建筑范例中，尤其是我这本书有些章节里介绍的建筑范例。人们对"不破不立"这种思想有着或幽默或邪恶的偏爱。战争的建筑师（策划者）力图摧毁别人的意志，从而摧毁敌人的存在——这是一种邪恶的感觉。迷宫建筑师摆弄着人们对于方位的感觉。解构建筑师的意图正如他们的称谓所暗含的意思，在挑战或破坏感觉本身的想法中寻找审美的可能性和知识的可信度。

人们不怀疑的是建筑通常是以隐形的且在很大程度上不被承认的方式持有过度的权力。建筑范例的价值就来源于其拥有的这种以丰富的形态表达和适应人类的力量。建筑范例就是通用的建筑语言的脊椎，建筑师们在其上面作画，即使他们有时会试图扰乱通用的秩序。历史上，这些建筑范例被演绎成了数不尽的形式，它们对建筑师的影响会一直延展到遥远的未来。

致谢

致谢

我想对许多人说声谢谢，感谢他们对这本书做出的贡献。很多人都是在不经意间就贡献了他们的心力。我依然十分享受在建筑院校中与学生和同事一起讨论建筑的无限特权，尤其是在设计评论方面。关于这些话题的论坛对于引发和发展我这本书中表达的几乎所有的思想和观察是必不可少的。所以我经常在讨论中发掘一些有趣的想法……即使到现在，我已经在这一方面坚持不懈地做了40余年。

在戴维-普利斯·托马斯的忌辰来临之际，我想对已逝的他表示特别的感谢，他在我心中播下了兴趣的种子，是他搭建了使我痴迷于最古老和最现代的引人入胜的建筑之间的关系的桥梁。我现在明白，这颗在20世纪70年代我还是他的学生时就播下的种子已经长成了枝繁叶茂的大树，布满了我在任何时间、任何地点对建筑做出的自由探索。

在劳特里奇，我想把绵长的感激之情献给弗兰·福特，谢谢她支持我的工作，感谢格蕾丝·哈里森和阿兰娜·唐纳森在这个项目开花结果的过程中提供的巨大的帮助。

我还想对这些人说声谢谢：感谢韦恩·福斯特教授在我最初酝酿这本书时与我的初步讨论给了我激励；感谢史蒂芬·凯特教授提供了宝贵的观察结果，这通常都发生在我们二人讨论他的学生的设计作品时；感谢丽莎·拉朱·苏巴德拉在南印度一个非常小的餐馆里给我提供的信息，那里的食物很美味；感谢沃尔夫冈·博普博士安排我参观了东京桂离宫里美不胜收的花园；感谢梅尔维·开普坦和查理·科菲提出的一些对废墟的想法，以及科菲带我去参观约翰·索恩的蒂林厄姆庄园；感谢马迪·穆罕默德帮我校正"迷宫"的阿拉伯语翻译；感谢乔纳森·亚当斯、爱丽丝·布朗菲尔德、加雷思·当西、阿立德·戴维斯、西蒙·菲诺尔赫特、迪恩·霍克斯教授、约翰·西陵、阿尔文·琼斯、戴维·里尔蒙、克里斯·劳恩、大卫·麦克利斯、理查德·帕纳比教授、克里斯·里基茨、理查德·韦斯顿教授、埃尔文·威廉、马修·威廉姆斯以及其他一些同事和熟人，他们提供的帮助充满了丰富的信息，这些信息在我的脑海中像走迷宫一样晃荡，有时甚至不自知但颇具启发意义；感谢艾伦·帕蒂森分享他在阅读和旅行中收获的成果；最后，我要把最深厚的谢意献给吉尔，感谢她陪伴我行走在我们的旅途中，即使有时候我们需要步行很远。

> "所有文化都是一个演进的过程，其中的个例从昙花一现到独一无二不复出现……再到无穷无尽、综合广泛和包罗万象……我们想抛开占据着我们思想的细节，转而去寻找结构化的东西。这样就可以掌握一种在多数情况下，也有可能是在所有情况下都正确的态度，来掌控周围的现实状况。"
>
> 罗马诺·瓜尔蒂尼，布罗姆利译
> 《科莫湖的来信》
> （1923—1925），Eerdmans出版社，大急流城，
> 密歇根州，1994年。